Josef Maier

Ausbau von Dachgeschossen

Ein Praxisleitfaden zum Bauen im Bestand

Josef Maier

Ausbau von Dachgeschossen

Ein Praxisleitfaden zum Bauen im Bestand

Fraunhofer IRB Verlag

Inhalt

Bibliografische Information Der Deutschen Bibliothek

Die Deutsche Bibliothek verzeichnet diese Publikation in der Deutschen Nationalbibliografie; detaillierte bibliografische Daten sind im Internet über <http://dnb.ddb.de> abrufbar.
ISBN 3-8167-6691-9

Lektorat: Sigune Meister
Layout: Dietmar Zimmermann
Herstellung: Andrea Schlaich
Umschlaggestaltung: Martin Kjer
Druck: Ungeheuer + Ulmer, Ludwigsburg

Für den Druck des Buches wurde chlor- und säurefreies Papier verwendet

© Fraunhofer IRB Verlag, 2005
Fraunhofer-Informationszentrum Raum und Bau IRB
Postfach 80 04 69, 70504 Stuttgart
Telefon (07 11) 970-25 00
Telefax (07 11) 970-25 99
e-mail: irb@irb.fraunhofer.de
http://www.IRBbuch.de

Inhalt

1 Einleitung

Das schräg geneigte Dach wird gerne als Wohnraumreserve betrachtet, die es durch einen zweckdienlichen Dachausbau zu nutzen gilt. Aber gerade beim Dachgeschossausbau unterlaufen häufig gravierende Fehler, die den Erfolg der Maßnahme gefährden und letztendlich zu schweren Schäden führen. Angesichts des Dritten Bauschadensberichtes der Bundesregierung, der im Vergleich aller Bauschäden die an Dächern als einen besonderen Schwerpunkt hervorhebt, stellen die Kenntnisse über den Dachgeschossausbau offensichtlich auch in Architektenkreisen ein Besorgnis erregendes Desiderat dar. Der Bericht stellt kaum einen graduellen Unterschied zwischen den Schäden an sanierten Flachdächern (10,6 %) und denen an sanierten geneigten Dächern (9,8 %) fest. Die Schadensanfälligkeit von Flachdächern konnte man erwarten, die von geneigten Dächern jedoch kaum, denn gerade diese sind doch seit Jahrhunderten in Gebrauch und sollten eigentlich keine Probleme bei ihrer Herstellung verursachen. Die Bearbeiter der Studie kommen daher zu dem Schluss, dass offenbar der Dachgeschossausbau die Ursache für die Schadhaftigkeit sanierter, steil geneigter Dächer ist. Sie stellen zusammenfassend fest: *„Die erhebliche Zunahme der Schäden an geneigten Dächern hängt mit dem zunehmenden Dachgeschossausbau zusammen."*[1]

Um die Aufgabe, einen vorgefundenen Dachraum auszubauen, mangelfrei zu lösen, kann nicht darauf verzichtet werden, sich gründliche Kenntnisse über Dächer zu verschaffen. Deshalb werden hier zunächst historische Dächer, ihre Dachformen, deren hölzerne Dachtragewerke und zimmermannsmäßige Konstruktionen vorgestellt, wie man sie heutzutage in Deutschland und seinen Nachbarländern vorfindet. Derjenige, der ein Dachgeschoss ausbauen will, muss schließlich wissen, was im Zusammenhang mit dem Dach hauptsächlich auf ihn zukommt. Die an dieses Buch gestellten Anforderungen würden natürlich bei weitem überstrapaziert, wollte es eine umfassende Baukonstruktion der Dächer bieten. Gleichwohl sollen wenigstens die Grundkonstruktionen und die wichtigsten Materialien des Daches bekannt gemacht werden, damit beim Ausbau keine unliebsamen Überraschungen eintreten. Die Kenntnisse der für Dächer am häufigsten eingesetzten konstruktiven Details sind heute auch in guten Architekturbüros und Handwerksbetrieben nicht immer gründlich genug bekannt, um störende und Schäden verursachende Eingriffe ins Dachwerk sicher zu vermeiden. Oft werden nicht einmal bereits vorhandene, den Dachstuhl schwächende Eingriffe erkannt. Kurzum – gründliche Kenntnisse im Zimmer-

---

[1] 3. Bauschadensbericht 1996, S. 96.

handwerk schützen bei einem Dachausbau vor Vernachlässigung der Standsicherheit des Dachstuhls.

Danach werden die am Altbau üblichen Dachdeckungsmaterialen, ihr zeitliches und örtliches Vorkommen und ihre Verwendung auf dem Gebäude erörtert, denn nicht selten muss mit dem Dachausbau eine Erneuerung oder Reparatur der Dachdeckung einhergehen. Bei den heutigen Ansprüchen an die Wärmedämmung muss die Dachhaut außerdem regen- und schneedicht ausgebildet sein. Deshalb befasst sich dieses Buch auch mit den Grundlagen des Dachdeckerhandwerks. In diesem Zusammenhang wird zwischen historischen Dachdeckungen und neuzeitlichen, modernen Bedachungsarten unterschieden, obwohl längst totgesagte, fast vergessene Deckungsmaterialien inzwischen wieder sehr en vogue sind und gerne eingesetzt werden.

Für viele Schäden am Dach sind fehlerhafte Dachrinnen und verstopfte Abflussrohre ursächlich. Bevor also ein Dachgeschossausbau beginnen kann, muss geprüft werden, ob die Dachentwässerung noch immer funktioniert. Deshalb werden hier Dachrinnen und ihre Konstruktion an der Traufe des Daches vorgestellt. Außerdem ist es ratsam, den Regenwasserkanal auf seine Tauglichkeit hin zu prüfen. Das Gleiche gilt selbstverständlich auch für die Schmutzwasserkanäle.

Ein wichtiger Bestandteil des Dachraums ist selbstverständlich der Fußboden. Im Gegensatz zu den Geschossdecken darunter liegt er auf einer Decke auf, die aus kraftschlüssig mit dem Dachwerk verbundenen Dachbalken besteht. Da der Dachraum früher zumeist nur als Speicher oder Wäschetrockenraum benutzt wurde, sind die für normale Verkehrslasten einer Geschossdecke nicht konzi-

Abb. 2:
Durch eindringendes
Wasser schwer ge-
schädigter Fußbo-
den im Speicher.

pierten Dachbalken oft wesentlich zu gering dimensioniert. Im ländlichen
Raum, wo sie nur als Heuboden oder Strohlager dienten, können die allzu
schwachen Dachbalken der Grund für die Unwirtschaftlichkeit eines Dachausbaus sein. Dies trifft insbesondere für die Speicherbauten in Hopfenanbauge-
bieten zu.

Ein weiterer wichtiger Aspekt ist die Baubiologie des Daches. Es werden die für
das Dachwerk üblichen Holzarten und der fachlich richtige Umgang mit ihnen
dargestellt. In alten Dächern lebt zudem eine reiche Flora und Fauna, die sowohl
unter Naturschutz stehende Tiere als auch pflanzliche und tierische Schädlinge
umfasst.

Die Erkenntnisse der Bauphysik und Bauchemie sind die unverzichtbare, theoretische Grundlage für den Dachausbau. Deshalb werden die physikalischen
Wasseraufnahmemechanismen, wie Wasserdampfdiffusion, Konvektion und
Hygroskopizität, erörtert. Der Dritte Bauschadensbericht bemängelt nicht von
ungefähr die fehlende, aber notwendige Luftdichtheit bei ausgebauten Dachstühlen.[2] Breiter Raum wird in diesem Zusammenhang der Kenntnis von der
physikalischen Wirkung der Wärme im Dach gewährt. Danach werden die
theoretischen und praktischen Anforderungen an den Brand-, Blitz- und Schallschutz ihrer Bedeutung entsprechend ausführlich behandelt. Auch die Bedeutung des baulich-konstruktiven und des nachträglichen, chemischen Holz-

---

[2] 3. BAUSCHADENSBERICHT 1996, S. 103

schutzes wird erläutert. Kurzum – Fehler, die in Unkenntnis der Bauphysik und der Bauchemie gemacht werden, können schließlich das gesamte Dach zerstören.

Bei der Planung eines Dachausbaus müssen zunächst die baurechtlichen Fragen geklärt werden. Die planungs- und bauordnungsrechtlichen Anforderungen der Landesbauordnungen spielen eine wichtige Rolle, wie auch insbesondere der Denkmalschutz und seine Postulate. Dabei müssen die Vorschriften zum Brandschutz, z. B. Bedachungsart, Brandwände, Anforderungen an die Brennbarkeit und die Feuerwiderstandsfähigkeit der Baustoffe, zweiter Rettungsweg, etc., eingehalten werden. Gerade beim Dachgeschossausbau spielen außerdem die Möglichkeiten des Anleiterns der Feuerwehr eine bedeutsame Rolle.

Bevor das Dach ausgebaut werden kann, muss es zunächst auf seine Schadhaftigkeit hin untersucht werden. Dafür haben sich in der Praxis zerstörungsfreie,

Abb. 3:
Brandwand: Wenn Häuser dicht nebeneinander stehen, ist eine Brandwand erforderlich.

zerstörungsarme, aber auch zerstörende Untersuchungsmethoden bewährt. Als Ergebnis der Untersuchung werden die erkannten Schäden und Schadensbilder dokumentiert, analysiert und infolgedessen Maßnahmen zur Instandsetzung des Dachwerks entwickelt.

Nun soll das Dach wärmegedämmt werden. Hierzu sind Kenntnisse der Wärmedämmstoffe vonnöten. Die Entscheidung für einen ökologisch sinnvollen und zugleich wirtschaftlichen Dämmstoff ist ein wichtiger Bestandteil der Planungsphase. In der Ausbaupraxis ist dann die Wahl des Einbaus der Dämmung über, zwischen oder unter den Sparren wichtig. Das fachlich richtige Einbringen der Wärmedämmung unter Vermeidung von Wärmebrücken, der Dampfbremse bzw. -sperre und der Hinterlüftung wird dargestellt. Der Aufbau einer Wärmedämmung unter Berücksichtigung der Energieeinsparungsverordnung EnEV wird mit Beispielen beschrieben, wobei selbstverständlich die Belüftung und die Winddichtigkeit des Dachgeschosses eine wichtige Rolle spielen. Dachgauben, liegende Dachflächenfenster und Dachterrassen müssen besonders sorgfältig konstruiert sein, will man nicht erheblichen Schaden durch undichte Stellen im Dach riskieren.

Anhand von ausgeführten Beispielen soll verdeutlicht werden, wie auch komplexe Dächer mit solchen Elementen ausgestattet werden können. An konkreten Maßnahmen zum Dachgeschossausbau stellt der Verfasser in Form von Detailzeichnungen und Fotos konstruktive Details für alle die Dachfläche durchdringenden Teile wie Kamine, Dachantennen und Entlüftungsrohre dar.

Der beim Dachausbau häufig eingesetzte Trockenbau mit Gipskarton- bzw. Gipsfaserplatten durfte in diesem Leitfaden ebenfalls nicht zu kurz kommen. Da für die Ausführung von Trockenbauwänden und -verkleidungen schräger Dachflächen von innen kein Meisterbetrieb mehr erforderlich ist, werden bei diesen Arbeiten häufig erschreckend stümperhafte Fehler gemacht, die zu Rissen in den Trockenbauwänden, zu Ausbauchungen der Wandkonstruktionen und zur ungedämmten Übernahme von Erschütterungen aus dem Straßenverkehr führen. Wärmebrücken als Resultat fehlerhafter Wind- und Luftdichtheit beim Trockenbau sind häufig die Ursache für gravierende Schäden. Anschlüsse der schrägen Dachflächen an die senkrechten Innen- und Giebelwände werden oftmals strafwürdig vernachlässigt.

Genauso wichtig ist die technisch richtige Ausführung von leichten Trennwänden aus Mauerwerk aus Leichtziegeln oder Porenbeton. Dabei ist ebenfalls ganz besonders auf die wind- und luftdichte Anbindung der Mauern an das hölzerne Dachwerk und an die eingebauten Decken aus Gipskartonplatten ein sorgsames Augenmerk zu richten. Windkräfte und Schneelasten wirken auf den Dachstuhl und bringen ihn in Bewegung, das Holzwerk arbeitet, es quillt bei Feuchte und schwindet bei Trockenheit, Fehler im Holz können zu Verwerfungen und Verdrehungen der Dachbalken führen, während die Wände aus mineralischen Baustoffen diese Verformungen nicht mitmachen können. Die auf vielfältige Weise im Dachstuhlholz wirkenden Kräfte dürfen keinesfalls auf leichte Trennwände übertragen werden. Statisch erforderliche Betonringanker und Stahlstützen, die solche Kräfte übernehmen können, müssen sorgfältig berechnet und handwerklich richtig ausgeführt werden.

Wenn die Decke über dem letzten Geschoss unter dem Dachraum aus Stahlbeton hergestellt wurde, fehlt ihr zumeist die erforderliche Auflast. Solche Deckenschüsseln in der Regel auf, d. h. sie heben sich am Rand und senken sich zur Deckenmitte zu, wenn sie an ihren Ecken nicht kraftschlüssig verankert worden sind. Dadurch entstehen einerseits Spannungen im Estrich des Fußbodens des ausgebauten Dachraums, die ihn brechen lassen und seinen Belag beschädigen, und andererseits Risse in der Außenwand unterhalb des Daches.

Im Dachgeschoss häufig zu beobachtende Schäden haben ihre Ursache zumeist in lückenhafter Kenntnis technischer Regeln sowohl der Planer als auch der Handwerker. Besonders viele Mängel treten in der Dachkonstruktion bei ihrer Dichtheit, Hinterlüftung und Wärmedämmung auf. Aber auch der Innenausbau des Dachgeschosses wird häufig mangelhaft ausgeführt. Dabei spielt das Thema *Nassraum* im Dachgeschoss eine besondere Rolle. Sehr häufig findet man auch Undichtigkeiten bei Dachterrassen vor. Außerdem muss den Estrichen und Fußböden viel Aufmerksamkeit zugewendet werden. Und schließlich gilt es, den Schallschutz bei Dachbalkendecken nicht zu vernachlässigen.

Wenn alles fachgerecht geplant und ausgebaut wurde, zeigt sich, wie ansprechend und wohnlich das ausgebaute Dachgeschoss wirken kann.

2   Historische Dächer

Das Dach ist wesentlicher Bestandteil dessen, was gebaute menschliche Kultur bedeutet. Der Mensch hat seit seinen frühesten Anfängen stets versucht, ein Dach über den Kopf zu bekommen. Urdächer wie Felsüberhänge, Höhlendecken, Zeltdächer, aus Ästen und Ruten geflochtene Schutzdächer und schließlich erste gebaute, hölzerne Dachkonstruktionen über Gruben dienten zunächst hauptsächlich als Schutz vor den Unbilden der Witterung. Unter den Dächern aus Holz, Grassoden oder Schilf entwickelten die Menschen ein reiches soziales Leben: die Familie, die Sippe, den dörflichen Verband, das Volk mit ersten staatlichen Institutionen, geführt von Häuptlingen, Herzögen oder Schamanen. Schließlich untersetzten die Menschen ihre Dächer mit Holzpfosten, hoben sie damit vom Erdboden ab und fügten ihnen Wände aus Ruten und Lehm oder aus Baumstämmen ein. Damit besaßen sie ein Haus, ein Zuhause.

Sattel- und Flachdächer der griechischen und römischen Antike sind für Europa zum Vorbild geworden. Auch das Wort Dach hat eine indogermanische Sprachwurzel, denn *ich decke* heißt im Altgriechischen στέγω, im Lateinischen *tego* und althochdeutsch *takju*.[3] Das Dach ist stets über dem oberen Abschluss eines Gebäudes angebracht oder bildet dabei selbst den obersten Abschluss, die Abdeckung. Es besteht aus einem in der Regel hölzernen, als Dachwerk einen Dachraum bildenden Dachstuhl und der von ihm getragenen, stets eine mehr oder minder geneigte Fläche bildenden Dachhaut oder Dachdeckung. Der Grad der Dachneigung ist für die Erscheinung eines Daches von größter Bedeutung und wechselseitig von den klimatischen Verhältnissen und der Wahl der vorhandenen Baustoffe abhängig. Im günstigen Klima der Mittelmeerländer kann das eigentliche Dach auch fehlen, die massiven Decken und Gewölbe bilden dort anstelle eines Daches den oberen Abschluss des Bauwerkes. Das Dach bestimmt daher mit seiner Größe, Form und Proportionalität das Erscheinungsbild eines Gebäudes wesentlich mit.

Das Dachwerk beherbergt außerdem in seinem Dachraum zumeist einen Speicher. Dieser wurde früher in der Regel als Lagerstätte für Waren aller Art, für das benötigte Futter für die Pferde und für das Brennholz genutzt. Auch dem Gesinde wies man sein karges Nachtlager oft im Dachboden an. Mit zunehmendem Ausbau des Daches erschien förmlich eine Dachgaubenlandschaft, angefangen von mehrgeschossig übereinander angeordneten Schleppgauben über stehende Gauben mit Bekrönungen bis zu bogenförmig verdachten Gauben des Barock. Große Dachräume wurden bereits im 18. Jahrhundert für bestimmte hö-

---

[3] Vogts, Sp. 912: Deutlich kann man die gemeinsame Sprachwurzel erkennen.

Abb. 4:
Mittelalterlicher Pfostenbau, 7. Jahrhundert. Er besteht aus Pfosten, tiefer liegender Fußpfette, hoch liegender Firstpfette, schrägen Sparren und der Dachhaut aus Stroh.

Abb. 5:
Büdingen, Schloss. Dachlandschaft.

herwertigere Zwecke ausgebaut. Der riesige Dachboden der Ansbacher Schlossflügel beispielsweise wurde 1734 von Obristbaudirektor Leopoldo Retty mit Zimmern für die Lakaien und Räumen zur Aufbewahrung von hochwertigen, nur für bestimmte Zwecke benötigten Möbeln versehen.[4]

---

[4] MAIER 2005 (erscheint im Juni 2005): Es handelt sich um den NO-, NW- und SW-Flügel.

18

Abb. 6:
Ansbach, Marstall
am Schloss.
Verschiedene Dach-
gauben.

Außer seiner technisch-praktischen Aufgabe kommt dem Dach auch eine formal-künstlerische zu. Es muss dem Umriss des einzelnen Gebäudes oder der Bauwerksgruppe einen oberen Ausklang, eine Bekrönung, geben und diesen mit dem Erscheinungsbild der umgebenden Landschaft oder Stadt unverwechselbar verbinden. Die Dachlandschaft der Nürnberger Kaiserburg oder die der Silhouette Bambergs sind unverwechselbar und einmalig. Dabei verhüllt das Dach einzelne über den eigentlichen Baukörper hinausragende, zumeist technisch erforderliche Bauteile wie Treppenhäuser, Aufzuganlagen etc. oder gibt ihnen, soweit diese es selbst sichtbar überragen, einen verbindlichen Hintergrund. Das kann man an Schornsteinen, Dachgauben, Dachreitern oder Türmen sehr gut beobachten: Gerade die geschwungenen Abdeckhauben, Kugeln, Fahnen, Wetterhähne und Kreuze auf ihnen setzen die Akzente in der gebauten Umgebung (s. Abb. 25). Auch die Kirchen- und Schlossbaumeister haben die das Gebäude bekrönenden,

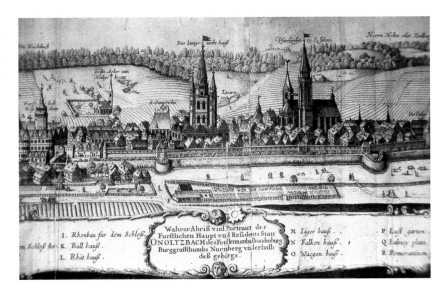

zumeist in einem strahlenden Weiß gehaltenen Statuen und Trophäen auf der Attika vor dem Hintergrund der dunklen Dachfläche entwickelt. Dazu kommt die Farbigkeit als ein weiteres prägendes Element des Daches. Das Material der Deckung wie Grassoden, Schilf, Strohgarben, Holzschindeln mit oder ohne Legesteine, steinerne Platten, Ton, Schiefer, Blech, Kupfer, Blei, Zink oder gar Vergoldung, z. B. das *Goldene Dachl* in Innsbruck, gibt den farbigen Grundton, zusätzlich eingefärbte Dachflächen vermitteln Stand oder Wohlstand des Eigentümers (s. Abb. 43).

2.1 Pultdach

Es handelt sich um ein Dach mit einseitiger Neigung, ohne First und einer einzigen Traufe. Es liegt mit beiden Seiten einer jeweils schräg verlaufenden Wand auf bzw. lehnt sich oben an einen höheren Bau an.

Das Pultdach findet sich hauptsächlich über niedrigen Anbauten, die an höher geführte Gebäudeteile anstoßen. Typische Beispiele dafür sind die Pultdächer über den Seitenschiffen der mittelalterlichen Basiliken wie am Bamberger Dom, über Erkern wie am *Ratstubenbau* der Alten Hofhaltung in Bamberg, über Laufgängen außen an den Schlosswänden wie im *Schönen Hof* der Plassenburg ob Kulmbach, über Portalbedachungen wie an der St. Gumbertuskirche in Ansbach und schließlich in reduzierter Form als Wetterschutzdächer an den Giebeln fränkischer Bauernhäuser sowie als Kaffgesims oder Wasserschlag an gotischen Kirchenpfeilern[5]. In den Städten trifft man sie zumeist in den Hinterhöfen auf

Abb. 8:
Bamberg, Domini-
kanerkirche.
Pultdach des Kreuz-
gangs von außen.

den Wirtschaftsflügeln der Wohnhäuser an. Da Pultdächer die billigste Ausführung eines Daches darstellen, kommen sie besonders häufig auch über reinen
Wirtschaftsbauten, Werkstätten, Garagen, Behelfsbaracken und als Dächer von
Kleinwohnungssiedlungen im Sozialen Wohnungsbau vor, während sie über repräsentativen Baukörpern selten sind, da sie als der Anlehnung bedürfende Er-
scheinungsform unvollständig wirken.[6] Das Pultdach feiert jedoch derzeit im
verdichteten Wohnungsbau geradezu eine Renaissance, denn es wird neuerdings bei Niedrigenergiehäusern sehr gerne eingesetzt, beispielsweise in einer
Siedlung in Bamberg an der Regnitz, wo das Pultdach dominiert.

---

[5] BINDING, S. 255.
[6] VOGTS, Sp. 915; KOCH, S. 405; BINDING, S. 176; SCHMITT/HEENE, S. 493.

21

2.2 Satteldach

Es handelt sich um ein Dach mit zweiseitiger Neigung, einem First, zwei Traufen und zwei Giebeln.

Das Satteldach ist die wohl ursprünglichste Dachform für Wohnhäuser und öffentliche Gebäude sakraler wie profaner Nutzung.[7] Es entstand dadurch, dass die Pfosten eines längsrechteckigen, urtümlichen Hauses außen niedriger als in der Mitte angeordnet wurden. Über die senkrechten Pfosten der Außenseite des Hauses legte man als Auflager für die Dachfläche waagerechte Balken, die Pfetten, während ebensolche waagerechten Hölzer über der Mittelpfostenreihe, die Firstbalken oder Firstpfetten, den Dachfirst bildeten. (siehe Abb. 4) Bei größeren Spannweiten mussten als Unterstützung außerdem noch von ausgemittelten Pfosten getragene Zwischenpfetten eingebaut werden. Legte man nun quer dazu auf die äußeren niedrigen Pfetten und den mittig am höchsten gelegenen Firstbalken weitere, wesentlich schwächere Hölzer, die Sparren, so entstand eine schräg abfallende Ebene beiderseits des waagerechten Firstes. Auf die Sparren legte man nun ohne größere Schwierigkeiten die Dachhaut, auf der das Regenwasser ohne Rückstände ablaufen konnte. Der rechteckige Firstständerbau fand seit der Jungsteinzeit, dem Neolithikum, eine weite Verbreitung im alten Europa. Diese, wenn auch modifizierte Konstruktion lebt insbesondere in den Fachwerkhäusern des späten Mittelalters noch heute nach.

---

[7] Vogts, Sp. 915–922; Koch, S. 405; Binding, S.176; Schmitt/Heene, S. 473.

In der Antike entwickelten die Griechen das Satteldach weiter, indem sie es über einem zumeist aus Tuffsteinen gemauerten, rechteckigen Baukörper anordneten. So entstand der griechische Tempel als Haus der Gottheit. Das recht flache, hölzerne Satteldach mit seiner Neigung von etwa 15-20 Grad wies folgende einfache Konstruktion[8] auf: Als Decke über dem Tempelraum, der *Cella*, wurden Balken verlegt, die ihr Auflager auf den Tempelwänden und auf den äußeren Säulen des Umgangs, der *Peristasis*, fanden. Außen über den Säulen des Umgangs wurden nunmehr statt Pfetten steinerne Gesimsbalken[9] mit Wasserrinnen verlegt. Auf den jeweils zur Gebäudemitte hin höher gemauerten Wänden der Langseite wurden Balken als Zwischenpfetten montiert, die mit Hilfe

---

[8] DURM, S. 191, Abb. 166; SCHNEIDER, S. 166.
[9] DURM, S. 196, Abb. 171.

23

von Querhölzern über die *Cella* hinweg einander aussteiften. Genau in der Mittelachse des Gebäudes ordneten die Baumeister Stützpfosten auf den aussteifenden Querhölzern an, die den Firstbalken bzw. die Firstpfette trugen. Damit war der stehende Pfettendachstuhl geboren. Hölzerne Sparren wurden jeweils auf der Firstpfette, den Zwischenpfetten und auf dem Gesimsbalken befestigt. Sie bildeten die Unterlage für eine schräge Dachhaut bestehend aus einer Bretterschalung, aus einem Bett aus Strohlehm und aus steinernen, tönernen oder metallenen Dachplatten. Der Dachraum blieb in der Regel offen und von innen einsehbar. Jeweils auf den Trauf- und Firstpunkt des Satteldachs stellte man farbig gefasste, zumeist tönerne Figuren, so genannte *Akrotere*. Damit waren die Eckpunkte des Giebeldreiecks betont.[10] Die beiden Giebelflächen, die *Tympana*, wurden mit farbigen Reliefs geschmückt. Die Traufe wie auch den First verzierten besondere Schmuckziegel.[11] Bei den Etruskern standen auf dem Tempelfirst manchmal besonders schöne, fast menschengroße Terrakottafiguren ihrer Götter.

---

[10] Durm, zu S. 284, Farbtafel V: *Polychromes Jonisches Gebälke.*
[11] Krause, S. 236, Fig. 19 b: Apollo-Tempel in Thermos: Gebälk mit bemalten Metopen und Traufziegeln, so genannte *Antefixe*, siehe Abb. 11.

Da aber die mit dem stehenden Pfettendachstuhl zu erreichenden Spannweiten für den neuen Raumbedarf der Könige des Hellenismus und später für den der Römer nicht ausreichten, wich die Dachkonstruktion schließlich in nachklassischer Zeit von der klassisch-griechischen ab. Es entstanden hypostyle Säle mit einer Laterne über der Dachmitte.[12] Für große Gebäude mit außerordentlich großen Spannweiten pflegte man nun die gemauerten Gewölbe einzusetzen. Die Architekten der römischen Kaiserzeit bauten aber auch hölzerne Dachstühle. Sie legten waagerechte Balken, die Spannbalken, quer zum Raum, aber parallel zum Giebel mit ihren Enden auf die Außenwände des Gebäudes. Darüber errichteten sie mit kräftigen Sparrenpaaren unverschiebliche Dreiecke des Dachwerks. Um diese Sparren zu unterstützen, fügten sie jeweils schräge Stützbalken unter deren Mitte ein. Mit Hilfe eines senkrechten Hängepfostens unter der Firstpfette bekamen die Spannbalken zusätzlichen Halt. Es entstand eine Art Hängewerk, wobei der Spannbalken kraftschlüssig mit einer Eisenschlauder mit dem Hängepfosten verbunden war. *„Damit war die Möglichkeit gegeben, Räume, die bis zu 30 Meter breit waren, mit einem Dach zu versehen.“*[13] Bei dieser Konstruktion, Sparrendach genannt, lagen die Längshölzer auf den Sparren und trugen ihrerseits die Dachhaut. Die Dachneigung blieb ungeändert flach, wie z. B. am Tempel des *Jupiter Capitolinus* in Rom.[14] Solch große Räume verlangten eine ausreichende Belichtung. Deshalb gliederte der römische Baumeister den

Abb. 12: Kerylos, Südfrankreich. Antikes Wohnhaus (Rekonstruktion) mit basilikalen Höhenversprüngen.

---

[12] LAUTER, S. 156–163:, Abb. 53 b.
[13] SCHNEIDER, S. 237, Abb. 18: *Das Sparrendach.*
[14] MAIER 1985, Tafel I.

riesigen Baukörper in einzelne, schmale und unterschiedlich hohe Schiffe, deren Dächer von außen nach innen in mannshohen Stufen anstiegen. Jede einzelne Stufenwand bekam Fenster, die römische Markt- und Gerichtshalle, die Basilika, war geboren. Auch bei den großen Wohnhäusern benutzte man die Bauteil-Staffelung, um Licht in die Mitte des Baukörpers zu führen.

Das als stehender Pfettendachstuhl konstruierte und an den genannten Stellen geschmückte Satteldach verbreitete sich insbesondere mit dem Kirchenbau in ganz Europa. Bei einschiffigen, kleinen Kirchen blieb es als Dachform bis ins 20. Jahrhundert hinein verbindlich. Bei großen Domen, welche die Bauform der Basilika übernommen hatten, deckte es das erhöhte Mittelschiff. Bei mehr als einen Baumstamm langen Dächern wurden die Pfetten auf quer durch den Dachraum gehende Binder aufgelegt. Nach wie vor bildeten die Eckpunkte des Giebeldreiecks die Standorte für den Bauschmuck, die Traufen wurden zu Gesimsen und die Firste zu *Firstkämmen* geformt.

Abb. 13:
Lübeck, Marienkirche von Südwesten. Die Basilika besteht aus niedrigeren Seitenschiffen und einem hohen Mittelschiff. Auf diese Weise lässt sich Tageslicht über die Mittelschifffenster in die Gebäudemitte führen.

Blieben in der Romanik des Hochmittelalters die Dächer wie in der Antike flach geneigt (unter 30 Grad), so veränderte die Gotik des Hoch- und Spätmittelalters vom 13. bis zum 16. Jahrhundert die Dachneigung bis zu einer Steilheit von 60 Grad und mehr. Das Dach wurde jetzt also sehr hoch und steil. Als Beispiel gotischer Dächer sei das der Mauthalle in Nürnberg oder das der Kaiserstallungen auf der Nürnberger Burg oder der Lübecker Marienkirche genannt. Es bedurfte nunmehr einer aufwändigen Dachkonstruktion aus Holz. Die konstruktive Lösung dafür bot das Sparren- bzw. Kehlbalkendach mit seinem Hängewerk. Es besteht aus den geneigten Sparren, die kraftschlüssig mit dem Dachbalken verbunden sind, und somit ein biegesteifes Dreieck miteinander bilden. Verlängerte man die Sparren, so verhinderten etwa auf halber Sparrenlänge eingebrachte, waagerechte Zangenhölzer ihre Durchbiegung oder gar ihren Bruch. Um die Sparren noch weiter verlängern zu können, wurden die Zangenhölzer alsbald in mehreren Ebenen übereinander angeordnet, deren oberster *Hahnenbalken* ge-

Abb. 14:
Ansbach, Schloss. Dachstuhl mit Hängepfosten.

nannt wurde. Daraus entwickelten die Zimmermeister den mehrgeschossigen, steil geneigten Kehlbalkendachstuhl mit Bindern aus frühen Hänge- bzw. Sprengwerken. Die in die Deckenbalken nahe der Traufe eingezapften Sparren wurden in der Regel durch überkreuzte Schwertungen gesichert. Mit Hilfe des Kehlbalkendaches waren die Baumeister in der Lage, sehr weite Spannweiten zu überbrücken, ohne die darunter liegende Decke zu belasten. Durch Einfügen von Hängepfosten konnten die Kirchendecken und -gewölbe direkt an den Dachstuhl angehängt und damit sogar entlastet werden. Diese Konstruktion des Dachwerks ermöglichte die großen Holzdecken in Schlössern, Rathäusern, Vorratshäusern, z. B. der Büttenhauskomplex in Ansbach,[15] und Hallenkirchen, z. B. die Pfarrkirchen St. Elisabeth in Marburg, St. Lorenz sowie St. Sebald in Nürnberg, Zu Unserer Lieben Frau in Bamberg (Obere Pfarre) und viele andere mehr. Zur Bewältigung der großen Dachstühle baute man auch stehende und liegende Pfettendachstühle. Im 15. Jahrhundert herrschten in Deutschland allmählich Pfettenkonstruktionen vor, welche die Prinzipien des liegenden und stehenden Dachstuhls miteinander verbanden, indem sie seitlich liegende Säulen und mittig einen stehenden Pfosten aufwiesen. Für die großen Dachstühle des 15. Jahrhunderts ist der im Krieg zerstörte von St. Stephan in Wien aus Lärchenholz charakteristisch, der bei 34,20 m lichter Weite und besonders großer Steilheit sieben Pfostenreihen, sechs Kehlbalkenlagen und lange Streben aufwies.[16] Die Dachverbandshölzer hat der Zimmermann bis zu Beginn des 16. Jahrhunderts durch so genannte *Blätter* miteinander verbunden, danach kam die Verzapfung auf. Die Längsaussteifung hat man durch in den Dachstuhl eingebaute schräge Hölzer, wie Kopf- und Fußbänder, Bügen, Andreaskreuze und Windrispen sichergestellt. Außerdem wurde der Dachstuhl an seinen beiden Enden mit eisernen Mauerankern im Giebelmauerwerk befestigt.

Zur Belichtung der so entstandenen, riesigen Dachräume bauten die Zimmerleute stehende und abgeschleppt liegende Dachgauben in die Dachfläche ein. Der Nürnberger Baumeister Hans Behaim der Ältere hat wahre Gaubenlandschaften auf den mehrgeschossigen Dächern seiner profanen Gebäude, insbesondere seiner Korn- und Mauthäuser, entstehen lassen.[17]

---

[15] s. MAIER 1986, S. 141–142.

[16] VOGTS, Sp. 938: Abbildungen 25 und 26. Der Dachstuhl wurde nach dem Krieg rekonstruiert.

[17] DEHIO-FRANKEN, S. 754: Die Kaiserstallung auf der Nürnberger Burg wurde 1494/95 von Hans Behaim d. Ä. mit hohem, sechsgeschossigem Satteldach errichtet; die Mauthalle in der Stadt Nürnberg wurde ebenfalls von Hans Behaim d. Ä. 1498–1502 als Kornhaus mit einem fünfgeschossigen Satteldach errichtet, siehe Abb. 16.

Abb. 15:
Liegender Pfetten-
dachstuhl mit
Andreaskreuzen
ausgesteift.

Abb. 16:
Nürnberg, Maut-
halle. Schlepp-
gauben in fünf
Dachgeschossen.

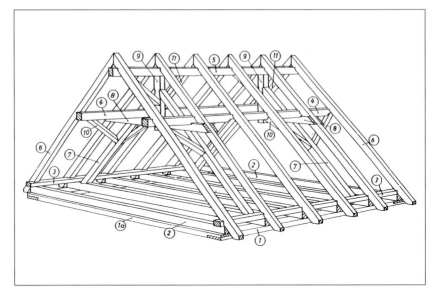

Auch am städtischen und bäuerlichen Wohnhaus wurde das Satteldach samt seiner Schmuckkultur beibehalten. Da auch diese Gebäude in der Gotik mit hohen steilen Dächern ausgestattet wurden, setzte sich der Kehlbalkendachstuhl mit Hänge- bzw. Sprengwerk durch, da er mehrgeschossig angeordnet werden konnte und zugleich große Spannweiten ermöglichte, wie das die Bürgerhäuser in Nürnberg beispielhaft zeigen.[18] Auch der liegende Pfettendachstuhl kam mehr und mehr in Mode.

Das hölzerne Dachwerk wurde in der Werkstatt des Zimmermeisters auf dem Schnürboden angefertigt. Mit Nägeln und Schnüren, die sie anstelle eines Zirkels zum Kreis- oder Halbkreisschlagen einsetzten, haben die Zimmerleute die geometrische Form des jeweiligen Dachstuhls auf dem Bretterboden aufgetragen. Bei besonders großen Dachstühlen z. B. für die Pfarrkirche, kam es vor, dass man den gesamten Marktplatz als Schnürboden benötigte und deshalb mit Brettern auslegte. Auch die für das Dach erforderlichen Hängewerke, Sprengwerke, Pfetten und Sparren wurden auf dem Schnürboden vorgefertigt und zunächst probehalber abgebunden, um ihre Passgenauigkeit zu überprüfen. Um die Hölzer beim endgültigen Zusammenbau auf dem Gebäude nicht zu verwechseln, bezeichnete sie der Zimmermann der Reihe nach mit so genannten Bund- oder *Abbundmarken*, zumeist einfache Beilhiebe, manchmal sogar römische Zahlen, die er leicht in die Balken einkerben konnte. Mit Hilfe dieser Ab-

---

[18] SCHWEMMER, S. 77–80, Tafel 78 b, 79 b, 123.

Abb. 18:
Ansbach, Schloss.
Abbundzeichen als
Einkerbungen am
Hängepfosten.

bundzeichen lässt sich auch heute noch die Reihenfolge der Balken beim Aufbau und die Vollständigkeit der Dachhölzer überprüfen. Z.B. tragen an der Kutschenremise im Burgershof zu Bamberg die Sparren, Stuhlständer, Kehlbalken und Pfetten jeweils für sich Abbundmarken. Kurzum, es handelte sich also bereits damals um ein vorindustrielles Fertigungsverfahren im Handwerk.

2.3   Grabendach

Diese Dachform ist für Oberbayern typisch. Solche Dächer befinden sich in der Regel auf Wohngebäuden, die eine Hauszeile an der Straße oder am Straßenmarkt bilden. Die Häuser sind durch hohe Brandmauern voneinander getrennt. An die seitliche Brandmauer jeden Hauses ist ein Pultdach angelehnt. Jeweils zwei Pultdächer bilden also in der Hausmitte einen Graben, in dem die Dachrinne liegt. Sie befindet sich somit in der Mittelachse des zumeist mehrgeschossigen Gebäudes, das im Bereich des Grabendaches straßenseitig mit einer Brustmauer oder Attika derart abgemauert wurde, dass es optisch wie ein Flachdach aussieht. Die Dachrinne durchstößt jedoch diese Abmauerung, vor ihrer Mündung hängt ein Wasserkasten, an dem ein senkrechtes Abflussrohr angeschlossen ist. Auch wenn zwei Gebäude in ihrer vollen Länge aneinandergebaut waren, wie z.B. beim Ansbacher Schloss, entstand dazwischen ein Graben, der als Dachrinne benutzt wurde (siehe Abb. 28).

31

Abb. 19:
Abwasserkasten am
Grabendach.

2.4 Walmdach

Es handelt sich dabei um solche Dächer, die nach allen vier Seiten eines Hauses abgeschrägt sind. Sie besitzen einen First und am Walm jeweils Grate.

Spätmittelalterliche Walmdächer findet man besonders häufig auf Bauernhäusern wie etwa auf dem Bauernhaus aus Hofstetten im Freilandmuseum Bad Windsheim, aber auch auf Häusern in der Stadt. Im Volksmund nannte man solche Häuser später *Schwedenhäuser* z. B. in Nürnberg.[19] Der Walm auf der Schmalseite des Hauses wurde mit der Zeit immer mehr verkürzt, auf diese Weise begann eine gewisse Giebelbildung. Solche verkürzte Walme nennt man Krüppel- oder besser Halbwalm. Da man früher Heu und Stroh, aber auch Waren im Dachraum lagerte, waren Hebezeuge mit Rollen oder Seilwinden vonnöten. Um diese vor dem Wetter zu schützen, brachte man ein kleines abgewalmtes Vordach, einen Zwerg- oder Schopfwalm, am Giebel über der Ladeluke an.

Walmdächer wurden häufig mit Hilfe eines liegenden Pfettendachstuhles gebaut. Zur seitlichen Aussteifung dienten sich kreuzende Balken, so genannte *Andreaskreuze*, und Windbretter. Walmdächer erfordern große Zimmermannskenntnisse, denn die schrägen Flächen des Daches und der Walme durchdringen einander und bilden an ihren Durchdringungslinien die schrägen Grate. Der Gratsparren selbst ist ein ziemlich komplexes stereometrisches Gebilde, dessen Herstellung großes Wissen in der räumlichen Geometrie erfordert. An

---

[19] Schwemmer, Tafel 8 b; Maier 1984, S. 20–21 mit Abbildungen; Bedal, S. 18.

Abb. 20:
Bad Windsheim,
Freilandmuseum.
Walmdach eines
mittelalterlichen
Hauses.

den Gratbalken müssen selbstverständlich auch die Sparren schräg angeschiftet werden (siehe auch Abb. 166: Ausmitteln eines Gratsparrens).

Im Laufe des 18. Jahrhunderts erließen die Stadtherren der Residenz- und Landstädte Baugesetze und erlaubten anstelle von stolzen, hohen Giebeln der Stadthäuser nur noch Walmdächer. Typisch dafür sind die Straßenzüge im Stadtkern von Residenz- oder Landstädten, beispielsweise von Fulda, Bamberg oder Ansbach. Auf diese Weise erreichten die Fürsten eine gleich hohe, den ganzen Straßenzug durchziehende Traufe aller Dächer. Kein Bürgerhaus überragte das andere, die fürstliche Residenz aber war höher als alle bürgerlichen Gebäude der Stadt, natürlich mit Ausnahme der Kirchen. Damit wurde im absolutistischen Verständnis dem Prinzip der *Regularité* entsprochen.[20]

Typisch für die Renaissance sind die Walm-, aber auch Satteldächer mit Zwerchgiebeln, die um 90° gedreht senkrecht zum First des Hauptgebäudes, also *überzwerch* stehen. Die Zwerchhäuser wurden im 17. und 18. Jahrhundert immer beliebter und finden sich an den Häusern aller alten Stadtkerne. Solche auf im

---

[20] MAIER 1986, S. 154.

Gegensatz zur Gaube nicht auf der Dachkonstruktion sondern auf den Vorder-
wänden der Bauwerke aufruhenden Dachaufbauten enthalten Speichertüren,
die zum Beladen des Dachbodens genutzt wurden. Sie sind häufig mehrgeschossig, so dass sich die Speichertüren übereinander wiederholen, z. B. fünfmal bei

Abb. 21:
StAN, Ansbach,
barocke Idealstadt.
Zeichnung aus dem
18. Jahrhundert.

Abb. 22:
Ansbach, Neuer
Bau. Zwerchhäuser
der Renaissance.

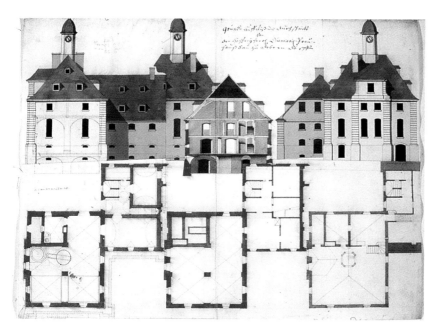

Abb. 23:
StAN, Deberndorf, Brauhaus. Dächer mit stehenden Dachgauben und einem Zwerchhaus. In der oberen Bildhälfte befinden sich die Ansichten und ein Querschnitt, in der unteren das Erdgeschoss, das Obergeschoss und das Dachgeschoss jeweils im Grundriss. Originalzeichnung aus dem 18. Jahrhundert.

der von 1498 bis 1502 erbauten Mauthalle in Nürnberg. Die Zwerchhäuser tragen Sattel- oder Walmdächer, die in das Hauptdach mit Kehlen einschneiden.

Der liegende Pfettendachstuhl wurde im Zeitalter des Barock immer noch mit im Zwischenraum zwischen je zwei Bindern liegenden, aussteifenden Andreaskreuzen, mit große Spannweiten überbrückenden Sprengwerken und mit gewaltigen Hängewerken errichtet. Zu ihrer Belichtung setzte man Schlepp-, Fledermaus- oder stehende Gauben auf das Dach. Letzteren gab der barocke Baumeister häufig wie ein Kreissegment konkav gebogene, mit Blech gedeckte Dächer (siehe Abb. 6).

2.5   Turmdach

Die Turmdächer prägen das Gesicht unserer Städte und Dörfer. Sie sind zwar in der Regel wenig ausbaufähig, besaßen aber schon im Mittelalter wenigstens ein Türmerstübchen. Die Dachformen sind mannigfaltig und reichen vom romanischen Sattel-, Zelt- oder Rhombendach bis zum *welschen* Dach, das der Kuppel- bzw. Zwiebelturm prägt.[21] Im Mittelalter waren aus Steinplatten gemauerte Turmhelme üblich, wie etwa die gemauerten Dächer der Stadtmauertürme in Büdingen. Die Gotik führte die steilen achtseitigen Turmhelme ein, welche kleine Giebel an jeder Turmseite beibehielten wie z. B. an der Stadtpfarrkirche

---

[21] Vogts, Sp. 931: Abbildungen 15.

Abb. 24:
Buch am Wald.
Dorfansicht mit
Kirche und Kirch-
turm mit Spindel-
dach.

Abb. 25:
Buch am Wald.
Kirchturmaufsatz
mit Kugel und
Wetterfahne.

St. Marien in Lübeck (s. Abb. 13). Bei Wehrkirchen wurden an den Turmdachecken zusätzliche Scharwachttürmchen angefügt. Für Oberbayern sind die barocken Zwiebeltürme mit Laterne typisch, während in anderen Gegenden, z. B. in Franken, Spindeldächer und spitze Pyramidendächer zumeist auf einem achteckigen Läutgeschoss errichtet wurden. Der markgräfliche Bauinspektor Johann David Steingruber prägte mit solchen Dächern ganz Mittelfranken.[22] Die Konstruktion von kleineren Zelt- oder Spitzhelm-Turmdächern ging immer von der Mitte der Grundfläche aus, auf der sich ein so genannter *Kaiserstiel* erhob, an den sich die Sparren von den Ecken her anlehnten. Beim Zwiebelturm wurden die Sparren durch zwiebelförmig zugeschnittene, starke Bretter ersetzt. Oben an den *Kaiserstiel* wurde die Helmstange angeschiftet, auf der oberhalb des Daches selbst dekorativer oder heraldischer Zierrat saß, beispielsweise eine Kugel, eine Fahne, ein Wetterhahn oder ein Kreuz.

2.6 Dach mit Kniestock oder Drempel

Insbesondere flach geneigte Pfettendächer bildeten mit dem Fußboden tiefe, kaum erreichbare Dachzwickel, die einen *toten* Raum darstellten. Zur besseren Ausnutzung solcher Dachräume erhöhte der Baumeister die Außenwand um einiges über den Fußboden des Dachbodens und setzte je nach Erfordernis den einfach oder zweifach stehenden, zweifach oder dreifach liegenden Drempeldach-

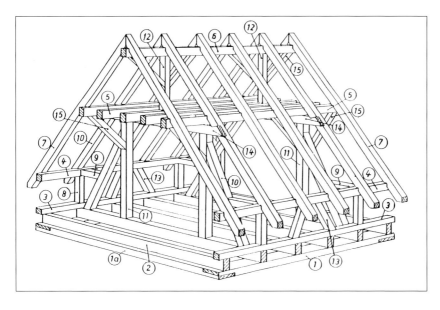

Abb. 26:
Stehender Pfetten-
dachstuhl mit Drempel.
1 + 1a. Mauerlatte
2. Dachbalken der Dach-
balkendecke
3. Unterer Drempelbalken
4. Fußpfette, zugleich
oberer Drempelbalken
5. Mittelpfette und Balken
der oberen Dachgeschoss-
ebene
6. Firstpfette
7. Sparren
8. Drempelpfosten
9. Querholz zwischen Drempel und Pfostenstütze
10. Sparren
11. Stehende Stuhlsäule
12. Stehende Pfosten unter
der Firstpfette
13. Schräges Holz im
Drempelfachwerk
14. Zange
15. Kopfband oder Büge

---

[22] MAIER 1987.

stuhl darauf. Diese zumeist gemauerten Wanderhöhungen, so genannte *Drempel*, reichten von etwa Kniehöhe bis Mannshöhe. Drempel beeinflussen selbstverständlich die Proportionen des Hauses. Daher ging mit dem Drempel, um die ungewohnten Proportionen des Gebäudes zu verdecken, zumeist ein weiter Dachüberstand einher. Dort, wo der weite Dachüberstand unüblich war, wurden Drempel außen am Bau durch Wandverkleidungen von der restlichen Hauswand abgesetzt und somit optisch erfahrbar gestaltet. Oft findet man deshalb auch kleine Fenster im Drempel, die außerdem dem Speicher zusätzlich Licht geben.

2.7   Mansardendach

Geradezu zum Kennzeichen des Barock hat sich das Mansardendach aufgeschwungen. Es handelt sich um ein gebrochenes Dach, das in eine untere steile und eine obere flache Dachfläche geteilt wird. Es wurde angeblich zuerst bei dem abgebrochenen Schloss Clagny bei Versailles (1674–1679) durch den Architekten Jules Hardouin Mansart (geb. 1646 in Paris, gest. 1708 in Marly) ausgeführt und soll dessen Namen bekommen haben. Wahrscheinlich entstand das Mansardendach aber schon früher an den Schlössern Soucy-en-Brie (1648) und Vaux-le-Vicomte (1657–1660) von Louis Levau.[23] Diese Dachform hat bald auch Eingang in ganz Deutschland gefunden. Sie kommt sowohl als Sattel- als auch als Walmdach zur Anwendung. Sie besitzt den Vorteil, dass selbst sehr große Dächer nur kurze schwache Hölzer benötigen, und den Nachteil, dass ihr Holzverbrauch ungleich größer ist als der für die anderen Dachformen.[24]

Grundlage für die Mansardendachkonstruktion ist der Dachbalken des obersten Geschosses, den man auch Hauptbalken nennt. Über ihm wird ein Halbkreis geschlagen; sein Radius lässt sich z. B. in sechs gleiche Teile a zerlegen. Einen dieser Teile a trägt man im Scheitelpunkt des Halbkreises in Verlängerung des Radius senkrecht auf und erhält so den Firstpunkt des Mansardendaches. Den Mansardenbalken, also den Grundbalken für das Oberdach, bekommt man durch eine Parallele zur Mittelsenkrechten, die den Halbkreis im Abstand von fünf der gleichen Teile a schneidet. Die Neigungen der beiden Dachteile, des Unter- und des Oberdaches sind damit bestimmt. Jetzt gilt es noch die richtigen Konstruktionsstärken des Mansardenbalkens, der Vorhölzer und des Rähms festzulegen, was bis weit ins 18. Jahrhundert hinein aus der praktischen Erfahrung des Zimmermanns erfolgte. Als *französisch* wird ein Mansardendach bezeichnet, bei dem die Verlängerung der Unterdachneigung eine waagrechte Linie durch den First derart teilt, dass sie die Distanz vom First bis zum Ende des

---

[23] Vogts, Sp. 922.
[24] Mielke, S. 271, Tabelle.

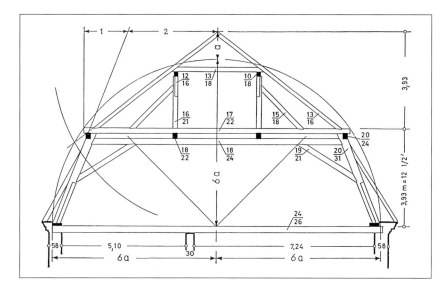

Abb. 27:
Französisches Mansardendach. Die einzelnen mit dem Zirkel zu schlagenden Kreisbögen bei der Konstruktion eines solchen Daches sind eingetragen. (nach Mielke-Potsdam)

Mansardendachbalkens im Verhältnis 1:2 schneidet.[25] Damit erhält die Unterdachneigung einen Winkel von 67° und die Oberdachneigung einen solchen von 23°. Ist das Unterdach sehr flach geneigt, so spricht man von einem *holländischen* Mansardendach. Man hat dieses Mansardendach holländisch genannt, obwohl in den Niederlanden selbst solche Dachformen kaum auftreten.[26] In

Abb. 28:
Ansbach, Schloss. Mansardendach des Südwest-Flügels.

---

[25] Mielke, S. 270–271, Abb. 157–159.
[26] Mielke, S. 271–273, Abb. 160.

Deutschland wurde einer weicheren Überführung der Dachkonturen mit sehr viel steilerer Neigung des Oberdaches der Vorzug gegeben. In aller Regel haben im 18. Jahrhundert die jeweiligen Baumeister und Architekten ihre Mansardendachneigungen individuell festgelegt.[27] Beispielsweise hat Leopoldo Retty im Jahre 1732 am Ansbacher Residenzschloss das Mansardendach über dem schmäleren SO-Flügel mit einer Unterdachneigung von 73° und einer Neigung des Oberdachs von 41° gebaut, während er den anderen drei Schlossflügeln eine Unterdachneigung von 78° und eine Neigung des Oberdachs von 31° gab. Auf diese Weise bekamen alle vier Flügel ein und dieselbe Firsthöhe. Als Schmuckdetail findet sich ein profilierter Mansardenbalken am Dachknick.

2.8 Dach des 19. Jahrhunderts

Um die Mitte des 19. Jahrhunderts probierten die Architekten alle bereits bekannten Dachformen erneut aus. Sie bauten dementsprechend Satteldächer auf Neo-Renaissance- oder Mansardendächer auf Neo-Barock-Gebäude. Da inzwischen die Technischen Hochschulen eingerichtet worden waren und der neue Beruf Bauingenieur (Tragwerksplaner) entstand, wurden die Dimensionen auch des Dachwerks nunmehr berechnet und nicht mehr nur der Erfahrung des Zimmermanns überlassen.[28] Diese Bauingenieure setzten neben dem herkömmlichen Holz aber auch gänzlich neue Materialien für ihre Dachstühle ein. So wurden jetzt Dachstühle aus Guss- oder Walzeisen gebaut. Dachstühle aus Walzeisen finden sich auch auf rekonstruierten Baudenkmälern, z.B. auf dem Kirchenschiff des erst im 19. Jh. vollendeten Kölner Doms.[29] Sie erlaubten erheblich größere Spannweiten. Die gusseisernen Träger der Dachkonstruktion ermöglichten außerdem eine gänzlich neue Form der Belichtung, indem auf sie große Glasplatten montiert wurden, z.B. auf dem Dach der Walhalla bei Donaustauf nahe Regensburg und auf Bahnhofsbauten wie dem Leipziger oder Frankfurter Hauptbahnhof.[30] Auf diese Weise wurde das filigrane, mit gegossenen, farbigen Figuren und anderem Zierrat geschmückte Dachtragewerk für jedermann sichtbar zum optischen Erlebnis.

Infolge der rapide wachsenden Bevölkerung wurden gegen Ende des 19. Jahrhunderts sehr viele städtische Mietwohnungen benötigt. Solche mehrgeschos-

---

[27] MIELKE, S. 270, Anm. 794.

[28] HITTENKOFFER zeigt Dachbinder von Dächern des ausgehenden 19. Jahrhunderts. Es handelt sich um eine für die Zeit charakteristische Vorlagensammlung. In den Beispielen ist der Bogen von handwerklicher Zimmerungskunst zum Ingenieurholzbau gespannt. Auch wichtige Neuerungen, wie etwa die Kombination mit Stahl, sind berücksichtigt.

[29] MISLIN, S. 217; VOGTS, Sp. 944.

[30] MISLIN, S. 240–242.

Abb. 29:
Paris. Metro-Station
mit Glasdach.

sigen Wohnhäuser mit ihrer großen Gebäudetiefe hätten als Sattel- oder Walmdächer eben wegen dieser Haustiefe völlig unwirtschaftliche, hohe und teuere
Dachwerke mit riesigen Holzmengen erfordert und zugleich tiefe, nicht nutzba-
re Dachzwickel erzeugt. Um den Speicherraum als Lagerraum trotzdem nutzbar
zu machen und ihn sogar als Wäschetrockenplatz zu gebrauchen, erhöhte man
die Dächer gerne dadurch, dass man sie auf gemauerte oder aus Fachwerk er-
richtete, halbmannshohe Drempel setzte. Der Zimmermann setzte darauf das
bis 80° steile Unterdach, kappte es jedoch in ausreichender Speicherhöhe und
zog das Oberdach in sehr schwacher Neigung zwischen 5° und 10° über das gesamte Gebäude hinweg. Der Rand des flach geneigten Daches wurde nun wie
ein Mansardendachbalken erlebbar. Da aber wegen des Regenwasserabflusses
die große obere Dachfläche nicht vollends flach ausgebildet werden konnte, sondern die genannte, gerade noch ausreichende Neigung aufweisen musste, nahm
die Speicherhöhe auf der straßenabgewandten Seite empfindlich ab. Die Speicher waren also in der Regel für den Ausbau zu einem modernen Wohngeschoss
um einiges zu niedrig.

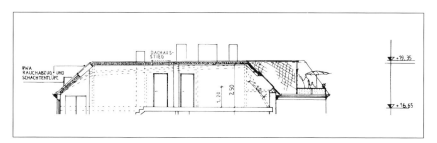

Abb. 30:
Zum Ausbau zu
niedriges Dach-
geschoss eines
Mehrfamilien-
hauses.
(gestrichelte Linien)

41

Über Werkhallen setzte man das Sägedach (Sheddach) ein. Es handelte sich um eine Reihe von Satteldächern hintereinander in Querrichtung zum Gesamtbau, deren eine Seite eine flache, deren andere eine steile Neigung aufweist. In die steile Seite baute man Fenster ein, die den darunter befindlichen Werkraum sehr gut erhellen. Der französische Architekt Le Corbusier hat diese neue Dachform auch für andere Bauten übernommen und gleichsam salonfähig gemacht. *Das Haus muss wie eine Maschine serienmäßig gebaut werden.*[31]

2.9 Dach des 20. Jahrhunderts

In der zweiten Hälfte des 20. Jahrhunderts, als infolge des Zweiten Weltkriegs ein riesiger Wohnungsbedarf entstand, waren die flach geneigten Ein- und Zweifamilien- sowie Reihenhausdächer aus Holz sehr beliebt. Dächer aus Stahl- oder Holzleimbindern gab man Fabrik- und Werkhallen, Hallenbädern und Konzerträumen. Ein besonderer Ausdruck von Modernität waren Flachdächer aus Beton. Bereits 1930 wurde beispielsweise in Nürnberg für die Sabel-Schule ein mehrgeschossiger Flachdachbau errichtet. Auf diesem wurde wie so häufig auf Flachdächern eine Dachterrasse angelegt. Die neuen Baustoffe Stahl, Beton und Kunststoff ließen völlig unkonventionelle Dachformen wie beispielsweise das Dach über dem Olympiastadion in München zu.

In neuester Zeit baute man wegen der geringen Kosten, wie bereits erwähnt, gerne Pultdächer auf die Wohnhäuser. Ganze Wohnsiedlungen sind von dieser

Abb. 31:
München. Dach über dem Olympiastadion.

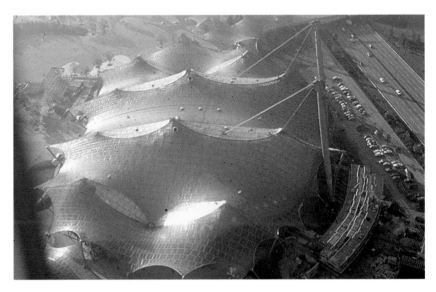

---

[31] BENEVOLO 1988, 2. Band, S. 85.

Dachform geprägt. Auch für so genannte Niedrigenergiehäuser werden gerne
Pultdächer mit einer Dachhaut aus Wellplatten oder Blechen verwendet.

In den letzten Jahrzehnten begann man damit, Dächer zu begrünen. Es begann
mit der Bepflanzung von Flachdächern und setzte sich mit der von Steildächern
fort. Auf diese Weise bekam man Grün auch auf die Dächer der Industriebrachen.

2.10   Dachbalkendecken

Die Trennung von Wohnraum (Stube) und Dachraum wurde durch die Ausbildung einer Dachbalkenlage konstruktiv vollzogen. Es handelt sich dabei stets
um eine Holzbalkendecke. Im Gegensatz zur gewöhnlichen Holzbalkendecke als
Geschossdecke war hier die Balkenlage abhängig vom Dachwerk. Sie gehörte
entweder beim Kehlbalkendach zur Dachkonstruktion selbst und bildete dann
im festen Verband mit den Sparrenpaaren das Dach durch Reihung von Gespär-
ren oder aber das Pfettendach lag unabhängig von der Sparrenlage direkt auf
ihr auf. Während die Balken der anderen Decken wegen Holzersparnis häufig
parallel zur Schmalseite des darunter liegenden Zimmers angelegt wurden und
daher die Verlegerichtung jeweils über den Räumen wechselte, verliefen die
Dachbalken stets quer zur Traufseite und parallel zur Giebelwand über die gesamte Geschossfläche hinweg, denn sie bildeten mit dem Dachstuhl eine sta-
tisch-konstruktive Einheit. Sie nutzten in der Regel die tragenden Wände oder
Pfosten des letzten Geschosses als wirksame Unterstützung, insbesondere
dann, wenn im Grundriss eine tragende Mittelwand ausgebildet worden ist. Da
sie keine normalen Verkehrslasten aufzunehmen hatten, bemaß der Zimmer-

Abb. 33:
Neue Dachbalken-
decke anstelle der
nicht mehr trag-
fähigen, die Verle-
gerichtung der Bal-
ken ist um 90 Grad
gedreht. Richtige
Balkenlage siehe
Abb. 26.

mann die Dachbalken häufig wesentlich schwächer als die der Balkendecken der anderen Geschosse.

Der äußerste Balken wurde in der Regel in geringem Abstand an der Giebelwand entlang angeordnet.[32] In den Fällen, wo ein Mauervorsprung oder ein Kamin an der Giebelwand saß, verlegten die Zimmerleute den ersten Balken etwa 50-80 cm von der Giebelwand entfernt parallel zu ihr quer über den Grundriss hinweg von Traufenwand zu Traufenwand. Den verbliebenen Abstand zum Giebel füllten sie mit kurzen Stichbalken, die genauso wie die Dachbalken selbst nie in Wandöffnungen,[33] sondern stets auf einer Bohle, der so genannten Mauerlatte, auf einem Mauerabsatz ihr Auflager fanden. Ein solcher Mauerabsatz bildete sich deshalb, weil die Giebelwand oder ein eventueller Drempel wesentlich dünner als die darunter liegende Wohnungswand ausgeführt wurde. Um der Decke zusätzlich Halt zu geben, hat man sie in der Regel mit eisernen Bän-

---

[32] SCHMITT/HEENE, S. 286. Zeichnung Balkenlage.

[33] SCHMITT/HEENE, S. 286 zeigt in seinen Detailzeichnungen F und E Balkenauflager moderner Holzbalkendecken, die baukonstruktiv bedenklich sind. Die in Wandaussparungen auf Isolierpappe gelegten Balkenköpfe werden trotz des angeordneten Luftraums und des Dämmstreifens schon in kurzer Zeit abfaulen, denn es lässt sich nicht sicherstellen, dass die erforderliche handwerkliche Sorgfalt an jedem Balkenkopf waltet. Die Luftumspülung durch den oben und seitlich angeordneten Luftraum funktioniert trotz aller Sorgfalt auch deshalb recht bald nicht mehr, weil mit der Zeit Staub und Schmutz in sie eingelagert werden.
In diesem Bereich wird die Außenwand zudem durch die Aussparungen empfindlich geschwächt, es handelt sich um eine Wärmebrücke. Wasserdampf wird kondensieren und den Balkenkopf durchnässen.

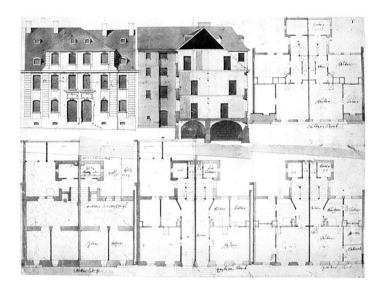

Abb. 34:
Ansbach. Steingru-
berhaus aus dem
Jahr 1763:
Die Außenwände
werden vom Keller
bis zum Dachge-
schoss Stockwerk
für Stockwerk dün-
ner und ermög-
lichen so ein ein-
wandfreies
Balkenauflager.
Originalzeichnung
des 18. Jahrhun-
derts.

Abb. 35:
Maueranker.

dern oder Schlaudern, die immer mindestens über zwei Balkenfelder hinweg auf drei Deckenbalken mit starken Schrauben befestigt wurden, mit dem Gie-belmauerwerk verbunden. An bedeutenden Bauten besaßen diese Maueranker an ihrem außen am Mauerwerk sichtbaren Ende sorgfältig geschmiedeten Zier-rat.[34] Am normalen Wohnhaus jedoch wurde nur ein glatter, eiserner Splint durch eine Öse am Ende des Bandeisens eingesetzt.

---

[34] FINKE, KNÜPPEL, MAI, BÜNING, S. 66–67: Beispiele kunstvoller Maueranker.

Abb. 36:
Eingebrochener
Einschubboden aus
Strohlehm.

Abb. 37:
Detail: Strohlehm-
wickel.

Der Abstand zwischen zwei Dachbalken in der Decke betrug zwischen 0,80 m und 1,20 m,[35] bei Kehlbalkendächern war er selbstverständlich mit dem Sparrenabstand identisch. Im Bereich eines Kamins oder der Bodentreppe wurden die Balken ausgewechselt, d. h. die Deckenbalkenenden wurden in einen Wech-

---

[35] GRUBER: Balken, Sp. 1412.

46

selbalken eingezapft. Zwischen den Balken befestigte der *Sticker* in einer beidseitigen Balkennut eine Stakung aus dünnen Holzstangen oder -scheiten, die der *Kleiber* mit Strohlehm umwickelt hat. So entstand ein so genannter *Wickelboden*. Auf den etwa balkenhohen Wickelboden kam nach dem Austrocknen noch eine Sandschicht als sattes Auflager für den Fußboden. In den Stadthäusern des Barockzeitalters befestigte man zwischen den Dachbalken einen Zwischenboden, den so genannten *Fehlboden*, der ebenfalls entweder aus einer in der seitlichen Balkennut sitzenden Stakung oder aus Schwartenbrettern bestand. Darauf legte man entweder eine Strohlehmpackung, einen Lehmschlag, oder eine Sandschüttung. Im 19. Jahrhundert findet man mit dem Aufkommen der städtischen Gaswerke immer öfter ein Koksschlacken-Sand-Gemisch, das in der Lage ist, in die Decke eindringende Feuchte aufzusaugen. Ab dem 20. Jahrhundert ersparte man sich die seitliche Balkennut, indem man sie durch angenagelte Dachlatten ersetzte. Auf diese wurden Schwartenbretter als so genannte *Einschubböden* und darauf eine nur wenige Zentimeter hohe Lehm-, Sand- oder Schlackenfüllung verlegt. Mit dem dermaßen eingesparten Gewicht verloren die Holzbalkendecken ihre hohen Schall- und Wärmedämmeigenschaften. Sie kamen als hellhörig in Verruf.

Alle alten Dachräume besitzen als dem Wohnen untergeordnete Speicher einen zumeist nur mit einfachen Brettern belegten Fußboden. Die Bretter wurden satt im Sandbett des Zwischenbodens verlegt und auf den Dachbalken aufgenagelt. Sie bilden daher eine statisch wirksame Scheibe, die dem Dachstuhl vor allem Längssteifigkeit verleiht.

Abb. 38:
Bamberg, Dominikanerkirche. Desolate Fußbodenbretter im Dachstuhl.

47

Abb. 39:
Sulzfeld/Ufr., Altes
Schloss. Nicht gesi-
cherte Stuckdecke.
Die geschädigte
Stuckdecke hätte
mit den Leisten ver-
schraubt werden
müssen.

Abb. 40:
Glauchau/Sachsen.
Vorgefundene
Decke.

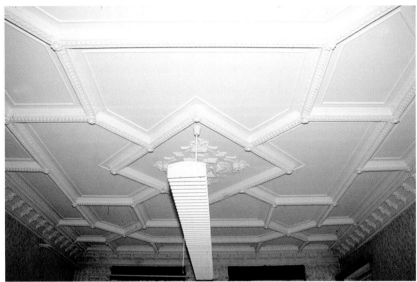

Die Decke konnte je nach Bedeutung des Geschosses unter ihr, z. B. die des ersten Obergeschosses, der Belletage, auch bei Bürgerhäusern besonders reich gestaltet werden. An ihrer Untersicht wurde sie folgendermaßen ausgebildet:[36] als

---

[36] Die Deckenuntersicht soll hier nur kursorisch abgehandelt werden, denn sie hat mit
dem Dachraum nichts zu tun. Vertiefende Information dazu findet sich bei GRUBER:
Decken, Sp. 1133–1140.

Decke mit sichtbaren Balken, als Bohlen-Balken-Decke, mit verbretterter und bemalter Untersicht, mit Stülpschalung, mit profilierten Fugenleisten, mit sichtbaren Balken und verputzten Zwischenfeldern, als Kassettendecke und ab dem 17. Jahrhundert als stuckierte Decke mit schwerem figuralem Stuck oder im Rokoko mit eleganter Quadratur, verbunden mit Malerei al fresco oder al secco. An den Deckenrändern bildete man Ausrundungen, so genannte *Vouten*, aus. Am Ende des 19. Jahrhunderts wurden die Decken in Gründerzeitvillen mit gerahmten Stuckfeldern und mit Hilfe der Imitationsmalerei derartig gefasst, dass sie wie teuere Holzdecken aussahen. Die gewöhnliche Putzdecke in einfachen Häusern wurde im 17. und 18. Jahrhundert auf eine von unten auf die Deckenbalken genagelte Trägerschicht aus schwalbenschwanz-förmigen Leisten aufgebracht, Ende des 18. und im 19. Jahrhundert nahm man anstelle der Leisten ebenfalls angenagelte, aber durch Drähte gebundene Strohmatten, um schließlich später eine preisgünstige Drahtbespannung (Hasendraht) auf der Deckenverbretterung als Putzträger zu verwenden. Im 20. Jahrhundert setzte man anstelle des einfachen Drahts so genanntes Rabitz ein. Einfache Decken blieben ohne Malerei und wurden einfach weiß gekalkt.

Abb. 41:
Glauchau/Sachsen.
Freigelegte und
instand gesetzte
Decke mit
Imitationsmalerei.

49

3 Dachdeckungen – Material und Deckungstechnik

Die Dachdeckung gehört zu den wichtigsten Merkmalen ortsgebundener Bauweise, beruht fast durchgängig auf alten Handwerksüberlieferungen und bestimmt die Einheitlichkeit der Kulturlandschaft und des Ortsbildes. Sie kann

Abb. 42:
Die von den verschiedenen Dachdeckungsmaterialien geprägten Dachlandschaften in Norddeutschland (nach Griep).

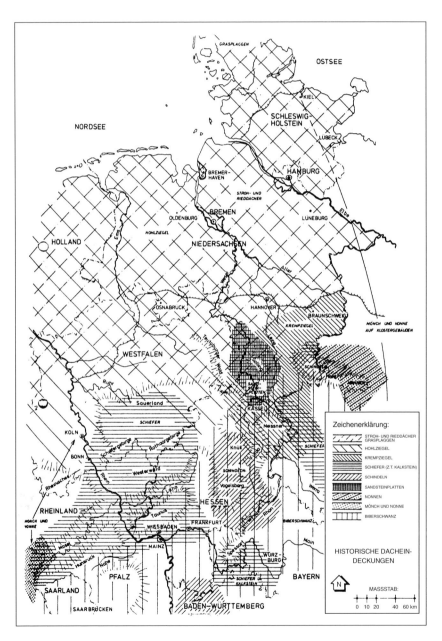

50

aus organischen und künstlichen Baustoffen oder zu Blech verarbeiteten Metallen bestehen. Die Wahl des Deckungsmaterials ist abhängig von vielen Faktoren: der Dachneigung, dem Zweck und der Lage des Gebäudes, der beabsichtigten Wirkung und den bestehenden feuerpolizeilichen Vorschriften. Entscheidend wurde sie früher aber beeinflusst von den in der Umgebung vorhandenen Baustoffen. Die historische Dachdeckung spiegelt gleichsam die geologische Beschaffenheit der Umgebung wider.

3.1 Historische Deckung

Seit Urzeiten bis hinein ins 19. Jahrhundert bestand die Dachdeckung aus Grassoden, Schilf, Reet, Stroh, Holzschindeln, Legesteinen, Steinplatten, Schiefer,

Abb. 43:
Innsbruck, Goldenes Dachl. Reste der Vergoldung sind immer noch vorhanden.

51

Dachziegeln und Metallen wie Eisen-, Bronze-, Blei-, Zink- und Kupferblech. Schließlich gab es auch Vergoldungen der metallenen Bleche.[37]

3.1.1 Schaubdächer aus Stroh

Zu den ältesten Dachdeckungen gehört der Dachbelag aus Grassoden, Schilf (Ried, Rohr), Reet, Binsen und Stroh.[38] Es handelt sich dabei um so genannte *weiche Dächer*. Das *Schaubdach* aus zu Garben gebundenem Stroh hat die gebaute Landschaft im Mittelalter geprägt. Mit Stroh gedeckte Walmdächer waren vor dem 30-jährigen Krieg auch in den Städten allgemein üblich. Pfarrer Georg Karg hatte im Jahre 1576 Ansbach noch eine Strohstadt nennen dürfen, da damals bei weitem die meisten Häuser in dieser Stadt mit Stroh gedeckt waren.[39] Bei der Schaubdeckung werden Strohbündel auf den im Abstand von ca. 35–40 cm auf die Sparren aufgenagelten Dachlatten derart angebunden oder angenagelt, dass sie sich weitgehend überdecken. Die Firste wurden aus gebogenen, meistens mit Lehm oder Mist besonders abgedichteten Schauben gebildet. Dieser Deckung ist zumeist ein weiter Dachüberstand an Giebeln und Traufen eigentümlich. Mit Schlepp- oder Fledermausgauben können Dachfenster gebildet werden. Schornsteine waren ursprünglich nicht üblich, da der Rauch an der Giebelspitze, aus dem so genannten Eulenloch, oder durch das Dach selbst entweichen konnte.

Bereits vor, jedoch spätestens nach dem 30-jährigen Krieg wurden die Schaubdächer in den Städten Deutschlands wegen ihrer Feuergefahr verboten,[40] obwohl man über den Herdstellen die Strohdächer von unten mit Lehm verkleidete. Auf dem Lande haben sich Strohdächer manchmal bis in unsere Tage erhalten, weil das Strohdach auch Vorzüge wie Wärme, Dichtigkeit gegen Schnee und leichtes Ausbessern bietet. Heute ist das Schaubdach für freistehende Ein- und Zweifamilienhäuser in Norddeutschland wieder in Mode gekommen.

---

[37] MATTHAEY 1833, bietet ein Handbuch für alle Dachdeckungsarten, wie sie zu Beginn des 19. Jahrhunderts gebräuchlich waren. Einen generellen Überblick über alle Dachdeckungsarten veröffentlichte ein Jahrhundert später OPDERDECKE 1901.

[38] MIELCKE: Dächer, S. 10–16 erklärt das Decken mit Ried und Stroh.

[39] MAIER 1986, S. 147; BEDAL, S. 187–188.

[40] VOGTS, Sp. 945: Er nennt zahlreiche Städte, in denen Strohdächer seit 1394 verboten wurden. Das jüngste Verbot hat 1843 die Stadt Konstanz ausgesprochen.

Abb. 44:
Kürnbach, Freiland-
museum. Reetdach
auf einem Bohlen-
ständer-Bauern-
haus.

3.1.2   Holzschindeln

In den waldreichen Gebirgs- und Mittelgebirgsgegenden sind Deckungen aus Nadelholz in Form von Brettern oder Schindeln üblich gewesen. Schindelde- ckung ist schon bei Häusern der Bronzezeit und bei römischen Siedlungen in Germanien bezeugt, kommt doch der Name Schindel von dem lateinischen Wort *scindere* = spalten. Auch dieses Dachdeckungsmaterial hielt sich in den länd- lichen Gegenden hartnäckig, es wurde noch am Chordach der 1844 fertig ge- stellten Kirche St. Bartholomäus in Oberdachstetten/Mfr.[41] eingesetzt. Schindeln sind etwa 8 bis 12 cm breit und 50 bis 100 cm lang. Die ungefähr zu $^2/_3$ einan- der überdeckenden Schindeln werden auf Dachlatten stumpf derart nebenein- ander gelegt, dass die Fugen der jeweils unteren Schindelreihe von den darüber liegenden gedeckt werden. Wenn es sich um relativ kleine Schindeln handelt, nennt man sie auch *Scharschindeln*. Im Gegensatz zum Strohdach sind bei der Deckung mit Scharschindeln flache Dachneigungen zwischen 25 und 35 Grad, bei Legschindeln zwischen 18 und 25 Grad und schließlich bei Brettschindeln auch um 20 Grad möglich.[42] Bei den für das Alpenvorland typischen Häusern mit weitem Dachüberstand wurden die Schindeln durch Legesteine gegen das Abheben durch den Wind gesichert. Schindeln konnten auch farbig gefasst oder am unteren Ende sorgsam ausgeschnitten werden, dass sie wie kunstvolle Spit-

---

[41] Maier 1992/93: Heute gibt es allerdings dieses Schindeldach auf dem Choranbau nicht mehr.

[42] Vierl, S. 1–4; Vogts, Sp. 947.

Abb. 45:
Scharschindeldach.

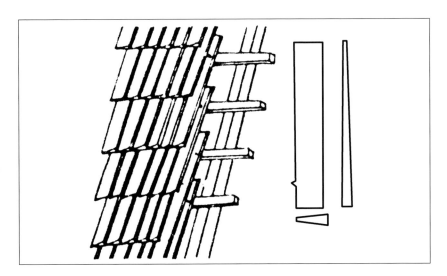

zenbordüren wirkten.[43] Holzschindeln waren und sind auch eine beliebte Wand-
verkleidung von Fachwerkhäusern.

3.1.3 Schiefer

Kristalline Schiefer gehören zu den metamorphosen Gesteinen und kommen in
Deutschland an Rhein, Mosel, Lahn und Sieg, in Waldeck, im Sauerland, in Thüringen, bei Goslar, im Frankenwald südlich von Saalfeld bei Hof, Plauen und im
Sudetenland vor. In solchen Gegenden, wo Schiefer natürlich vorkommt und
leicht abgebaut werden kann, hat man als Dachdeckungsmaterial seit alters
Schieferplatten bevorzugt. Der Begriff *Schiefer*, mittelrheinisch auch *Leyen* genannt,[44] bedeutet ein dunkelblaugraues bis schwarzes Gestein, das in Platten
von 3 bis 6 mm Dicke zu spalten, leicht zu behauen, zu bohren und mit speziellen Schiefernägeln anzunageln ist.[45] Die Oberfläche der Schieferplatten soll
matten Seidenglanz und kein stumpfes, erdiges Aussehen zeigen. Sie soll auch
nicht vollkommen eben, sondern schwach wellig sein. Je nach Bestandteilen von
Steinkohle, Eisen, Glimmer, Chlorit und Kalk hat der Schiefer verschiedene Färbung. Die größte deutsche Schiefergrube befindet sich in Lehesten bei Jena im
Thüringer Wald an der Oberen Saale, aber auch der Moselschiefer war und ist
weit verbreitet. Die Meisterschulen für das Schieferdeckerhandwerk liegen je-

---

[43] Vogts, Sp. 947: Schindeln mit solchen ausgeschnittenen Enden kommen hauptsächlich
in Osteuropa vor; Mielke: Dächer, S.20 zeigt Bordüren an Holzschindeln (nach Griep).

[44] Vogts, Sp. 948-952, hier Sp. 949: *In Köln war ein Teil des Rheinufers, seit alters als
Leystapel bezeichnet, zum Ausladen der Schiffslasten von Schiefersteinen bestimmt.*

[45] Punstein 1996; Punstein/Rühle; Fingerhut beschreiben moderne Schieferdächer und
die heutigen Verarbeitungstechniken im Schieferdeckerhandwerk.

weils in solchen Schiefergebieten, wohl die bedeutendste von ihnen befindet
sich in Mayen in der Eifel im Schiefergebirge zwischen Mosel und Rhein.

Schiefer wird in seit Jahrhunderten bewährter Handwerkstechnik auf den Dächern verlegt. Zunächst prüft der Schieferdecker mit seinem speziellen Schie-
ferhammer durch Klopfen am Stein die Qualität: ein heller Klang verrät gute, ein
dumpfer schlechte Qualität. Man unterscheidet die *englische*, die *französische*
und die *altdeutsche* Deckung. Für die *englische* Deckung verwandte der Schieferdecker ein besonders wetterfestes, dünnes, blauschwarzes Material, hängte
es mit Metallhaken (Eisen, Kupfer) auf Dachlatten oder verlegte es auf einer
Brettschalung in zu dem First und zu der Traufe parallel laufenden Reihen. Die
Schieferplatten von ungefähr gleicher Größe sind zumeist rechteckig zugehau-
en, können aber auch an ihrer unteren Kante die Form eines gotischen Spitz-
bogens annehmen. Die *englische* Deckung findet sich zumeist in Gegenden

Abb. 47:
Weisendorf/Mfr.
Links moderne, am
Kirchturm ältere
englische Schiefer-
deckung.

Abb. 47:
Weisendorf/Mfr.
Links moderne, am
Kirchturm ältere
englische Schiefer-
deckung.

Abb. 48:
Fulda, Dom.
Seitenschiffdach
mit erneuerter alt-
deutscher Schiefer-
deckung.

Deutschlands, in denen der Schiefer wie in Seestädten oder in Ostdeutschland nicht ortsüblich ist.[46]

Die *französische* Deckung, die vielleicht direkt von der antiken, römischen abstammt, erfolgte ausschließlich auf trapezförmigen Latten, deren Zwischenräume mit Lehm ausgefüllt wurden. Der Schieferdecker verwendete Schieferplatten in Rauten- oder Sechseckform in stärkeren Farben, wie z. B. Schiefer mit natürlichen Rot- und Grüntönen, und nagelte sie an den Dachlatten an oder hängte sie mittels Haken daran auf. Auf Nagelung wurde dabei immer öfter verzichtet.

Am häufigsten wurde Schiefer in der *altdeutschen* Deckung verlegt. Die ältesten erhaltenen Beispiele dieser Deckungsart dürften auf Dächern des 16. Jahrhunderts im Rheinland zu finden sein.[47] Die Schieferplatten bestehen aus einer den deutschen Brüchen entsprechenden unregelmäßig rhombischen Form. Den oberen überdeckten Bereich der Platte nannte der Schieferdecker *Kopf* und *Brust*, den unteren sichtbaren *Rücken* und *Reiß*. Die Schiefer liegen auf einer Brettschalung in schräg zur Traufe verlaufenden Lagen, den so genannten *Gebinden*, die links unten, also an der Traufe beginnen. Unten, wo sich das Regenwasser sammelt, wurden größere Steine verwandt als oben in der Dachfläche. Die Größe der Schieferplatten und ebenso der Winkel zur Traufe, in dem die Gebinde verlegt wurden, richteten sich im Übrigen stets nach der zu deckenden Dachfläche. Der seiner alten Überlieferung treue Schieferdecker haut auch heute noch die Steine auf der Baustelle freihändig zu und verzichtet besser auf mit der Schere geschnittene Schablonensteine. Die Gebindelinien werden nach einer entsprechend schräg gespannten Schnur gerichtet, während die Rückenlinien als Folge des freihändigen Hiebes und der verschiedenen Steinbreite unregelmäßig ausfallen. Wenn kleinere Schieferplatten größere überdecken, dann spricht man im Schieferdeckerhandwerk von *Übersetzung*. Die *altdeutsche* Deckung vermag die so genannten *Orte*, die Kanten des Daches wie Firste, Ortgänge, Grate und Kehlen, ohne Verwendung von anderen Hilfsmaterialien einzudecken und allen Schweifungen von Giebeln, Türmen, Zwerchhäusern und Dachgauben zu folgen. Dabei waren eingebundene Orte stets handwerksgerechter als die aufliegenden so genannten *Strackorte*, die aber in manchen Gegenden wie beispielsweise in Thüringen ältere Baugewohnheiten verkörpern. In den historischen Schieferdeckungen, die durchaus auch reizvolle Darstellungen aus kleinen, farbigen Schieferplatten als besonderen, individuellen Schmuck aufweisen konnten, offenbart sich handwerksgerechte Überlieferung als echte Handwerkskunst. Sie verleihen den alten Dächern einen großen Reiz.

---

[46] Vogts, Sp. 950 nennt Aachen und Umgebung als Verbreitungsgebiet der englischen Deckung.

[47] Vogts, Sp. 952 nennt einen mit 1582 bezeichneten Schiefer im Rheingau.

Abb. 49:
Altes Turmschiefer-
dach.

Abb. 50:
Verschiefern der
Dachterrassenwand
auf einer Unter-
deckung aus
Bitumenpappe.

Im 19. Jahrhundert verbesserte man die Regen- und Schneesicherheit der Schieferdeckung, indem der Schieferdecker eine Unterdeckung aus Bitumenpappe
auf die Brettschalung aufnagelte. Auf diese Unterdeckung kann heute wegen
der geforderten Schneedichtheit solcher Dächer auf gar keinen Fall mehr verzichtet werden.

Heute werden vielfältige Formen der Schiefer bei der Dachdeckung eingesetzt.
Es gibt Rechteck- und Bogenschnittdeckung, Schuppendeckung, Wilde De-

Abb. 51:
Neue Dachschiefer
in altdeutscher
Deckung.

ckung, Universaldeckung, dekorative Deckung mit Spitzwinkel, mit dem Aussehen von Fischschuppen, mit Waben, mit Octogones (mit an den Ecken zum Acht-
eck gebrochene Rechteckschiefer) mit Coquettes (das Wort wurde wohl aus dem
Französischen *tuiles à crochet* = Biberschwänze entnommen) und das Kettenge-
binde.[48] Außerdem gibt es Farbschiefer aller Schattierungen.

3.1.4   Steinplatten

Steinplatten sind seit Urzeiten als Deckungsmaterial in Gebrauch. Insbesondere
in der antiken Baukunst Griechenlands und Italiens waren Marmor- und Kalk-
platten für Tempeldächer geläufig. Man verlegte die Platten in einem Lehmbett

---

[48] entnommen aus dem Lieferprogramm der Firma Rathscheck Schiefer und Dach-Syste-
me KG, Barbarastr. 3, D-56727 Mayen-Katzenberg.

oder in Kalkmörtel. Die Fugen zwischen zwei Marmorplatten deckte man mit Hohlsteinen.

Steinplatten aus natürlichem Kalkstein wurden seit dem Mittelalter in ähnlicher Weise wie Schiefer zur Dachdeckung benutzt. Deshalb nennt man diese Dächer auch *Legschieferdächer*. Die Dachdecker nahmen dazu Steinmaterial, das in dünnen Tafeln aus dem Steinbruch zu gewinnen war. In Norddeutschland waren dies Buntsandsteinplatten wie der so genannte *Sollingschiefer*, der im Wesertal bis nach Bremen hin vorkommt, und in Süddeutschland Platten aus Solnhofener Kalkstein aus dem Altmühltal nahe Eichstätt häufig anzutreffen. Mit Sollingschiefer gedeckte Legschieferdächer besitzen eine lebhafte graurote Farbe, während die Deckung aus Solnhofener Platten eintönig grau wirkt. Die Steinplatten sind wesentlich größer und bei weitem dicker als Schiefer, sie sind deshalb starrer und unbeweglicher als jener und vor allem schwerer, d. h. sie erzwingen ein bei weitem kräftigeres Dachwerk. Damit die lose aufgelegten Dachplatten nicht abrutschen, haben die Dächer eine flache Dachneigung (ca. 27° bis 30°). Die Dachflächen bieten aber wegen der verschieden ausfallenden Steinbreiten einen durchaus belebten Anblick. Die Deckungsart entspricht der englischen Schieferdeckung: annähernd rechteckige Steinplatten werden auf Dachlatten befestigt und in Haarkalkmörtel verlegt. Deshalb sind als Dachfenster nur Schleppgauben möglich.

Es gibt heute leider nur noch wenige Hausdächer mit Sollingschiefer- oder Solnhofener Platten-Deckung. Ohne den Deckmalschutz und dem von ihm ausgehenden Zwang zum Erhalt solcher Dächer wäre längst kein einziges derartiges

Abb. 52:
Montmajour/Südfrankreich.
Steinplattendächer
aus Kalksteinen
finden sich in
Südfrankreich noch
recht häufig.

Dach mehr erhalten. Den engagierten Denkmalreferenten und dem Einsatz der örtlichen Heimatvereine ist es zu verdanken, dass beispielsweise in Eichstätt und Umgebung noch einige Häuser mit dieser Deckung zu erleben sind. Häuser mit Legschieferdächern findet man z. B. in Kasing, Markt Kösching, Lkr. Eichstätt, oder den Kipferlerhof in Hofstetten als ein typisches Altmühl-Jura-Haus im Jura-Bauernhof-Museum. Dagegen gibt es in Südfrankreich noch sehr viele solcher Dächer.

3.1.5   Aus Ton gebrannte Dachziegel

Die Dachziegel aus gebranntem Ton sind bei den Mittelmeervölkern als Deckungsmaterial seit Jahrtausenden in Gebrauch. Funde aus der Bronzezeit haben uns gelehrt, dass tönerne Dachziegel bereits vor den Römern in den Ländern nördlich der Alpen zur Dachdeckung eingesetzt wurden.[49] Die römischen Legionen deckten die Gebäude und Türme ihrer Kastelle in Germanien fast durchwegs mit tönernen Dachziegeln. Die eingebrannten Ziegelstempel verraten den Standort der jeweiligen Ziegelei. Die römischen *imbrices* waren flache und breite Leistenziegel mit einer Aufkantung am linken und rechten Rand, über die der Legionär die schmalen *tegulae* als Deckziegel legte.[50]

Aber auch die Form des Hohlziegels, die man im Mittelalter *Klosterziegel* oder nicht ohne eine gewisse Pikanterie *Mönch* und *Nonne* nannte, war ihnen geläufig. Diese Form des Dachziegels kann man in Südfrankreich noch immer in Gebrauch finden. Die konvex gebogenen Ziegel, die so genannten *Nonnen*, wurden auf Dachlatten gehängt oder in eine zwischen Latten befindliche Haarkalkmörtel- oder Lehmschicht eingelegt, die konkaven Gegenstücke dazu, die *Mönche*, über die Spalten zwischen zwei *Nonnen* verlegt. Für den Dachfirst und für Grate benötigte der Ziegeldecker keine Sonderformen, auch auf stehenden oder abgeschleppten Gauben und auf Zwerchhäusern konnte diese Deckungsart regensicher angewandt werden.[51]

---

[49] PÖRTNER, S. 289–290. Er berichtet von Lehmziegeln der Kelten auf der Heuneburg um 600 v. Chr.; siehe dazu die Rekonstruktion der Lehmziegelmauer im Heuneburg-Museum in Hundersingen an der Donau.

[50] Zeichnungen: Römische Flachziegeldeckungen nach Ludovici; BECHERT, S. 190–194, Abb. 246: Inschrift des Ziegelmachers. Siehe auch den Ausstellungskatalog CASTRA REGINA, Regensburg zur Römerzeit, S. 124. Abb. O 3, S. 132 bzw. die Rekonstruktion eines römischen Wohnhausdaches im Historischen Museum der Stadt Regensburg, das im Bezug auf seine Holzkonstruktion und mit den Anschlüssen der Ziegel an die aufgehenden Brandwände erhebliche Fehler aufweist, z.B. fehlt das Traufgesims; DIETZ/FISCHER, S. 111–132.: Die Legionsziegelei Bad Abbach.

[51] MIELKE: Dächer, S. 34–36 mit Zeichnungen von Mönch-und-Nonne-Deckungen auf S. 34.

Abb. 53:
Rom, Vesta-Tempel.
Rekonstruktion des
Rundbaus mit ei-
nem Dach aus an
die Rotunde
angepassten Lei-
stenziegeln. Am
Dachrand befindet
sich das Trauf-
gesims mit einer
innenliegenden
Rinne und den
Antefixen obenauf.

II. AEDES VESTAE

B 2

4. REKONSTRUKTION DES FLAVISCHEN TEMPELS

Abb. 54:
Annot/Südfrank-
reich. Mönch-
Nonne-Deckung auf
den Häusern des
Ortskerns.

Abb. 55:
Entrevaux / Süd-
frankreich. Mönch-
Nonne-Deckung an
der Traufe.

Abb. 56:
Entrevaux / Süd-
frankreich. Mönch-
Nonne-Deckung von
unten gesehen:
Die Nonnen liegen
jeweils zwischen
Dachlatten und sind
mit Kalkhaarmörtel
verstrichen.

Bischof Bernward von Hildesheim soll der Legende nach die Ziegeldeckung im mittelalterlichen Deutschland eingeführt haben.[52] Er soll auch den Krempziegel entwickelt haben, einen Tonziegel, bei dem gleichsam zwei verschiedene Dachziegelarten, nämlich der *Mönch* und der römische Leistenziegel *imbrex*, zu ei-

---

[52] GRIEP, S. 146.

Abb. 57:
Die wichtigsten
Formen historischer
Dachpfannen nach
Griep: Römischer
Leistenziegel,
Mönch-Nonne-Zie-
gel mit querliegen-
der Dachlatte, Bi-
berschwanzziegel,
Krempziegel und
Hohlziegel bzw.
Hohlpfanne.

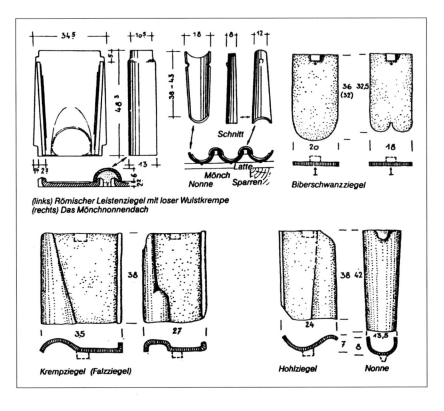

(links) Römischer Leistenziegel mit loser Wulstkrempe
(rechts) Das Mönchnonnendach

nem einzigen Dachziegel zusammengefügt wurden. Man verband auch *Mönch*
und *Nonne* zu einem einzigen Dachziegel und so entstand die S-förmige Hohlpfanne. Jedenfalls setzte sich der tönerne Ziegel seitdem wegen seiner Brandsicherheit allmählich überall durch, insbesondere da, wo kein natürliches Material wie Schiefer oder Natursteinplatten vorhanden waren.

Das Pfannendach ist besonders in den Niederlanden, West- und Norddeutschland, aber auch in Hessen gebräuchlich. Zur besseren Dichtung hat man die Fugen, welche die Pfannen miteinander bilden, mit Haarkalkmörtel verschlossen.
In den Bauakten wurde in solchen Fällen von *Verkräthen* oder von *Übergehen*
des Daches gesprochen.[53] In Mitteldeutschland ist es vielerorts, z. B. in Fulda,
üblich, die Orte, Grate und Firste mit Schieferstreifen einzudecken, was eine
kontrastierende, aber etwas steife Wirkung der Dachflächen erzeugt. Das Pfannendach besitzt aber infolge seiner Schattenbildung eine malerisch bewegte
Fläche.

---

[53] MAIER 2005 (erscheint im Juni 2005): Hofmaurer Johann Clau muss 1734 das Schloss-
dach *verkräthen.*

Abb. 58:
Unterbimbach/Hessen, Kapellendach. Für den Landkreis Fulda typische Mischdeckung aus Tonziegeln und Schiefer an den Orten und Graten.

Seit dem 30-jährigen Krieg sind in Deutschland die Tondachziegel das vorherrschende Material zur Dacheindeckung geworden. Dies insbesondere deshalb, weil die vielen deutschen Fürsten in ihren Territorien Ziegeleien gründeten und für ihre Gebiete den gebrannten Ziegel aus ihren eigenen Ziegeleien vorgeschrieben haben. Klimatische und regionale Einflüsse bestimmten die unterschiedlichen Formen und Oberflächen der Dachziegel. Viele Entwicklungen zielten darauf ab, die Qualität der Ziegel, insbesondere ihre Regensicherheit und Belastbarkeit zu verbessern. Die Qualitätskontrolle für Dachziegel war immer schon die Klangprobe, die auch heute noch in der industriellen Fertigung das menschliche Ohr verlangt. Der Ziegel muss beim Anklopfen mit dem Hammer hell erklingen. Dumpfe Töne zeigen fehlerhaftes Material an.

Mit der Erfindung des Muldenfalzziegels von Wilhelm Ludovici im Jahre 1880 war ein besonders schnee- und regensicherer Dachziegel geboren, der auch auf flach geneigten Dächern verlegt werden konnte. Ein Doppelmuldenfalzziegel hat zwei Mulden, die den Regen nach unten ableiten. Das Dach ist regensicher und trotzdem gut unterlüftet.

Die Flachziegel und besonders die wegen ihres unten ausgerundeten Randes als Biberschwänze bezeichneten Dachziegel, kamen ebenfalls bereits im Hochmittelalter auf. Die besonders in Süd-, Mittel- und Ostdeutschland gebräuchlichen Biberschwänze werden zumeist in drei verschiedenen Deckungsarten auf dem Dach angeordnet: zunächst als einfaches Nebeneinander von Biberschwänzen, wobei jeder Ziegel mit seiner rückseitigen Nase an die Dachlatte gehängt wird und über zwei Latten greift. Er liegt etwa zur Hälfte über dem jeweils unteren. Die Fugen müssen zur besseren Dichtung mit Holzspließen oder kleinen Strohschauben verschlossen werden. Daher nannte man solche Dächer, die zumeist bei untergeordneten Gebäuden zur Anwendung kamen, auch *Spließ*-Dächer.

Eine bessere Dichte des Daches erzeugte die Doppeldeckung. Jeder Biberschwanz greift dabei über drei Dachlatten, die dafür allerdings in einem geringeren Abstand voneinander auf die Sparren genagelt wurden. Die einzelnen Ziegel wurden außerdem um eine halbe Ziegelbreite versetzt verlegt. Damit erreichte man eine wesentlich bessere Dichtheit der Dachhaut. Am Ortgang des Satteldaches, dem Dachrand am Giebel, lag jetzt allerdings in jeder zweiten Reihe ein halber Biberschwanz, dem es natürlich an Stabilität fehlte. Deshalb brachte man zu seiner Unterstützung hölzerne Zahnleisten oder Windbretter am Ortgang an. Die unterste Ziegelreihe befestigte man auf einem hölzernen Traufgesims.

Abb. 59:
Flachziegel aus dem 18. Jahrhundert am hölzernen Traufgesims.

Abb. 60:
Kronen- bzw. Ritter-
deckung

Bei besonders aufwendigen Gebäuden verwandte man schließlich die Kronen- oder Ritterdeckung. Statt über die Latten zu greifen, wird eine Ziegelreihe jeweils an einer Dachlatte, die andere aber am oberen Rand dieser Reihe selbst aufgehängt und versetzt verlegt, so dass immer zwischen jeder Biberschwanzfläche zwei Reihen der Bogenenden übereinander sichtbar werden.

Biberschwänze wurden gerne in farbigen Mustern verlegt. Nach Tonvorkommen und Brenntechnik entstanden unterschiedliche, jedoch größtenteils rote, manchmal auch braune oder gelbe Brennfarben. Durch Engobieren, Glasieren oder Dämpfen konnten hiervon abweichende, andere Farbgebungen erzeugt werden. Möglich war auch ein Durchfärben des Rohstoffs z. B. mit Manganerz. Diese Verfahren beeinträchtigten nicht die Beständigkeit des Materials. Jedenfalls konnten im ausgehenden Mittelalter mit farbigen Biberschwänzen regelrechte Teppichmuster auf den Dächern vornehmlich in Süddeutschland entstehen. So am Turmdach der Kirche in Saussenhofen/Mfr.

Bei den Biberschwänzen kommt noch eine Besonderheit vor, nämlich der so genannte *Feierabendziegel*. Dabei handelt es sich um Dachziegel mit Inschriften

Abb. 61:
Alter Kamin wurde
eingeblecht.

Abb. 61: Alter Kamin wurde eingeblecht.

und Ritzmustern,[54] oder plastischen Verzierungen. Oft findet man die Inschrift des Herstellers oder eben das Datum, an dem der Dachziegel verlegt wurde.

Auch die Eindeckung von Kehlen, Dachfenstern und Gauben war und ist auch heute noch mit Biberschwänzen problemlos möglich, obwohl heute wegen der geringeren Kosten oft Metallbleche zur Unterstützung unter die Ziegel gelegt werden. Eisen- bzw. Bleibleche waren allerdings schon immer beim Abschluss der Dachziegel an einen Kamin erforderlich.

Ende des 19. Jahrhunderts kamen eine Vielzahl von Formziegeln in Mode. Die großen Ziegeleien boten in ihren Katalogen First- und Walmziegel in Schmuckformen wie aufgesetzte Drachen und Hähne, Schmuckfirstziegel mit variierenden, antikisierenden, aneinandergereiht auf dem First Firstkämme bildenden Aufsätzen, Lüfterziegel, Walmbekrönungen und Walmanfänger mit Spitzkegeln, Kugeln oder Tierfratzen, Giebelstücke als Blumen in der Tradition der antiken Akrotere und reichverzierte Ortgangziegel. Das Sortiment an Spitzen, Kreuzen und Kugeln in schier unendlicher Variation schmückte insbesondere die Ziegeldächer Norddeutschlands. Dazu kam noch eine Vielfalt an Dunstrohrziegeln, Gauben- und Lüftungsziegeln. Selbst für die Brandmauern über Dach entwickelte die Ziegelindustrie des späten 19. Jahrhunderts so genannte *Mauerdeckel*.

---

[54] Mielke: Dächer, S. 116–128; Vogts, Sp. 956, Abb. 41: Ziegelverzierungen.

Abb. 62:
Dachentlüftung und
Belüftungsziegel.
Rundholz zum
Schutz gegen
Schneelast.

3.1.6   Metallbleche

Seit dem Altertum wurden Metalle zur Dachdeckung verwendet, z. B. Bronzeplatten beim Pantheon in Rom, später vorzugsweise Blei- und Kupferbleche. Der
Tempel des Jupiter Capitolinus in Rom – das höchste Staatsheiligtum der Römer
– trug vergoldete Bronzeplatten auf dem Dach.
Durch die Sonnenwärme erhitzte Metallplatten dehnen sich aus und ziehen sich
im Winter zusammen und zwar nicht nach allen Seiten gleichmäßig, sondern
auf der langen Seite der Platte mehr und auf der kurzen weniger. Deshalb durf-
ten die Metallplatten niemals kraftschlüssig mit der Unterkonstruktion verbunden werden. Der Dachdecker nagelte sie infolgedessen weder an noch verlötete
er die einzelnen Platten miteinander, denn er wusste, dass sie sich dann im
Sommer von der Unterkonstruktion ablösen, ausbeulen und an den genagelten
Stellen aufreißen würden. Metallplatten hängte man daher immer einzeln auf
und verband sie mit Hilfe von Falzen, die eine Veränderung der Länge auffangen können. Die Falze ergaben auf dem Dach ein regelmäßiges Raster aus waagerechten und senkrechten Linien, dabei unterstreichen die senkrechten Falze
die Deckrichtung.
Metalldächer benötigen außerdem stets eine ausreichende Hinterlüftung, denn
am rasch auskühlenden Blech, das wie eine Dampfsperre wirken kann, schlägt
sich schnell Schwitzwasser nieder.

3.1.6.1 Bleideckung

Bleiplatten aus altem Gussblei konnten ohne Unterkonstruktion frei auf den Dachsparren verlegt werden.[55] Zum Ende des 18. Jahrhunderts kam das Walzblei auf, das einer Holzunterlage und bei Kirchturmbekrönungen eines Holzkerns bedurfte.[56] Die alten Bleiplatten trugen oft Verzierungen.[57] Die Muster entstanden dadurch, dass man zugeschnittene Goldblättchen bzw. Blattgold oder Silberbleche auf die Bleiplatten auflegte und den danach freibleibenden Bleigrund dunkel beizte. Dieser von unten kaum einsehbare Schmuck darf als ein besonderer Beweis mittelalterlicher Freude am handwerklichen Dekor und tiefer Gottesverehrung interpretiert werden.

Bleibleche werden noch heute zur Eindeckung benutzt, weil sie sich mit einem weichen Hammer an die darunter liegende Fläche anschmiegen lassen. Insbesondere die Anschlüsse senkrechter Wände an schräg geneigte oder waagerechte Dachflächen z. B. bei Dachgauben, Kaminköpfen oder Brandwänden, werden gerne mit Bleiblech verwahrt.

Abb. 63:
Bleideckung am Turmgesims.

---

[55] VOGTS, Sp. 956–957 nennt Bleiplatten *tegulae plumbeae* auf Dächern spätantiker und mittelalterlicher Kirchen. Berühmt waren die so genannte *Piombi, Bleikammern* = Dachkammern unter Bleidächern, die über der *Sala dei Dieci* im Dogenpalast zu Venedig seit 1591 als Untersuchungsgefängnis dienten. Dort herrschte im Sommer unerträgliche Hitze.

[56] VOGTS, Sp. 956 berichtet, dass wegen der lebendigeren Oberfläche bei der Fertigstellung des Daches des Kölner Doms eigens Gussbleiplatten angefertigt wurden.

[57] VOGTS, Sp. 958 Abb. 42 und 43: Verzierungen am Dach des Kölner Doms aus dem 14. Jahrhundert.

3.1.6.2 Kupferdeckung

Das Kupfer, im Altertum vor allem auf der Insel Zypern gewonnen, war als Dachdeckungsmaterial in Deutschland im Hochmittelalter auf großen Kirchen und herrschaftlichen Gebäuden in Gebrauch. Bekannt ist das Beispiel des Bamberger Doms, der nach einem Brand im Jahre 1081 von Bischof Otto I. im ersten

Abb. 64:
Minden, Dom. Kupferdach auf dem Querhaus. Die Kupferbleche haben grüne Patina angesetzt.

Abb. 65:
Minden, Dom. Dach zwischen Turm und Langhaus, gemischte Deckung aus Falzziegeln, Kupferplatten mit grüner Patina und neue, braune Kupferplatten.

Drittel des 12. Jahrhunderts mit Kupfer gedeckt wurde.[58] Kupferdächer waren schließlich im Spätmittelalter weit verbreitet, zumal in Mitteldeutschland (Thüringen) Kupferbergbau betrieben wurde. In Lübeck wurde die Kirche St. Peter 1464–1472 statt der bisherigen Schieferdeckung und der Dom 1492 statt der Bleiplattendeckung mit Kupfer gedeckt. Auch der Dom in Minden zeigt wunderschöne Kupferdächer.

Kupfer und Blei besitzen im Alter die Eigenschaft, auf ihrer Oberfläche eine Patina zu bilden, welche die farbige Schönheit des Daches erhöht. Die in der Atmosphäre silbern schimmernden Bleidächer Nordfrankreichs und Westdeutschlands, z. B. in Köln und Soest, sind nicht von geringerem Schönheitswert als die grün patinierten Kupferdächer, die sowohl an der Nord- und Ostseeküste als auch *„in Süddeutschland über den Städten leuchten."*[59] Ein besonders schönes Beispiel sind die grünen Turmdächer der Frauenkirche und St. Peter in München vor dem Alpenpanorama.

3.1.6.3 Zinkdeckung

Zink ist eine seit dem 16. Jahrhundert bekannte Messingbeigabe, die erst durch die seit 1805 mögliche Herstellung von Zinkblech ein häufig für Deckungen eingesetzter Baustoff geworden ist. Da Zinkblech anfälliger gegen die Witterung war, bedurfte es eines Schutzanstrichs, der allerdings schlecht haftete und deswegen oft zu erneuern war.

In der klassizistischen Baukunst des ersten Drittels des 19. Jahrhunderts kam Zink für Dachaufbauten groß in Mode, beispielsweise auf dem Dach des von Karl Friedrich Schinkel errichteten Silberbaues des Schlosses Ehrenburg in Coburg. Er ließ komplette Dachgauben und Zierstücke aus Zink fertigen.[60] Dabei wurden die erforderlichen Rundbogen und andere Zierformen mit großen Pressen in das Zinkblech hineingedrückt. Die Hersteller boten ihre Fertigprodukte in Katalogen feil.

3.1.6.4 Eisenblechdeckung

Für die Dachdeckung haben sich die unverzinkten, planebenen Eisenbleche nicht bewährt, da sie trotz standölhaltiger Anstriche schnell Rost ansetzten. Es wurden in der Regel nur verzinkte plane Eisenbleche eingesetzt. Dächer mit solcher Deckung kommen fast nur in Gebirgs- und Mittelgebirgsgegenden vor. Sie haben vor allem den Vorteil, dass sie sehr glatt sind und daher trotz geringer Dachneigung der Schnee leicht abrutschen kann. Infolgedessen muss das Dach-

---

[58] URBAN 1997, S. 7.
[59] VOGTS, Sp. 957.
[60] KASTNER 2000, S. 95: Zinkblech, S. 96: Abb. C 90–92.

werk nicht für hohe Schneelasten ausgelegt werden, was eine nicht unerhebliche Einsparung bei den Bauholzkosten nach sich zieht. Plane Eisenbleche benötigen in der Regel eine Bretterschalung als Unterkonstruktion, denn stabile Platten wären viel zu schwer und außerdem unwirtschaftlich.

Verzinkte Eisenbleche gibt es auch mit Einprägungen, am häufigsten mit Rau-
ten, verziert. Die Verbindung der einzelnen Platten erfolgt mit Hilfe von Nuten
oder Falzen.

Anders als bei den planen Blechen wurde verzinktes, auf Dachlatten befestigtes Wellblech besonders auf untergeordneten Zwecken dienenden Gebäuden als Deckungsmaterial sehr gerne eingesetzt. Die Wellenform gibt dem Blech die benötigte Stabilität. Wellblechdächer können wegen der großen vorgefertigten Einheiten sehr rasch errichtet werden. Deshalb hat man sie zunächst bei Militärunterkünften und dann auf den Flugplätzen für Flugzeughallen eingesetzt.

3.1.7   Dachrinnen

Sie dienen zum Sammeln des auf der Dachfläche abfließenden Regen- und Schneewassers. Im Altertum waren sie bei Tempeln aus Marmor, bei Wohnhäusern aus Holz oder Ton hergestellt und entwässerten durch meist als Löwenmäuler ausgebildete Abflüsse, die so genannten *Antefixe*. Während die flach geneigten Dächer zumeist auf Dachrinnen verzichteten, verlangten die steilen, großen Dachflächen der Gotik zum Schutz der Fassaden und der Passanten dringlich danach. An einfachen Bauten wurden Dachrinnen zumeist aus Holz ausgeführt. Die steinernen Rinnen ruhten auf den Mauern und Dachgesimsen, in manchen Fällen auf vorkragenden Konsolsteinen. Bei den Holz- und Metallrinnen unterscheidet man stehende, also begehbare, oder vor der Traufe an Haken hängende Dachrinnen. Seit dem Beginn des 19. Jahrhunderts wurde fast nur noch Zink und selten Kupfer für Dachrinnen verwandt.

Die Wasserabführung nach außen erfolgte seit der Gotik nicht selten durch metallene Wasserspeier, die oft von Eisenstangen gestützt werden. Das auf dem

Abb. 68: Hängende Dachrinne.

Abb. 69:
Ebrach, Kloster,
Konventsbau.
Barocker Metall-
wasserspeier in
Form eines Greifen.

Abb. 70:
Magdeburg, Dom.
Mittelalterlicher
Sandstein-Wasser-
speier am Ostchor
als Tierfratze.

steilen Dach rasch abfließende Regenwasser wurde zumeist in steinernen Wasserrinnen zusammengefasst und ohne Fallrohr durch Wasserspeier gleichsam
ausgespieen. Die gotischen Steinmetze entwickelten diese Wasserspeier zu einem geradezu Furcht erregenden plastischen Schmuck aus Teufelsfratzen und
Tierköpfen. Als Beispiel seien hier Wasserspeier vom Dom in Magdeburg und
vom Konventsbau in Ebrach angeführt.

75

Abb. 71:
Magdeburg, Dom.
Mittelalterlicher
Sandstein-Wasser-
speier am nörd-
lichen Langhaus als
Fabelwesen
(Sirene).

Abb. 72:
Paris. Regenfallrohr
aus Kupfer mit
vergoldeten und
geschmückten
Rohrmuffen.

Senkrechte Fallrohre aus Blei, Kupfer oder Zinkblech sind erst seit dem 18. Jahrhundert in Gebrauch. Besonders schön verzierte Beispiele solcher Rohre gibt es in Paris. Seit dem 19. Jahrhundert trifft man zumeist verzinktes Blech als Material für Dachrinnen und Abflussrohre an.

3.2 Dachdeckung im 19. und 20. Jahrhundert

Es lässt sich nur schwerlich ein Trennungsstrich in der Entwicklung der Dachdeckungen ziehen, der alte und moderne Deckungsarten sinnvoll unterteilen kann. Dennoch soll hier die aufkommende Industrialisierung bei der Herstellung des Dachdeckungsmaterials als Trennlinie hergenommen werden. Die modernen Dachdeckungsmaterialien wurden hauptsächlich wegen der verbesserten Regensicherheit entwickelt. Für die Ausführung einer Dachhaut gilt: *„Die Dachdeckung muss regensicher, die Dachabdichtung wasserdicht ausgeführt werden."*[61]

3.2.1 Hochgebrannte Dachziegel

Beim industriell hergestellten Dachziegel unterscheidet man je nach Herstellungsart zwischen dem Strangdachziegel ohne und mit Falz und dem Pressdachziegel, ebenfalls ohne und mit Falz. Strangdachziegel ohne Falz sind im Wesentlichen zum einen der Biberschwanz mit Rundschnitt, Segmentschnitt, Gotikschnitt, Geradschnitt und Rautenschnitt mit oder ohne farbige Engoben sowie zum anderen die Hohlpfanne. Strangdachziegel mit einem Falz im seitlichen Deckungsbereich ist der Strangfalzziegel. Zu den Pressdachziegeln ohne Falz gehört der Mönch-und-Nonne-Dachziegel und der Krempziegel, zu denen mit Falz der Doppelmuldenfalzziegel, die Reformpfanne, der Herzziegel, der Hohlfalzziegel, der Flachdachziegel und der romanische Ziegel, wobei der Falz im Überdeckungsbereich oben am Ziegel am so genannten *Kopf* und im Seitenbereich ausgebildet ist.[62]

Ein nach den Anforderungen des Produktdatenblattes der Deutschen Dachziegelindustrie und den entsprechenden Fachregeln hergestelltes Ziegeldach ist regen- und schneesicher. Dachziegel müssen den europäischen Produktnormen für Dachziegel entsprechen. Sie sind außerdem gegen UV-Strahlen und Säuren resistent und gelten im Zusammenhang mit dem Brandschutz als so genannte *harte Bedachung* und verhindern bzw. verzögern eine Brandübertragung auf das Gebäudeinnere. Geringe fertigungsbedingte Farbunterschiede sind zulässig.

---

[61] VOB/C DIN 18 338: *Dachdeckungs- und Dachdichtungsarbeiten* Abschnitt 3.1.4.

[62] Informationsblätter der Arbeitsgemeinschaft Ziegeldach e.V., Schaumburg-Lippe-Str. 4, 53113 Bonn.

Abb. 73:
Minden, Dom. Dach
des Langhauses mit
Falzziegeln gedeckt.

Die Anforderungen sind auf der Grundlage folgender Normen zu überprüfen:
- DIN EN 1304 - *Dachziegel für überlappende Verlegung,* Ausgabe: Juli 2000
- DIN EN 538 - *Prüfung der Biegetragfähigkeit,* Ausgabe: November 1994
- DIN EN 539-1 - *Prüfung der Wasserundurchlässigkeit,* Ausgabe: November 1994
- DIN EN 539-2 - *Prüfung der Frostwiderstandsfähigkeit,* Ausgabe: Juli 1998
- DIN EN 1024 - *Bestimmung der geometrischen Kennwerte,* Ausgabe: Juni 1994

Auch heute stellen die Ziegeleien wieder Formziegel aller Art her. Der aus einem waagrechten Flachziegel und einer senkrechten Schürze gebildete Ortgangziegel für die Biberschwanzdeckung hat das Zahnbrett abgelöst. Manche Ziegler haben ihre alten Formziegelschablonen wieder aus dem firmeneigenen Dachziegelmuseum geholt und brennen nach alten Vorlagen neue Schmuckziegel. Daher lässt sich ein modernes Dach durchaus mit einem reichhaltigen Repertoire an Schmuckziegeln gestalten.

In letzter Zeit hört man viel von Dachziegeln mit dem so genannten *Lotus*-Effekt.[63] Dabei handelt es sich um eine Oberflächenausbildung des Ziegels, bei der das abperlende Wasser zugleich Verschmutzungspartikel mitnimmt. Mit diesem Effekt reinigt sich das Dach selbst. Wie bei vielen aktuellen werblichen Versprechungen ist zunächst eine gewisse Skepsis angebracht, da noch keine Langzeiterfahrungen vorliegen. Beispielsweise führen mechanische Verletzlich-

---

[63] MAIER 2002, S. 263–264. Dort wird der Lotus-Effekt ausführlich erklärt.

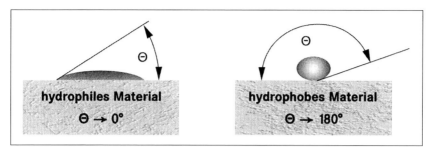

Abb. 74:
Der Lotuseffekt lässt sich mit Hilfe einer hydrophoben Oberfläche des Dachziegels erzielen.

keit, extreme Temperaturen auf dem Dach (um ca. 80°C), Trockenperioden und Pollenüberzüge zu Belägen, welche die *Selbstreinigungskräfte* unterbinden und sogar eine schnellere Verschmutzung herbeiführen können. Der Lotus-Effekt der Dachkeramik ist hier nicht unbedingt mit der Wasser abperlen lassenden Wirkung der Sanitärkeramik vergleichbar – ebenso wie senkrechte Flächen, z. B. Glasflächen mit *Lotus-Effekt* anderen Anforderungen genügen müssen als jene, die an das Dach gestellt werden. Dachziegel mit *Lotus-Effekt* genügen zur Zeit nicht diesen Anforderungen und werden aus diesem Grunde – nach anfänglicher Euphorie – auch wieder aus dem Verkehr gezogen. Falls sich in naher Zukunft vollkeramische, selbstreinigende Verfahren entwickeln ließen, könnte dies allerdings einen Innovationsschub bewirken.

3.2.2 Betondachsteine

Die ersten, in großem Umfang produzierten Zementdachsteine, heute Betondachsteine genannt, wurden im Jahre 1844 in Staudach am Chiemsee as so genannte *schieferförmige Dachplatten* der Cement- & Cementwaaren-Fabrik von Adolph Kroher angefertigt. Man nannte sie damals *Kunststeine*.[64] Die zunächst rechteckigen Platten wurden mit der Ecke nach unten auf Latten verlegt und angenagelt. So ergab sich eine Ansicht von nebeneinander liegenden, auf ihre Ecke gestellten Quadraten. Seit 1878 gibt es die rautenförmige Betondachpfanne. Inzwischen ist die von Rudolf H. Braas dem Falzziegel nachempfundene Frankfurter Pfanne das bekannteste Produkt aus Beton, obwohl es auch flache Pfannen (Tegalit), den Biberdachstein und die gewellten Produkte wie die Römerpfanne oder die Doppel-S-Pfanne gibt.

Heute werden Betondachsteine aus quarzhaltiger Mörtelmischung im Strangpressverfahren auf Unterlagsplatten hergestellt und durch Presswalzen verdichtet. Zementfarben werden schon in die frische Mischung gegeben, insbesondere bei glatter Betonoberfläche. Der frische Beton wird mit einer

---

[64] Mielke: Dächer, S. 112–113 geht ausführlich auf die Geschichte des Betondachsteins und seine handwerkliche Fertigung ein.

Dispersionsfarbe beschichtet. Nach der Dampfhärtung wird eine weitere Farbschicht aufgetragen und getrocknet, die allerdings später abwittert. Für die Dach- und Formsteine aus Beton gilt die DIN EN 490.

Betondachsteindeckungen neigen dazu, spätestens nach zehn bis fünfzehn Jahren einen starken Bewuchs von Moosen und Flechten anzusetzen. Der Bewuchs dieser Pflanzen zeigt zugleich an, dass die Oberfläche des Betondachsteins nicht mehr intakt ist und Wasser in ihn einsickert, das den Moosen und Flechten das Wachstum erlaubt.

3.2.3 Platten aus Asbest und Faserzement

Solche Platten werden als ebene, groß- und kleinformatige Platten und als Wellplatten hergestellt. Die kleinformatigen Platten lassen sich in ähnlichen Deckungsarten wie Schiefer verlegen.

3.2.3.1 Asbestzementplatten

Asbest ist ein Magnesium-Hydrosilikat und durch Umwandlung aus natürlich vorkommenden, silikatischen Gesteinen und Mineralien wie Olivin, Hornblende, Serpentin u. a. entstanden. Die wichtigsten Vorkommen liegen in Kanada, Südafrika und im Ural. Wegen seiner Dauerhaftigkeit, Verschleißfestigkeit, Beständigkeit gegen Laugen, Öle, Säuren sowie Frost und vor allem wegen seiner

Abb. 76:
Dach mit Wellasbest gedeckt.

Hitzebeständigkeit bis 300°C wurde es in Form von Asbestzement für glatte und gewellte Bautafeln (bekanntestes Fabrikat: Eternit), Rohre, Dichtungen, elektrisches Isoliermaterial, Farben, Fußbodenkleber und -platten und in Form von Spritzasbest für Putze und Leichtbauplatten verwendet. Asbestfasern sind allerdings wegen ihrer Feinheit Krebs erregend. Im Asbestzement sind die Krebs erregenden Fasern stark, im Spritzasbest dagegen nur leicht gebunden. Seit 1989 jedoch darf Asbest nicht mehr für Baustoffe eingesetzt werden und seit 1993 ist die Verwendung von Asbest in Deutschland völlig verboten. Es wurde seitdem durch Kunststofffasern ersetzt, deren Abmessungen weit über den Grenzen von *lungengängigem* Feinstaub liegen. (Entsorgung von Asbest wird in Kapitel 8.3. ausführlich behandelt.)

3.2.3.2 Platten aus Faserzement

Platten aus Faserzement nach DIN EN 494 werden in zwei Arten produziert: als großformatige Wellplatten und als kleinformatige, ebene Platten.
Die bis zu 1,00 m x 2,50 m großen Wellplatten mit verschiedenen Wellenprofilen, am bekanntesten ist die *Berliner Welle*, werden nicht auf Dachlatten, sondern über mehrere Balken des Dachwerks hinweg verlegt. Bei steilen Dachneigungen ≥ 10° sind die sich überlappenden Wellplatten regendicht, bei flachen ≥ 5° Neigung dagegen müssen zusätzliche Dichtungsprofile, bei Dachneigungen ≥ 3° sogar Deckkappen mit besonderer eingelegter Kittschnur verwandt

werden. Wellplatten vermögen die Last eines Arbeiters beim Verlegen nicht zu übernehmen, die Platten brechen unter dem Gewicht. Wegen der hohen Unfallgefahr müssen beim Begehen solcher Dächer besondere Laufbohlen aufgelegt werden.

Kleinformatige, ebene Dachplatten aus Faserzement werden wie Schiefersteine auf die Dächer und Fassaden aufgebracht. Auf dem Dach kennen sie ähnlich wie der Schiefer verschiedene Deckungsarten: die Deutsche Deckung mit Bogenschnitt, die Doppeldeckung (Biberdeckung) und die waagerechte Deckung. Für diese Deckungen ist eine Mindestdachneigung von 25° erforderlich. Die einzelnen Platten werden auf einem Unterdach, einer mit einer Bitumendachbahn überzogenen Bretterschalung, mit oder ohne Dachlatten verlegt bzw. angenagelt.

3.2.4 Dachbleche aus verzinktem Stahl oder Titanzink

Insbesondere auf Hallendächern aber auch auf Dächern von Wohnhäusern werden heute neben den Wellblechen verzinkte, aber auch kunststoffbeschichtete Stahltrapezprofile verwandt. Baukonstruktiv setzt man sie für Stahlleichtdächer als flache Warmdächer oder als so genannte *Umkehrdächer* mit trittfester Wärmedämmung ein.

Zinkblech wird im Bauwesen heute in Form von Titanzink verwendet. Die glatten Tafeln sind 1,00 m breit und bis zu 3,00 m lang, die Dicke reicht von 0,60 bis 0,80 mm. Die Dachdeckungen aus Titanzink werden nach zwei Konstruktionsprinzipien ausgeführt, nämlich als Doppelstehfalz-Deckung oder als Leistendeckung. Für Doppelstehfalzdächer verwendet man durchgehende Metallbah-

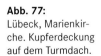

Abb. 77:
Lübeck, Marienkirche. Kupferdeckung auf dem Turmdach.

nen, so genannte *Scharen,* mit Längen bis zu 10,00 m und meistens 0,60 m Breite, die durch doppelte Stehfalze, die wir schon von den historischen Blechdächern her kennen, von in der Regel 25 mm Höhe an den Längsseiten und durch Haften mit der Unterkonstruktion verbunden werden. Bei der Leistendeckung werden die Scharen an den Längsseiten durch konisch zugeschnittene Holzleisten und Abdeckkappen aus Titanzinkblech auf dem Dachwerk gehalten. Oftmals werden auch Dachaufsätze wie Gauben auf schräg geneigten Dächern aus Titanzink vorgefertigt montiert. Sehr häufig fasst man die Dachränder wie Ortgänge und Traufen mit Zinkblech ein.

3.2.5 Bitumendachschindeln, Bitumenbahnen

Bitumen-Dachschindeln können für Dachdeckungen von Steildächern mit einer Dachneigung von ≥ 10° eingesetzt werden. Der Dachdecker kann sie entweder auf einer Schalung aus Holzbrettern oder auf Porenbetondielen aufnageln. Eine Lage aus Glasvlies-Bitumendachbahnen unter den Schindeln als Vordeckung ist dabei allerdings sehr zu empfehlen.

Die so genannten *Bitu-Schindeln* waren vor allem in der ehemaligen Ostzone an steilen Dächern weit verbreitet. Allerdings verlegte man sie häufig ohne Vordeckung, was zu undichten Dächern führte.

Die Bitumendachbahnen mit oder ohne Rohfilzeinlagen, die Bitumen-Dachdichtungsbahnen, Glasvlies-Bitumen-Dachbahnen und Polymer-Bitumen-Dachdichtungsbahnen mit verschiedenen Einlagen unterliegen mit ihren Eigenschaften den Deutschen Industrienormen DIN bzw. den entsprechenden Europanormen

Abb. 78:
Unterdach mit Bitu-Schindeln gedeckt.

Abb. 79:
Unterdach mit Bitu-
Schindeln, Ober-
dach mit
Bitumendach-
bahnen gedeckt.

Abb. 80:
Oberdach mit
Bitumendachbahnen
gedeckt. Gefährlich
für die Dachhaut
sind die Betonklötze
und die unsachge-
mäß eingedichteten
blechernen
Lüftungshüte. Die
Betonklötze
drücken sich in die
Dachhaut ein, zumal
diese nicht be-
schichtet ist und
deshalb im Sommer
weich wird.

EN.[65] Sie werden nach den Dachdeckerregeln parallel zum First bzw. zur längeren Dachkante und quer zur Dachneigung angeordnet. Es dürfen sich in der fertigen Deckung keine Wellen befinden, in denen sich Wasserpfützen bilden können. Die Bitumendachbahnen sind sehr gut für die Deckung von flach geneigten Oberdächern der Mietshäuser des ausgehenden 19. Jahrhunderts geeignet.

3.2.6   Kunststoff-Dachfolien

Kunststoff-Dachbahnen aus Polyamid 66, Polyethylen PE und thermoplastische Kunststoffdichtungsbahnen auf PVC-Basis, um hier nur einige gängige zu nennen, werden nach DIN 16 730 hergestellt. Der Dachdecker klebt sie zumeist mit Heißbitumen oder mit Lösemittel-Spezialklebstoffen auf dem Untergrund an. Wenn durch eine Schüttung aus Kies, Dachbegrünung oder Verlegen von Platten ein Abheben der Dachfolien durch den Windsog sicher verhindert wird, können sie auch lose verlegt werden. Eine ausreichende Überlappung der einzelnen Bahnen muss gewährleistet sein. Die Überlappungen werden durch Quell- bzw. Heißschweißen oder durch Verkleben mit Spezialklebebändern u. a. regen- und schneedicht verbunden.

Abb. 81:
Das Unterdach ist mit Kunststoff-Dachbahnen gedeckt, während auf dem Oberdach eine Dachhaut aus besandeten Bitumenbahnen errichtet wurde.

---

[65] Die wichtigsten sind unten im Literaturverzeichnis zusammengestellt.

Solche moderne, hochreißfeste Dachfolien mit einem Träger aus Kunststoffgitter sind wie die Bitumendachbahnen durchaus geeignet, das flache Oberdach von Gründerzeitvillen oder Mietshäusern aus dieser Zeit neu und sicher zu decken.

Die Ausführung aller derzeit gängigen Dachdeckungen und Dächer mit Abdichtungen sind gemäß VOB/C DIN 18 338 Abschnitt 3 auszuführen. Dort sind die unbedingt einzuhaltenden Maßnahmen und Parameter der handwerklichen Fertigung angegeben.

4   Das Holz des Dachwerkes

Bevor das Dachgeschoss ausgebaut wird, muss zunächst untersucht werden, ob das hölzerne Dachwerk noch intakt ist und ohne starke Schädigung weiterhin genutzt werden kann. Dazu sollte man wenigstens Grundkenntnisse vom Bauholz und seiner Biologie besitzen.

4.1   Die Biologie des Holzes

Beim Holz handelt es sich um einen ehemals lebendigen Baustoff, der als Baum im Wald gewachsen ist. Er hat seine Nährstoffe aus dem Boden genommen und über den Stamm in die Blätter weitergeleitet. Während der Wachstumsphase bildet sich jedes Jahr um den Kern des Stammes ein neuer Jahresring, so dass man an der Zahl der Jahresringe das Alter des Baumes abzählen kann. Diese Tatsache macht sich die *Dendrochronologie* zunutze, indem sie durch eine Zählung der Jahrringe das Alter des Baumes bzw. des aus ihm gefertigten Balkens bestimmt.

Holz besteht in der Hauptsache aus Zellulose $C_6H_{10}O_5$ und Lignin. Zellulose sorgt für die hohe Zugfestigkeit und die große chemische Beständigkeit, Lignin bewirkt eine Versteifung des Zellgerüsts und dadurch die hohe Druckfestigkeit.

Abb. 83:
Schnitt durch einen Nadelholzbalken. Deutlich sieht man die Jahresringe.

Chemisch gesehen wird Holz vorwiegend aus Kohlenstoff (C), Wasserstoff (H) und Sauerstoff (O) mit einem geringfügigen Anteil an Stickstoff (N) gebildet.[66]

4.1.1 Aufbau des Baumstamms

Sägt man quer durch einen Baumstamm, so sieht man im Querschnitt sofort seinen Aufbau von innen nach außen. Im Zentrum liegt die Markröhre bzw. der Markzylinder. Um diesen herum haben sich, farblich deutlich voneinander abgesetzt, die Jahresringe gebildet. Diese wiederum bestehen aus Holzzellen: zum einen aus dem dünnwandigen Frühholz mit großem Zellhohlraum, zum anderen aus dem dickwandigen Spätholz mit kleinem Zellhohlraum. Innerhalb eines Jahresringes ist bei Nadelhölzern das hellere Frühholz vom dunkleren Spätholz deutlich zu unterscheiden, während dies bei Laubhölzern insbesondere bei harten Hölzern wie z. B. Eiche nicht immer möglich ist.

Im Querschnitt unterscheidet man weiterhin zwischen Splint-, Kern- und Reifholz. Das Splintholz dient dem Wassertransport im lebenden Stamm von den Wurzeln in die Äste. Das oft dunklere Kernholz besteht aus abgestorbenen Holzzellen, die der Statik des Baumes dienen. Sie enthalten die im Laufe der Zeit abgelagerten Holzinhaltsstoffe wie Zellulose und Lignin und besitzen daher weniger Hohlräume. Aus diesem Grund ist das Kernholz trockener, schwerer, härter, dauerhafter und wird von Schädlingen weniger befallen als das Splintholz. Außerdem wird es sehr selten von Insekten und ihren Larven geschädigt. *Splintholzbäume* wie Birke, Weißbuche oder Erle eignen sich deshalb als Bauholz weniger gut. Hölzer wie Kiefer, Lärche, Ebenholz, Douglasie, Eiche, Kastanie, Nussbaum und Apfelbaum sind so genannte *Kernholzbäume*, bei denen der gesamte Stammquerschnitt ohne Farb- und Feuchtigkeitsunterschiede aus Kernholz besteht. Reifholz (Trockenkernholz) unterscheidet sich vom hellen Splint farblich nicht, ist jedoch deutlich trockener als dieser und entspricht auch in den meisten anderen Eigenschaften dem Kernholz. *Reifholzbäume* wie Fichte, Tanne, Rotbuche, Feldahorn, Linde und Birnbaum sind also Bäume mit hellem Kern.[67]

Auf dem letzten Jahresring des Baumes liegt das Kambium oder die Zuwachsschicht. Sie wächst, indem sie beständig nach innen neues Holz bzw. Jahresringe und nach außen die das Kambium schützende Bastschicht erzeugt. Die dünne Bastschicht liegt zwischen Rinde (Borke) und Kambium.

---

[66] SCHMITT/HEENE, S. 527 nennt 50 % C, 6 % H, 2 % N und 42 % O in Masse-%., SCHOLZ/HIESE, S. 779 gibt davon abweichende Masse-Prozente an.

[67] SCHOLZ/HIESE, S. 781. Hier werden nur Hölzer angesprochen, die beim Dachgeschossausbau als Bauholz-Balken, Latten, Bretter oder Fenster- bzw. Türprofile genutzt werden; SCHMITT/HEENE, S. 527.

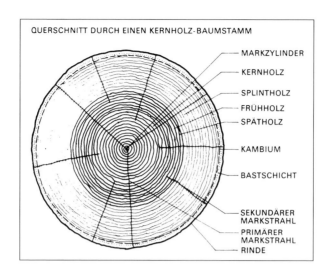

Die primären und sekundären Markstrahlen sind Speicherzellen und erscheinen im Querschnitt strahlenförmig, im Radialschnitt dagegen als so genannter *Spiegel*. Die Rinde oder Borke schließlich schützt den Baum vor äußeren Einflüssen. Sie ist wegen des beständigen Wachstums des Baumes zumeist stark zerklüftet.

Holz schwindet je nach Holzart vom frisch gefällten bis zum luftgetrockneten Zustand in radialer Richtung, also quer zu den Jahresringen, um 5 %, tangential, also in Richtung der Jahresringe, um 10 %. Das Schwindmaß ist in Längsrichtung des Stammes vernachlässigbar klein.

4.1.2   Holzarten und ihre Verwendung

4.1.2.1   Nadelholz

Nadelhölzer wie Fichte und Tanne werden in Deutschland am häufigsten für Dachwerk eingesetzt und gehören zu den weichen Hölzern, Kiefer dagegen gehört zu den mittelharten Hölzern. Balken aus Nadelholz sind relativ leicht und sehr tragfähig. Sie eignen sich daher sehr gut als Bauholz.

Die Nadelhölzer lassen sich leicht beizen oder färben, chemische Holzschutzmittel dringen schnell bis zu einer wirksamen Tiefe ein. Kiefer gilt als dauerhafter als Fichte und Tanne, obwohl die alten Baumeister zumeist Fichten- und Tannenstämme als Fundamentpfähle in den Baugrund getrieben haben. Nadelhölzer *arbeiten* viel, d. h. sie neigen unter Einfluss von Temperatur- und Feuchtigkeitswechsel zu Formveränderungen. Diese Vorgänge sind beim Dachholz sicht- und hörbar. Feuchtigkeit kann das Bauholz zerstören, gänzlich unter Wasser stehend oder beständig trocken hat es jedoch eine jahrhundertelange Haltbarkeit.

4.1.2.2 Laubholz

Buche, Eiche und Nussbaum gehören zu den mittelharten Hölzern. Sie sind trotz ihrer Härte relativ leicht bearbeitbar. Buche findet sich hauptsächlich beim Holztreppenbau und bei Türschwellen, Eiche ebenfalls beim Treppenbau und vor allem im Fachwerkbau (Eckständer), Nussbaum als Fensterholz und als Furnier. Es gibt vereinzelt auch eichene Balken in den Dachstühlen.

Die Laubhölzer lassen sich ebenfalls gut färben und beizen, aber schlecht polieren. Das mittelharte Holz schwindet und *arbeitet* wenig. Eindringende Feuchte kann auch diese Hölzer zerstören, unter Wasser stehend oder beständig trocken haben auch sie eine jahrhundertelange Haltbarkeit.

4.1.3   Fehler des Holzes

Bauhölzer können eine große Anzahl von Fehlern aufweisen, die sich in Risse, Äste, Harzgallen, Wuchsfehler und Fehler infolge Insektenfraß einteilen lassen.

4.1.3.1   Risse

Bei den Rissen unterscheidet man vier verschiedene Arten:

a) Trocknungs- bzw. Schwindrisse: Der Holzquerschnitt schwindet in Richtung der Sehne, also in Richtung der Jahresringe, bis zu 10 %, etwa doppelt so stark wie in Richtung des Radius. Daher klaffen die Trocknungsrisse längs zum Balken nach außen, mindern jedoch die Holzfestigkeit kaum. Sie begünstigen aber das Eindringen von Wasser und Schädlingen, im Brandfalle bieten sie dem Feuer eine größere Angriffsfläche.

b) Kern- oder Sternrisse: Sie entstehen bald nach dem Fällen am Stammende und mindern die Tragfähigkeit. Sie klaffen nach innen. Deshalb sollten sie für Bauschnittholz (Bretter, Balken) nicht hergenommen werden.

c) Ringklüfte oder Schälrisse: Bei ungleichmäßigen Jahresringen, die durch stark unterschiedliche Licht- und Wasserangebote im Laufe des Baumwachstums entstehen, kann es vorkommen, dass sich diese umlaufend oder teilweise voneinander trennen. Die Folge ist ein erheblicher Festigkeitsverlust. Ringklüfte und Schälrisse sind die Ursache von Ring- und Wundfäule, das Holz ist für Bauschnittholz aller Sortierklassen ungeeignet!

d) Blitz- und Frostrisse: Sie entstehen einerseits durch Blitzschlag oder andererseits durch starkes Zusammenziehen der äußeren Baumschichten bei starkem Frost. Der Rissverlauf geht von der Rinde aus radial ins Innere. Der Baum überwuchert bzw. *überwallt* infolge seines weiteren Wachstums diese

Risse und bildet so genannte *Frostleisten.* Sie machen das Holz für Bauzwecke unbrauchbar!

Blitz- und Frostrisse wirken zumeist als breites Einfallstor für Pilze und Insekten, die ähnlich wie bei Wildfraß den Baum nachhaltig schädigen. Solches Holz ist nur noch als Brennholz zu verwenden.

4.1.3.2 Äste

Dort, wo aus dem Stamm Äste herausgewachsen sind, wird die Festigkeit des Schnittholzes gemindert. Daher spielen die Größe der Durchmesser der einzelnen Äste sowie die Summe aller Astdurchmesser eine große Rolle bei der Einteilung des Bauholzes in Güte- bzw. Sortierklassen. Holz mit losen Ästen ist für Tischlerzwecke, solches mit faulen Ästen auch für Bauzwecke gänzlich unbrauchbar.

4.1.3.3 Harzgallen

Harzgallen entstehen am lebenden Baum als Folge großer Durchbiegungen bei Sturm. Das Harz ergießt sich dabei örtlich unter das abgehobene Kambium. Der Harzfluss erfolgt in der Wärme besonders ergiebig. Auf Harzgallen haften insbesondere die Anstriche (Lacke bzw. farblose Lasuren) sehr schlecht.

4.1.3.4 Wuchsfehler

Eine ganze Reihe von Wuchsfehlern kann die Brauchbarkeit des Holzes als Bauholz stark beeinträchtigen. Zu nennen sind:
- die *Abholzigkeit,* eine durch Winddruck beim Wachsen entstandene Abweichung von der Zylinderform des Stammes,
- der *einseitige Wuchs* mit Krümmungen, der ebenfalls hauptsächlich durch beständigen einseitigen Winddruck erzeugt wird,
- der *Drehwuchs,* wobei der Faserverlauf schraubenförmig um die Stammachse geht,
- die *Verfärbungen,* zum einen die *Rot- oder Braunstreifigkeit,* verursacht durch Pilzbefall, zum anderen die *Blaufärbung* insbesondere des Splintholzes der Kiefer, ebenfalls durch Pilzbefall hervorgerufen,
- das *Druckholz* mit seiner vom normalen Holz abweichenden Struktur und schließlich
- der *Mistelbefall,* wobei die Mistel *(Viscum album)* mit ihren Senkwurzeln Löcher im Holz in Form einer Perforation hinterlässt.

4.1.3.5 Fehler infolge Insektenfraß

Insektenfraßgänge setzen die Festigkeit herab und begünstigen das Eindringen von Feuchtigkeit. Nur an der Balkenoberfläche und im oberen Splintholzbereich befindliche Fraßgänge sind unschädlich. Im Altbauholz finden sich oft Fraßgänge aus der Erbauungszeit, die von längst abgestorbenen Larven z. B. des Borkenkäfers verursacht wurden und heute keine Gefahr mehr für das Holz darstellen.

4.1.4 Sortierklassen, Güteklassen, Festigkeitsklassen, Einbaufeuchte

Die Forstwirtschaft unterscheidet beim Bauholz zwischen Baurundholz und Bauschnittholz. Als Baurundholz bezeichnet man entästete und entrindete Stämme. Sie werden meist ohne Bearbeitung verwendet und spielen beim Dachgeschossausbau eine untergeordnete Rolle, z. B. als Schneesicherung auf der Dachfläche stehender Lüftungen (s. Abb. 62).

Bauschnittholz wird aus dem entrindeten Stamm im Sägewerk mit verschiedenen Abmessungen gesägt. Man unterscheidet nach DIN 4074-1 – *Sortierung von Nadelholz* – Latten, Bretter, Bohlen und Kanthölzer, sowie nach DIN 68 365 – *Bauholz für Zimmerarbeiten* – Kanthölzer, Balken, Bretter, Bohlen, Rauspund, Latten und Leisten. Die Querschnitte des Bauschnittholzes nach dieser Norm beziehen sich auf eine mittlere Holzfeuchte von 30 %. Das Bauholz nach DIN 68 365 findet man am Dachwerk vor.

Nadelschnittholz wird nach verschiedenen Merkmalen entweder visuell oder maschinell sortiert. Die Hölzer werden nach ihrer Güte in die Sortierklassen S 7, S 10 und S 13 eingeteilt, welche den früher üblichen Güteklassen III, II und I entsprechen. Sortiermerkmale sind dabei die am Brett oder Balken stehen gelassene Baumkante, die Äste, die Jahrringbreiten, die Faserneigung, die zulässigen Risse wie radiale Schwindrisse, Blitzrisse, Frostrisse und Ringschäle, die zulässigen Verfärbungen wie Bläue, nagelfeste braune und rote Streifen sowie

Abb. 85:
Schnittholz und sein Schwindverhalten je nach Herkunft aus dem Stammquerschnitt.

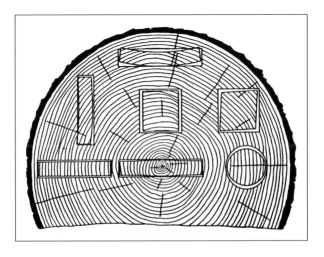

die nichtzulässige Rot- und Weißfäule. Weitere Sortierkriterien sind Holzfehler wie Druckholz, Insektenfraß, Mistelbefall und Verkrümmungen.[68]

Grundsätzlich darf Holz nur trocken eingebaut werden, d. h. mit höchstens 20 % Feuchte. Außerdem gilt die Regel, dass Holz möglichst mit demjenigen Feuchtegehalt eingebaut werden soll, der sich während der späteren Nutzung als Mittelwert einpendelt. Da frisch geschlagenes Holz einen hohen Feuchtegehalt aufweist, ist eine Trocknung des Holzes vor dem Einbau erforderlich. Die DIN 1052-1 gibt Richtwerte für die Holzfeuchte an: Für ringsum geschlossene Bauwerke mit Heizung, wie sie beim Dachgeschossausbau entstehen, 6–12 %, ohne Heizung 9–15 %. Zu beachten ist aber, dass bei Zutritt von feuchter Luft oder frischem Mauerwerk mit nassen Steinen an das Bauholz sich durch Sorption eine Ausgleichsfeuchte einstellt, die Holz quellen oder schwinden lässt. Man spricht dann davon, dass das Holz arbeitet.

Verbautes Holz kann durch Witterungseinflüsse oberflächig abwittern, d. h. es kommt infolge der UV-Strahlen im Sonnenlicht zu einer Vergrauung der Holzoberfläche. Dieser Vorgang macht das Holz unansehnlich, zerstört es aber nicht.

Abb. 86:
Vergrautes Holz der Giebelbalken.

---

[68] SCHOLZ/HIESE, S. 801, Tafel 17.9: Sortierkriterien für Nadelschnittholz bei visueller Sortierung.

4.2 Pflanzliche Schädlinge

Bauholz wird unter bestimmten Bedingungen von Pilzen befallen. In vollkommen trockenen und ebenso in wassergesättigten Hölzern finden Pilze keine Lebensbedingungen vor. Erst bei Holzfeuchten ≥ 20 % und Temperaturen zwischen +3 °C und +40 °C entwickeln sich aus den Pilzsporen Zellfäden, so genannte *Hyphen*, die den gesamten Holzkörper verzweigt durchwachsen. In ihrer Gesamtheit nennt man sie *Mycel*. Lagern sich die Zellfäden zusammen, spricht man von *Strängen*. Am Mycel entstehen die Fruchtkörper als flache, fladenförmige oder konsolenartige Gebilde von unterschiedlicher Form und Farbe. In den Fruchtkörpern entstehen die Sporen, die für die Vermehrung der Pilze sorgen.

Pilze[69] greifen das Holz an, indem sie die Zellulose oder das Lignin oder beides zugleich abbauen. Dabei entstehen Zerfallserscheinungen des Bauholzes: zum einen bei vorzugsweisem Abbau der Zellulose die Braunfäule, wodurch sich das Holz dunkel verfärbt und würfelartig aufreißt (Würfelbruch), zum anderen beim gleichzeitigen Abbau von Lignin und Zellulose die Weißfäule, wodurch das Holz heller und leichter, im Endzustand schwammig wird, das Holz vermulmt bzw. verfault. Faulendes Holz zerfällt schließlich in Mulm. An der Holzoberfläche

Abb. 87: Von Schwämmen bzw. Pilzen befallenes und zerstörtes Holz.

---

[69] Für den Laien mit Zeichnungen leicht verständlich: Holzschutz, Der Modernisierungsberater, Hg. Bundesarbeitskreis Altbauerneuerung e. V. BAKA, Bonn/Berlin, zusammen mit dem Deutschen Holz- und Bautenschutzverband e. V., Köln., o. Datum.

können bei Beginn einer Weißfäule punkt- bzw. narbenförmige weiße Flecken auftreten. Durch das Abklopfen mit dem Zimmermannshammer klingt befallenes, schwammiges, faulendes Holz dumpf, die breite Hammerfläche hinterlässt mehrere Millimeter tiefe Eindrücke in der Oberfläche, die Spitze des Hammers aber dringt ohne Kraftaufwand tief in den vermulmten Bereich ein.

4.2.1 Die wichtigsten Holz zerstörenden Pilze

4.2.1.1 Echter Hausschwamm *(Serpula lacrimans)*

Es handelt sich um den am meisten gefürchteten Holzzerstörer in Gebäuden. Er wächst auf der Holzoberfläche, aber auch im Holzinneren und greift vorwiegend Nadelholz, weniger Laubholz und Eiche gar nicht an. Es entsteht Braunfäule im Holz. Die günstigste Wachstumsbedingung ist eine Holzfeuchte zwischen 20 % und 30 %. Der Hausschwamm ist deshalb so gefährlich, weil er oft mehr als 8,00 – 10,00 m lange Zellfädenstränge ausbildet, die auch holzfreie und trockene Strecken überwinden können. Sein Mycel ist deshalb auch im Mauerwerk zu finden. Nach Überwindung einer trockenen Strecke, etwa in einem stillgelegten Kamin, kann der Hausschwamm auch auf trockenes Holz übergreifen und es zerstören, denn sein Mycel ist in der Lage, das benötigte Wasser zu transportieren. Es gibt Fälle, da findet man den Fruchtkörper im feuchten Keller und das Mycel im trockenen, hölzernen Dachwerk, das es zunächst durchfeuchtet und dann zerstört.

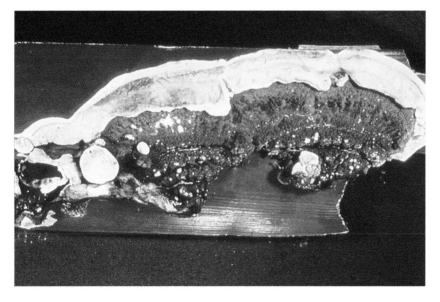

Abb. 88:
Hausschwamm – Fruchtkörper.

Erkennungsmerkmale: Zunächst weiße, dann schmutzig-graue, in trockenem Zustand brüchige, von haarfeinen bis zu 10 mm dicke Mycelstränge, die von einem im fortgeschrittenen Zustand rostbraunem, weiß gerandetem, fladenförmigen, fleischigen Fruchtkörper von bis zu 1,00 m Durchmesser ausgehen. Gelegentlich findet man auch Wassertropfen und gelbliche Zonen auf der Fruchtkörperoberfläche. In mehreren Bundesländern unterliegt ein Befall des Gebäudes durch den Echten Hausschwamm entsprechend der Bauordnung (z. B. SächsBO § 16 Abs. 2) der **Meldepflicht** bei der Bauaufsichtsbehörde.

4.2.1.2 Kellerschwamm *(Coniophora puteana)*

Dieser Pilz kommt in Gebäuden sehr häufig vor, wächst auf der Holzoberfläche und greift nur sehr feuchtes Nadel- und Laubholz an; er erzeugt Braunfäule. Für sein Wachstum ist eine Holzfeuchte zwischen 30% und 60% erforderlich. Er stirbt bei der Austrocknung ab. Daher findet man diesen Pilz in der Hauptsache in feuchten Kellerräumen, im Dachholz ist er allenfalls an sehr feuchten Stellen unter einer fehlerhaften Dachhaut anzutreffen.

Erkennungsmerkmale: Spärliches, gelbbraunes Oberflächenmycel, das bisweilen braunschwarze, wurzelartige Mycelstränge bildet. Der weißlich-gelbe, später graubraune, krustenförmige Fruchtkörper besitzt charakteristische warzenförmige Erhebungen, die allmählich eintrocknen und abfallen.

4.2.1.3 Porenschwamm *(Poria spec.)*

Dieser *Oberflächenpilz* wächst auf der Holzoberfläche und greift vorwiegend Nadelholz an. Er benötigt viel Feuchte und besitzt dann große Zerstörungskraft. Er

Abb. 89:
Vom Hausschwamm
befallenes Parkett.

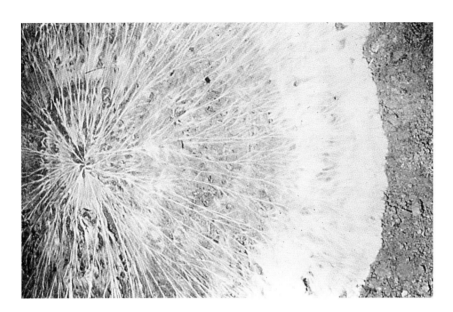

durchwächst sogar Mauerwerk und verträgt jahrelange Austrocknung, er gerät dann in die *Trockenstarre*.

Erkennungsmerkmale: Reichliches, schneeweißes, eisblumenartiges Mycel mit dünnen Strängen; weißer, später gelblicher, samtartig schimmernder Fruchtkörper mit charakteristischen röhrenförmigen Poren, die auch wie Bienenwaben geformt sein können. Der Fruchtkörper tritt selten auf.

4.2.1.4 Tannenblättling *(Gloeophyllum abietinum)*

Er bevorzugt sehr feuchtes Holz, das im Freien lagert oder verbaut ist. Er erzeugt die Lagerfäule und bewirkt als so genannter *Substratpilz* die Zerstörung seines Nährbodens im Holzinneren. Er kann sowohl Braun- als auch Weißfäule erzeugen. Außerdem kann er lange Trocknungszeiten überstehen, weil er dabei in die so genannte *Trockenstarre* übergeht. Der Pilz findet sich sehr häufig an Fensterrahmen aus Holz.

Erkennungsmerkmale: Erstes Anzeichen ist die Rotstreifigkeit des befallenen Holzes. Das beige bis braun gefärbte Mycel befindet sich stets im Holzinneren. Der Fruchtkörper ist im frischen Zustand rötlich und besitzt helle Randzonen, später wird er dunkelbraun bis schwärzlich. Er hat die Form wie die herkömmlichen Waldpilze mit deutlich sichtbaren Lamellen. Wenn die Fruchtkörper bereits sichtbar aus den Holzspalten hervorwachsen, ist die Zerstörung bereits weit fortgeschritten, oft schon zu weit, d. h. das Holz muss durch neues ersetzt werden.

4.2.1.5 Moderfäule *(Ascromyceten; Fungi perfecti)*

Sie greift bevorzugt Laubhölzer wie Buche, aber auch Nadelhölzer an. Sie baut die Substanz der Zellwände ab und bewirkt so erhebliche Zerstörungen an solchem Holz, das längere Zeit Erd- oder Wasserkontakt hatte. Im Dachgeschoss kann die Moderfäule im Bereich von längere Zeit nass liegenden Hölzern auftreten, z. B. unter einem Loch in der Dachhaut oder im Bereich einer Wärmebrücke im gedämmten Dach.

4.2.1.6 Bläuepilz

Der Bläuepilz befällt nur sehr feuchtes Nadelholz, vornehmlich den Splint der Kiefer. Er lebt nur von den Zellinhaltsstoffen und greift deshalb die Zellsubstanz selbst nicht oder nur geringfügig an. Die Holzfestigkeit wird daher praktisch nicht beeinträchtigt.

Erkennungsmerkmale: Das Mycel ist stets dunkel gefärbt und besitzt kleine, oft flaschenförmige Fruchtkörper, die Lack- oder Farbschichten auf der Holzoberfläche zerstören. Das Holz erscheint bläulich. Unter günstigen Bedingungen wächst der Pilz sehr schnell und das befallene Splintholz verblaut in wenigen Tagen völlig. Starker Bläuebefall bewirkt eine höhere Aufnahmefähigkeit für alle Flüssigkeiten, auch für chemische Holzschutzmittel.

4.3 Tierischer Befall

Hölzerne Dachstühle sind aber auch durch tierischen Befall, zumeist durch Insekten und ihre Larven, stark gefährdet. Die Käfer legen ihre Eier in die Holzspalten der Balken im Dachstuhl. Daraus schlüpfen die Larven der Holz zerstörenden Insekten wie Hausbock-Käfer *(Hylotrupes bajulus)*, Nage- und Pochkäfer *(Anobien)*, Splintholzkäfer und Borkenkäfer. Außerdem greifen Holzwespen, Termiten, aber auch Ameisen – sie können Holz bis zu einem nicht mehr tragfähigen Querschnitt zerstören – das Dachholz an und zerstören es derart, bis es schließlich seine Tragfähigkeit verliert. Ist der Insektenbefall frisch, findet man helles Holzmehl am Fußboden unter den Dachbalken, ist er bereits abgestorben, sieht man zwar noch sichtbare Fraßgänge im Holz und Ausfluglöcher an der Holzoberfläche, aber natürlich kein frisches Holzmehl mehr.

Der Befall findet meistens noch während der Wachstumsphase des Baumes statt. Der direkt unter der Rinde sitzende Bast wird von Larven der Anobien (Nage- oder Pochkäfern) und Borkenkäfern befallen. Besonders starker Befall findet sich immer dann, wenn der Baum nach einem Blitzschlag, Waldbrand, Sturm oder nach dem Fällen im Wald liegen bleibt. In diesem Fall vermehren sich solche Schädlinge und ihre Larven sehr rasch und fressen sich in gewundenen Fraßgängen bis in das Splintholz hinein. Das Holz ist jetzt als Bauholz nicht mehr zu gebrauchen. Die Baumeister vergangener Jahrhunderte haben diese Vorgänge gut gekannt. Beispielsweise hat der Barockbaumeister Obristbaudirektor Leopoldo Retty (1704–1751) ausdrücklich verboten, *Windbruch*, also Bäume die von einem Sturm umgebrochen wurden und dann im Wald liegen geblieben sind, in die Sägemühle zu bringen, um daraus Balken oder Bretter für seinen Schlossbau in Ansbach zu schneiden.[70] Wird das Holz aber gut ausgetrocknet, verlassen es die Anobien und ihre Larven sterben ab. Die Fraßgänge bleiben gleichwohl sichtbar.

4.3.1 Die wichtigsten Holz zerstörenden Insekten

4.3.1.1 Hausbockkäfer *(Hylotrupes bajulus)*

Gefährlichster tierischer Holzschädling!

Rund 30 % aller Dachstühle in Deutschland sind vom Hausbock befallen, nicht zu verwechseln mit dem Holzbock, einer Zeckenart. Er befällt ausschließlich den Splint des Nadelholzes. Wenn man länger im Freien gelagertes Holz in den Dachstuhl einbauen will, muss dieses Holz auf Hausbockbefall hin überprüft werden, denn er befällt auch solches Holz sehr gerne. In Deutschland besteht **Meldepflicht** bei Hausbockbefall. Wird ein solcher Befall festgestellt, müssen alle Gebäude im Umkreis von 300 m auf Befall hin untersucht werden.

Erkennungsmerkmale: Die Käfer sind zwischen 8 und 22 mm lang, haben eine schwarzbraune Farbe. Sie besitzen ein hellgrau behaartes Halsschild mit zwei glänzenden Höckern und auf den Flügeldecken zwei querbindenartige grauweiße Haarflecken. Das Weibchen legt etwa 200 glasige, bis zu 2 mm lange Eier in Spalten und Risse des Holzes ab. Die weiße Larve wird zwischen 20 und 30 mm lang, ihr Körper verjüngt sich nach hinten. Ihre Fraßgänge haben einen ovalen Querschnitt, sind mit hellgelbem Fraßmehl angefüllt und haben oft höhlenartige Erweiterungen. Die Larven verpuppen sich nach ungefähr sechs bis zehn Jahren und die Käfer schlüpfen im Hochsommer des Jahres. Die Fluglöcher sind länglich eiförmig und weisen einen größten Durchmesser zwischen 6 und 10 mm auf. Fluglochränder in Gebäuden sind an ihren Rändern ausgefranst. Die Holzoberfläche bleibt in der Regel unbeschädigt. Da die Larven in ihrer langen Lebensdauer sehr viel Holz fressen, findet man die Larve selbst im zerstörten Holz sehr selten. Beim leichten Abklopfen mit dem Zimmermannshammer bricht jedoch die Holzoberfläche sofort ein und eine Wolke von Holzmehl wird frei.

---

[70] Maier 2005 (erscheint im Juni 2005): Der Schlossbau des Leopoldo Retty.

4.3.1.2 Gewöhnlicher Nagekäfer *(Anobium punctatum)*

Nach dem Hausbock ist der Nagekäfer der gefährlichste tierische Schädling. Er gehört zur Gruppe der Anobien. Die Larven, fälschlicherweise oft als *Holzwürmer* apostrophiert, klopfen mit dem Kopf an die Wände ihrer Fraßgänge, um das andere Geschlecht anzulocken. Dieses Klopfen ist mitunter auch von außen zu hören *(Totenuhr)*. Er befällt fast alle Holzarten. Die Larven benötigen vor allem feuchte und kühle Orte, sie entwickeln sich bei 22°/23° Celsius und 28% relativer Luftfeuchtigkeit am besten. Der Käfer bevorzugt daher feuchte Gebäudebereiche wie Erdgeschosse, Keller, Rückwände und Füße alter Möbel, in Dachgeschossen findet er sich seltener.

Erkennungsmerkmale: Der Käfer ist 3 bis 5 mm lang und besitzt einen walzenförmigen Körper, der meist dunkel gefärbt ist. Das Halsschild ist kapuzenförmig, die Flügeldecken sind längsgestreift. Die weichhäutigen Larven sind engerlingsartig gekrümmt, ca. 4–6 mm lang mit drei Paar Brustbeinen. Die Fraßgänge wie die Ausfluglöcher sind im Querschnitt kreisrund. Hauptflugzeit Mai/Juni. Eine dünne Holzoberfläche bleibt nach dem Ausflug zurück, das Holz selbst zerfällt.

4.3.1.3 Splintholzkäfer *(Lyctus spec.)*

Sie befallen vor allem das Frühholz im Splint stärkereicher Laubholzarten, unter anderem Eichenholz, aber auch tropische Hölzer. Von allen Trockenholzinsekten benötigen sie die wenigste Feuchtigkeit. Die häufigsten Fundorte sind Lambrien oder Wandverkleidungen, Leisten, Parkettböden und Möbel.

Erkennungsmerkmale: Der länglich-schmale Käfer ist bis zu 5 mm lang und besitzt ein längliches Halsschild, seine Farbe variiert zwischen rostbraun, braun bis schwärzlich. Die bis 5 mm lange Larve ist engerlingartig gekrümmt. Die im Durchmesser ca. 2 mm großen Fraßgänge verlaufen überwiegend in Richtung der Holzfasern und sind mit fest zusammengedrücktem Holzmehl gefüllt. Manchmal wird das Holzmehl auch von den Larven durch die Fluglöcher herausgedrückt. Wieder bleiben die Außenflächen des Holzes unversehrt.

4.3.1.4 Borkenkäfer

Es handelt sich um Frischholzschädlinge. Die meist nur wenige Millimeter langen, schwarzen oder braunen Käfer befallen nur saftfrisches Laub- und Nadelholz. Es handelt sich dabei in der Regel um noch stehende oder von Menschen, Sturm oder Blitzschlag frisch gefällte Bäume. Die Larven sind weiß, weich und fußlos. Sie dringen maximal 6 cm in das Holz ein und hinterlassen im Querschnitt kreisrunde Gänge mit einem Durchmesser von ca. 2 mm. Als gewöhnliches Bauholz ist das *Borkenkäferholz* aber unbedenklich, da Borkenkäferlarven ausgetrocknetes Bauholz verlassen und nicht weiter schädigen. Ihre alten Fraßgänge jedoch sind im Splintholz oft noch sichtbar.

4.3.1.5 Holzwespen *(Siricidae)*

Es handelt sich um Waldinsekten, die vor allem frisch gefälltes Holz befallen. Sie werden mit dem Bauholz in den Neubau eingeschleppt. Sie hinterlassen jedoch nur geringfügige Schäden am verbauten Holz. Ihre Gefährlichkeit für den Dachgeschossausbau liegt darin, dass die frisch geschlüpften Wespen sich durch den Belag auf dem Holz, etwa eine Dampfbremse oder eine Dachfolie, durchbeißen können. So wird z. B. von der *Perforation einer Kunststoffdachbahn durch Wespenfraß* berichtet.[71] Sind die Wespen geschlüpft, befallen sie trockenes Bauholz nicht wieder.

4.3.1.6 Termiten

Es handelt sich um in den Tropen oder Subtropen beheimatete Tiere, die im südlichen Mitteleuropa heimisch sind. Mit ihren kräftigen Kauwerkzeugen benagen und zerstören sie außer Metall und Glas praktisch alle Materialien. Manchmal werden Termiten mit dem tropischen Holz nach Deutschland eingeschleppt und können dann in den Häusern Schäden an Lagerhölzern, Fußbodenleisten und Fensterrahmen anrichten. Für das Holz im Dachverband sind sie als Schädlinge ohne Bedeutung.

4.3.1.7 Ameisen

Zu den Holz zerstörenden Schädlingen gehören auch die Ameisen. Wenn sie ungestört ihren Bau in einem unbewohnten Haus errichten, benötigen sie Baumaterial dazu. Deshalb zernagen sie mit ihren kräftigen Kauwerkzeugen das vorhandene, meist durch Holz zerstörende Pilze vorgeschädigte Bauholz. Sie vermögen durch Zernagen den Holzquerschnitt eines Balkens derart zu schwächen, dass er die ihm zugedachten statischen Drücke nicht mehr verträgt, der Balken bricht.

---

[71] Ernst 2002, Abb. 190.

4.3.1.8 Gelegenheitsschädlinge

Gelegenheitsschädlinge im Dach- und Deckenholz werden bislang viel zu wenig beachtet, obwohl sie durchaus nennenswerte Schäden anrichten können. In vielen Gebäuden wie Mühlen, Bäckereien, Bauernhäuser, Scheunen und Ähnlichen wurde in früherer Zeit zumindest in den Dachböden Lebensmittel wie Getreide, Mehl, ölhaltige Körner, aber auch Felle aufbewahrt. Bei ihrem Transport oder Umfüllen in Säcke fiel zwangsläufig unbemerkt jeweils ein kleiner Anteil durch Löcher, Lücken und Ritzen der Dielung des Fußbodens im Dachraum in die Fehlböden und Einschübe der Holzdecke und blieb dort mit Staub und Schmutz vermengt liegen. Analoge Erscheinungen gab es auch in Mietshäusern, in deren Dachböden ebenfalls häufig Lebensmittelvorräte gelagert wurden.

Diese Lebensmittelpartikel dienten zur Ernährung von Insekten, den so genannten *Vorratsschädlingen*. Sie konnten sich, solange die unausgebaute Decke trocken geblieben ist, nicht vermehren. Erst der Dachgeschossausbau, bei dem nun als Folge des Bewohnens Wärme und Luftfeuchte in die Holzbalkendecke dringt, macht ihre Vermehrung in Massen möglich. Die in Massen auftretenden Insekten können Textilien und sogar Holz durchaus nennenswert schädigen. Es handelt sich dabei um folgende Insekten:

- **Gemeiner Speckkäfer** *(Dermestes lardarius L.)*. Er frisst sich in von Pilzen befallenes, vermulmtes Holz oder in frei zugängliche Hirnflächen von Nadelholz mit breitem Frühholzanteil, aber auch in Papier, Textilien, Styropor und sogar in Wandputz. Bei Massenauftreten können die Schäden erheblich sein.
- **Gestreifter, zweifarbiger Speckkäfer** *(Dermestes bicolor L.)* Es gilt dasselbe wie beim Gemeinen Speckkäfer.
- **Messingkäfer** *(Niptus hololeucus Fald.)* Er kommt namentlich in Decken vor, die mit Häcksel, Stroh, etc. geschüttet oder gedämmt wurden. Auch in Strohdächern findet er einen guten Lebensraum. Bei eindringender Feuchte durch Schäden in der Dachhaut oder nach Baumaßnahmen kann es dort durchaus zur Massenvermehrung dieses Käfers und seiner Larven kommen. Er verursacht Holzschäden, indem seine Larven zur Verpuppung in das Holz etwa 1,5 cm tief eindringen, allerdings nur in Holz, das entweder bereits durch Pilze und andere Insekten vorgeschädigt ist oder in sehr weiches, gesundes Frühholz von Nadelholzbalken. Die Käfer zerstören vor allem Textilien und haben als Holzschädlinge nur eine geringe Bedeutung.
- In diesem Zusammenhang seien auch der **Mehlkäfer** *(Tenebrio molitor L.)*, die **Kornmotte** *(Nemapogan granellus L.)* und der **Brotkäfer** *(Stegobium paniceum L.)* genannt.

Wenn ohne vorherige holztechnische Untersuchung ein Dachgeschoss ausgebaut oder modernisiert wird, wenn frühere Stadtbewohner sich ein Bauernhaus kaufen und die örtlichen Verhältnisse nicht kennen und wenn zwar holztechnisch untersucht wurde, aber wegen fehlender Zerstörungsspuren die Decken ohne Eingriffe belassen und mit neuen Belägen verschönt und damit abgedichtet wurden, werden die Schädlinge samt dem vorhandenen Nährsubstrat eingeschlossen und ihnen damit ein neuer Lebensraum geboten. Es ist also dringend erforderlich, auch bei fehlenden Holzschäden den Fußboden im Dachraum aufzunehmen und den Schmutz der Jahrzehnte und Jahrhunderte zwischen den Balken der Decke zu beseitigen. Dies kann am besten mit Hilfe eines Industriestaubsaugers geschehen.

Werden jedoch die genannten Schädlinge festgestellt, empfiehlt es sich, einen professionellen Schädlingsbekämpfer, einen Kammerjäger, vor dem Dachausbau in den Dachraum zu holen. Wenn dies unterlassen wird und die schädlichen Insekten erst nach den Ausbaumaßnahmen bemerkt werden, ist der Schaden groß.

4.3.2 Verwilderte Haustauben

In alten, von Menschen kaum betretenen Dachräumen findet sich häufig eine reiche Fauna mit mannigfachen Tierarten. Am auffälligsten sind die verwilderten Haustauben. Ihnen genügt oft schon eine kleine Beschädigung in der Dachhaut, ein fehlender Dachziegel, ein eingebrochenes Traufgesimsbrett oder ein zerbrochenes, gar offen stehendes Dachfenster als Einflugloch. Ihr weißer Kot liegt auf dem Fußboden der Speicher. Je nach dem wie lange ein Dachwerk keine Pflege erfahren hat, kann der Taubenkot mehr als knöcheltief anwachsen. Die Tauben leben nicht nur im Dachraum, sie sterben auch hier. Deshalb finden sich in solchen Speichern oft Taubenkadaver.

Kot wie Kadaver sind für das Holz des Dachstuhls und das Giebelmauerwerk allein schon schädlich genug, häufig aber sind sie mit Taubenzecken *(Argas reflexus)* befallen, die besonders gefährlich für die Menschen sind. Diese im ausgewachsenen Stadium etwa 5–8 mm großen, schmutzig braunen Parasiten befallen primär Tauben. Wenn jedoch die Tauben durch den Dachausbau vergrämt werden, kann auch der Mensch als *Wirtstier* dienen. Von Taubenzecken befallene Dachböden sind ein Reservoir, von dem aus die Zecken in die darunter liegenden Wohnungen eindringen können. Im Gegensatz zu anderen Zeckenarten saugen diese nachtaktiven Tiere nur für kurze Zeit Blut am Menschen, um anschließend wieder in ihrem Versteck, d. h. in der Holzdielung, im Gebälk, in Mauerritzen oder in der Schüttung, zu verschwinden.[72]

Abb. 92:
Bamberg, Dominikanerkirche. Kot von verwilderten Haustauben im Dachraum.

---

[72] SEIDLER, S. 36.

Taubenzecken sind daher zumindest sehr lästig. Sie können jedoch auch gefährlich werden, da sie starke Entzündungen erzeugen und für schlecht heilende Wunden sorgen. Auch allergische Reaktionen bis hin zum anaphylaktischen Schock sind vorgekommen. Deshalb muss man zunächst den Taubenkot lückenlos entfernen und dann die von Taubenzecken befallenen Dachräume mit Schädlingsbekämpfungsmitteln lückenlos besprühen. Der Speicher eines Wohn- und Geschäftshauses in Leipzig wurde 1996 neunmal mit Blatanex besprüht. Offenbar wurden alle Taubenzecken samt ihren Eiern getötet, denn es sind seither keine Klagen von Bewohnern über allergische Reaktionen bekannt geworden. Man muss darüber hinaus untersuchen, ob nicht auch die Nachbarhäuser befallen sind, denn die Zuwanderung von Taubenzecken ist nach dem Dachgeschossausbau durchaus möglich.

4.3.3 Mäuse

Am häufigsten leben in alten Dachgeschossen Mäuse, manchmal sogar Ratten. Diese Tiere sind in der Lage, innerhalb des meistens mehrschaligen Mauerwerks Wege zu finden, die es ihnen ermöglichen, vom Keller bis zum Dach hinaufzudringen. In der Schottersmühle, ein Mühlenbau in der Fränkischen Schweiz, konnten wegen der einstigen Lagerung von Getreide und Mehl zahllose Mäusenester in der Dachbalkendecke entdeckt werden. Mäuse und Ratten sind durch ihren typischen Kot leicht zu erkennen. Die unter den Fußbodendielen liegenden Mäusenester muss man aus dem Dachgeschoss lückenlos entfernen. Trotzdem ist es nicht auszuschließen, dass die Mäuse nach dem Dachgeschossausbau wiederkehren.

4.4 Fauna unter dem ungenutzten Dach

Neben den Schädlingen finden sich jedoch auch unter Naturschutz[73] stehende Bewohner des Dachwerks: Am Außenbau unter der Traufe baut sich die Schwalbe und auf dem Dach der Storch sein Nest. Storchennester werden heute von Naturschützern mit Hilfe von künstlichen Dachaufbauten wie Wagenrädern, etc. unterstützt. Den Schwalben kam man schon früher mit entsprechenden Holzbrettchen an der Traufe zu Hilfe, denn man kannte ihre Nützlichkeit. In Löchern der Giebelmauern haust der Steinkauz, im Dachstuhl der Türme der Turmfalke. Manchmal ist ein Schwarm Fledermäuse im verlassenen Dachraum untergeschlüpft. Selten finden Marderfamilien dort eine Heimat. Allerdings bauen häu-

---

[73] Verordnung zum Schutz wild lebender Tier- und Pflanzenarten (Bundesartenschutz-Verordnung BArtSchV) vom 14. Oktober 1999, BGBl I 1999, 1955, 2073, Sachgebiet: FNA 791-1-4, Stand: Zuletzt geändert durch Art. 3 Abs. 8 G v. 25.3.2002, I 1193.

fig Wespen oder Hornissen ihr Nest im hölzernen Dach, manchmal haben sich sogar Bienen und Hummeln in einem Zwickel des Dachstuhles eingerichtet. Und schließlich findet man verschiedene Spinnen *(Arachnida)* mit ihren oft wagenradgroßen Netzen.

Unter Naturschutz stehende Tierarten im Dachraum dürfen nicht vergrämt werden, sie sind sogar je nach Grad ihrer Schutzwürdigkeit meldepflichtig. Entdeckt man beispielsweise ein Mauerseglernest mit drei Eiern erst beim Abdecken eines Mietshausdaches, hat man den Brutplatz dieses vom Aussterben bedrohten Vogels bereits zerstört, denn die scheuen Tiere wurden durch das Entfernen der Dachziegel vergrämt und stellen das Bebrüten ihres Nestes ein. Der Eigentümer des Hauses muss gemäß § 42 Bundes-Naturschutz-Gesetz mit einem Strafbefehl rechnen. Allein in Nürnberg wurden im Jahre 2004 durch Dachausbaumaßnahmen bereits zehn Nester zerstört, wobei die Dunkelziffer sehr hoch liegt.[74] Wenn man schützenswerte Tiere entdeckt, muss man selbstverständlich mit dem Ausbau des Daches warten, bis deren Nachwuchs flügge geworden ist oder der ganze Schwarm das Dach verlassen hat. Es ist also für die Planung eines Dachgeschossausbaues enorm wichtig, die tierischen Bewohner rechtzeitig kennen zu lernen, um ihren Nistplatz zu erhalten und einen Verstoß gegen das Naturschutzgesetz zu vermeiden. Es wäre sinnvoll, im baurechtlichen Genehmigungsverfahren Nachweise über das Vorhandensein von geschützten Tierarten im zu sanierenden Altbau zu fordern. Außerdem handelt es sich um ein großes Erlebnis, wenn bei der ersten Begehung eines alten Dachraums aus einer Mauerspalte des Giebels die großen Augen einer Eule funkeln oder ein Schwarm von Fledermäusen plötzlich aufgeschreckt im Dachraum flattert. Aber Vorsicht – die Tiere verteidigen ihr Nest!

4.5   Holzschutz

Der Holzschutz muss hauptsächlich baukonstruktiven Anforderungen genügen. In vielen Fällen jedoch reicht der baukonstruktive Holzschutz nicht aus. Er wird dann durch den Einsatz von chemischen Imprägniermitteln sichergestellt. Die chemischen Holzschutzmittel sind jedoch auf zweifache Weise als bedenklich einzustufen: einmal wegen ihrer Umweltunverträglichkeit, zum anderen werden sie durch nachträgliches Bearbeiten des imprägnierten Holzes (Absägen, Löcher einstemmen, etc.) durch den Zimmermann oder durch Trocknungsrisse wirkungslos.

Dachwerke sind stets durch pflanzlichen und tierischen Befall gefährdet. Der vorbeugende Holzschutz spielt aus diesem Grund bei alten Dächern und beim

---

[74] Nürnberger Zeitung vom 8. Juli 2004, Nr. 155, S. 11.

Dachgeschossausbau eine nicht unerhebliche Rolle.[75] Drei Möglichkeiten des Holzschutzes gibt es: 1. den baulichen, 2. den vorbeugenden chemischen und 3. den bekämpfenden. Dabei sollte die Maxime lauten: *So viel baulicher Holzschutz wie möglich, so wenig chemischer Holzschutz wie nötig.*

4.5.1 Baulicher Holzschutz

Der bauliche Holzschutz versucht mit Hilfe baulicher Maßnahmen die auftretende Feuchte in allen Holzbauteilen auf ein zulässiges Maß zu begrenzen. Es sollen mit diesen Maßnahmen Schäden durch Pilzbefall und Formänderungen des Holzes, also das so genannte Arbeiten des Holzes, vermieden werden. Wie oben ausführlich dargestellt, benötigen die Holz schädigenden Pilze vor allem eine relativ hohe Holzfeuchte. Der bauliche Holzschutz ist deshalb so wichtig, da mit seiner Anwendung oft auf chemischen Holzschutz verzichtet werden kann.

Bei einem unbelüfteten, dampfdiffusionsoffenen Dachaufbau, einem so genannten *Warmdach*, kann unter bestimmten Voraussetzungen auf chemischen Holzschutz verzichtet werden, ebenso dann, wenn das tragende Holz auch nach dem Ausbau noch sichtbar ist. Im Übrigen gilt beim Dachgeschossausbau meistens: Wenn das Holz in eine geschlossene Dachkonstruktion eingebaut wird und nicht feucht werden kann, benötigt es zumeist keinen chemischen Holzschutz. Außerdem sind alte Dachhölzer, die keinen Befall von Pilzen oder Insekten aufweisen, zumeist auch weiterhin gegen diese Schädlinge resistent.

Abb. 93:
Vorschriftsmäßige Schutzplane über dem Dach.

---

[75] DIN 68 800-1 bis 5 regelt den Holzschutz und die entsprechenden Maßnahmen.

Für den Holzschutz baulich sinnvolle Maßnahmen sind folgende:

☐ Einbauen einer Sperrschicht gegen aufsteigende Feuchtigkeit zwischen Holz- und Massivbauteilen

☐ stehendes Wasser am Holz vermeiden, für schnellen Abfluss sorgen

☐ während der Bauphase das Holz im geöffneten Dach vor Niederschlägen schützen

☐ neu einzubauendes Holz während Transport, Lagerung und Einbau ebenfalls vor Niederschlägen schützen

☐ Einbaufeuchte sollte der späteren Nutzungsfeuchte entsprechen.

☐ Einbaufeuchte muss über Hinterlüftung des Daches oder durch einen diffusionsoffenen Dachaufbau abgeführt werden.

☐ Dampfbremsen erst einbauen, wenn sich die Holzfeuchte der neuen Holzbauteile der zu erwartenden Nutzungsfeuchte angepasst haben

☐ Feuchteschwankungen im eingebauten Holz sind möglichst gering zu halten, damit das Holz nicht reißt.

4.5.2 Vorbeugender chemischer Holzschutz

Die Anforderungen an den chemischen Holzschutz regelt die DIN 68 800-3. Chemischer Holzschutz ergänzt den baulichen Holzschutz zur Abwehr von Holz schädigenden Insekten und Pilzen, vor allem wenn die Holzfeuchte über 20 % ansteigt. Dabei kann chemischer Holzschutz auf der Basis von wässrigen oder salzhaltigen, lösemittelhaltigen, öligen Lösungsmitteln infrage kommen. Holzschutzmittel müssen selbstverständlich frei von Giftstoffen wie Pentachlorphenol (PCP) oder Lindan und entsprechend gekennzeichnet sein.[76] Zum Schutz von altem Holz genügen zumeist anorganische Bor-Verbindungen. Die alten Hölzer müssen mehrfach eingelassen werden, um die erforderliche Eindringtiefe des Holzschutzmittels zu erreichen. Dies kann durch Streichen, Spritzen oder Sprühen, Tauchen, Trog- und Einstelltränkung, Saftverdrängungsverfahren, Bohrloch-Imprägnieren oder Bohrloch-Impfen geschehen. Neu eingebautes Holz sollte stets kesseldruckimprägniert, mindestens jedoch troggetränkt sein.[77]

Holzbauteile, die nicht durch Spritzwasser beansprucht sind, werden nach DIN 68 800-3 in die Gefährdungsklassen GK 0 bis GK 2 eingeteilt. Für die Gefährdungsklasse GK 0 ist kein chemischer Holzschutz, für GK 1 ist ein Holzschutzmittel gegen Insektenbefall (Iv) und für GK 2 ein solches gegen Insekten- und Pilzbefall (Iv und P) erforderlich. Für Sparren und Pfetten bzw. Kehlbalken am geneigten Dach kommt in der Regel die GK 2 zur Anwendung, da Gefahr sowohl für Insekten- als auch für Pilzbefall besteht.

---

[76] Scholz/Hiese, S. 845: Abb. 17.51 Kennzeichnung von Holzschutzmitteln.
[77] Gerner 2002, S. 28 und Ausschreibungstext S. 52, Pos. 4.6.1. bis 4.6.3.

Alle diese Überlegungen erfordern jedoch gründliche Kenntnisse über den chemischen Holzschutz. Neue Hölzer werden zwar regelmäßig mit einem Holzschutzmittel eingelassen, aber auf der Baustelle wird das Holz, wenn es nicht passt, nachträglich zurecht geschnitten. Auf diese Weise entstehen freiliegende ungeschützte Holzflächen, die leicht befallen werden können. Dasselbe gilt für Risse im Holz, die durch Trocknen entstehen. In beiden Fällen muss dafür gesorgt werden, dass diese freiliegenden Holzbereiche entsprechend nachbehandelt werden, denn sonst wäre der chemische Holzschutz im ganzen Dachstuhl wirkungslos.

Beim ausgebauten Dachgeschoss gilt:

☐ Gefährdungsklasse GK 0 liegt auch dann vor, wenn im Bereich der GK 1 Farbkernhölzer mit einem Splintholzanteil von unter 10 % verwendet werden.

☐ Insektenbefall tritt nicht auf, wenn das Holz an jeder Stelle eine Holzfeuchte von max. 10 % aufweist.[78]

☐ Bauschäden infolge eines Insektenbefalls in Räumen mit dem üblichen Wohnklima sind nicht zu erwarten, wenn die Hölzer allseitig eingeschlossen sind oder wenn die gefährdeten Holzbauteile zugänglich sind und kontrolliert werden können.

☐ Bauschäden durch Pilzbefall sind nicht zu erwarten, wenn das Holz spätestens nach sechs Monaten eine Feuchte von unter 20 % erreicht. Im letzten Fall muss allerdings darauf geachtet werden, dass das trocknende Holz nicht reißt und neue Angriffsflächen für Insekten freigibt.

Die DIN EN 335-1 bis 3 *Gefährdungsklassen für einen biologischen Befall von Holz und Holzprodukten* muss dabei allerdings ebenfalls beachtet werden.

4.5.3 Bekämpfender Holzschutz

Holz zerstörende Insekten und Pilze müssen im verbauten Holz mit besonderen Maßnahmen bekämpft werden. Das kann durch nachträgliche Behandlung mit einem chemischen Holzschutzmittel oder, insbesondere bei festgestelltem Insektenbefall, mittels Heißluftverfahren oder chemischen Begasungsverfahren geschehen. Die Befallsart (Pilze, Insekten) und der Befallsumfang müssen durch qualifizierte Fachleute oder Sachverständige festgestellt, die Bekämpfungsmaßnahmen ebenfalls von qualifizierten Fachfirmen ausgeführt werden. Wenn solche Maßnahmen ausgeführt worden sind, muss mindestens an einer Stelle des Dachwerks ein Hinweis auf sie in dauerhafter Form angegeben werden.

---

[78] SEIDLER, S. 19 weist zu Recht darauf hin, dass diese wünschenswerte Holzfeuchte in der Praxis fast nie erreicht wird.

Abb. 94:
Der Schwammbefall
wurde gänzlich ab-
gebeilt.

Bekämpfungsmaßnahmen gegen Pilzbefall nach DIN 68 800-4:

☐ Pilzbefallene Holzteile sind über mind. 30 cm in Längsrichtung der Hölzer hinaus zu entfernen, bei echtem Hausschwamm und verwandten Pilzarten mind. 1,00 m. Auch verdeckt eingebaute Holzteile können befallen sein und müssen deshalb sorgfältig untersucht werden.

☐ Auch Putz, Fugenmörtel und Mauerwerk sind sorgfältig auf Pilzbefall hin zu untersuchen. Sie werden durch Absengen oder Abbrennen soweit wie möglich entfernt.

☐ Entfernte Oberflächenmyzele, Pilzgeflecht und Stränge, Fruchtkörper sowie sonstige befallene Baustoffe und Schüttungen in Holzbalkendecken sind kontrolliert zu entfernen.

☐ Die Ursachen für die erhöhte Feuchtigkeit müssen unbedingt festgestellt und beseitigt werden. Außerdem muss für die Austrocknung der befallenen Bauteile gesorgt werden.

☐ Verbleibende nichtbefallene sowie neu eingebaute Hölzer und Holzwerkstoffe sind, falls erforderlich, chemisch vorbeugend zu schützen. Besondere Gefährdungsstellen müssen durch Sonderverfahren, z.B. Bohrlochtränkung, geschützt werden.

☐ Mauerwerk, das von Myzel durchwachsen ist, muss grundsätzlich durch Verpressen mit einer Druckinjektion behandelt werden.

☐ Um nach dem Befall ganz auf chemische Mittel verzichten zu können, sollte kein Holz mehr wiedereingebaut und befallenes Mauerwerk durch neues ersetzt werden.

Bekämpfungsmaßnahmen gegen Insektenbefall nach DIN 68 800-4:

☐ Zunächst muss das gesamte Ausmaß der Verbreitung im Vollholz und den Holzwerkstoffen festgestellt werden. Es müssen Dielen, Bekleidungen, Deckenbalken, Lagerhölzer, Ausbauten, Abseiten und Dachüberstände untersucht werden, gegebenenfalls muss das ganze Dach geöffnet werden.

☐ Vermulmtes Vollholz muss abgebeilt werden. Außerdem muss die Standsicherheit des restlichen Balkenquerschnitts geprüft werden. Angeschnittene Fraßgänge sind auszubürsten. Ausgebautes Holz ist samt Bohrmehl und Spänen unverzüglich kontrolliert zu entsorgen.

☐ Die Behandlung mit chemischen Bekämpfungsmitteln hat sich auf alle, auch auf die augenscheinlich nicht befallenen Bereiche der Holzkonstruktion zu erstrecken. Allerdings gibt es eine Ausnahme: Nichtbefallenes Holz bei Hausbockbefall, das vor mehr als 60 Jahren eingebaut wurde. Neueingebaute Hölzer und Holzwerkstoffe müssen je nach Gefährdungsklasse vorbeugend chemisch geschützt werden.

4.5.3.1 Heißluftverfahren

Seit Jahren schon hat sich bei der Bekämpfung von Holz schädigenden Insekten das geregelte Heißluftverfahren mit Feuchtezuführung bewährt. Das gesamte Dachgeschoss wird von großen Dachplanen eingehüllt, unter denen die Hitze im Dachstuhl gehalten wird. Dabei gelangen Heizgeräte wie Öl- oder Gasbrenner zum Einsatz, die eine Temperatur von mindestens 55 °C über wenigstens 60 Minuten an allen befallenen Holzteilen erzeugen. Es muss sichergestellt sein, dass die Mindesttemperatur bis zum Holzkern vordringt. Aus Feuersicherheitsgründen darf dabei eine Oberflächentemperatur von 120 °C nicht überschritten werden.

Alle Metallteile wie Leitungen und Rohre, z. B. Lüftungs- und Wasserleitungen, Antennenständer, Elektrokabel, Nagelbleche und selbst die Nägel aus dem Dachstuhl sind vor Beginn der Maßnahme zu entfernen, denn sie könnten zu heiß werden und das vermulmte Holz entzünden. Kunststoffteile wie alte Steckdosen oder Dunsthauben, etc. verformen sich durch die Hitze und werden zähflüssig. Sie sind nach der Maßnahme nur noch ein diffuser Kunststoffbrei und nur mehr mit großer Mühe zu entfernen. Auf keinen Fall darf man vor einem Heißluftverfahren bereits neue Holzteile in den Dachstuhl eingebracht haben, weil diese wegen ihrer höheren Feuchte sich infolge des schnellen Hitzeangriffs verformen oder aufreißen werden. Auch das alte Holz darf keine Holzfeuchte über 20 % aufweisen, da dann ebenfalls Gefahr für starke Verformungen und Risse besteht. Schließlich muss man auch eventuell vorhandene Stuckdecken im nächst tieferen Stockwerk vor der Hitze schützen, denn sie würden von der Heißluft zerstört.

111

4.5.3.2 Begasungsverfahren

Bei diesem Verfahren zur Bekämpfung Holz zerstörender Insekten werden in der Regel hochgiftige Gase eingesetzt. Sie dürfen nur in geschlossenen Räumen, unter gasdichten Planen oder in einer Begasungsanlage verwendet werden.[79] Das Begasungsverfahren sollte nur in ganz besonderen Befallsstadien eingesetzt werden, wobei das zu begasende hölzerne Bauteil besser aus dem Dachstuhl auszubauen wäre.

4.5.3.3 Hochfrequenzverfahren

In neuester Zeit wurde ein Hochfrequenzverfahren entwickelt, das insbesondere bei Baudenkmälern zum Einsatz gelangt.[80]

Das Hochfrequenzverfahren wirkt auf die H_2O-Moleküle in tierischen Holzschädlingen. Sie werden im Bruchteil einer Sekunde abgetötet. Hierbei werden die zu behandelnden Hölzer mit einem Hochfrequenzgenerator im Dachstuhl selbst abgefahren. Die Wirksamkeit geht bis zu einer Tiefe von 50 cm. Dieses Verfahren sollte mit höchsten Sicherheitsvorkehrungen und nur von Anwendern mit weit reichender Erfahrung im Umgang mit Hochfrequenzen durchgeführt werden.

---

[79] Gefahrstoffverordnung GefStoffV § 15 und Technische Regeln für Gefahrstoffe TRGS 512 sind zu beachten.
[80] GERNER 2002, S. 53.

5   Bauphysik des Daches

Die bauphysikalischen Grundlagen zu Feuchte, Wärme, Schall, Brand und Blitz-
einwirkungen im Zusammenhang mit dem ausgebauten Dachgeschoss ermöglichen es, dem planenden Architekten und dem ausführenden Handwerksmeister, physikalische Abläufe zu erkennen, sie bei ihrer Arbeit zu berücksichtigen
und Verstöße dagegen zu vermeiden. Die theoretische Bauphysik hilft schließlich dabei, erfolgreiche Maßnahmen zur praktischen Schadensbeseitigung zu
ergreifen. Deswegen sollen in diesem Kapitel Grundlagenkenntnisse der Bauphysik aufgefrischt werden. Sie sind dem Heimwerker, der sich an den Ausbau
seines Dachgeschosses wagt, in der Regel gänzlich unbekannt und auch dem
Architekten und Handwerksmeister oft ziemlich fremd. Ohne sie ist aber ein
Dachgeschossausbau niemals fehlerfrei zu bewältigen.

Schäden am Dachgeschoss gehen fast immer mit dem Eindringen von Wasser
einher. Regen und Schnee dringen durch Löcher in der Dachhaut oder durch
Spalten und Risse der Dachdeckung in die Dachkonstruktion ein und durchfeuchten sie.[81] Von innen her steigt Wasserdampf auf und erreicht in der Dachkonstruktion den Taupunkt, Kondensat fällt aus und durchfeuchtet ebenfalls
den Dachstuhl. Die Feuchte wiederum löst bauschädliche Vorgänge und Wir-
kungsmechanismen im Zellenraum des Dachholzes und im Porenraum des Gie-
bel- bzw. Drempelmauerwerks aus. Diese Vorgänge sind deshalb so gefährlich,
weil die Mechanismen der Wasseraufnahme schleichend vonstatten gehen und
zunächst mit bloßem Auge nicht erkannt werden. Die Dauerhaftigkeit eines
Dachwerks hängt daher eng mit der Feuchte seiner Baustoffe überhaupt und mit
dem Andrang von Feuchte zusammen.

Eindringendes Wasser ermöglicht darüber hinaus - wie im letzten Kapitel gezeigt - das Wachstum von Holz zerstörenden Schwämmen und Pilzen. Auch die
Holz fressenden Insektenlarven benötigen eine gewisse Feuchtigkeit, um leben
zu können. Ungewollte Wasserzufuhr wird also schon dem unausgebauten
Dachraum zum Verhängnis, wie umso mehr dem ausgebauten Dachgeschoss.

Menschen und Baustoffe reagieren auf Wärme. Zu niedrige, aber auch zu hohe
Temperaturen mindern das Wohlbefinden der Menschen und können sie krank
machen. Bei den Baustoffen führen vor allem die Temperaturschwankungen zu
erheblichen zusätzlichen Spannungen im Material und dadurch zu Veränderungen der Form: die Baustoffe dehnen sich aus oder ziehen sich zusammen. Stän-

---

[81] 3. BAUSCHADENSBERICHT 1996, S. 81: Der Instandsetzungsbedarf in den neuen Bundesländern bei nicht industriell errichteten Gebäuden wurde für Dacheindeckungen mit
48 %, Schornsteine 55 % und Regenrinnen mit 57 % ermittelt. In den letzten acht Jahren
ging das Instandsetzungsvolumen dramatisch zurück, so dass diese Zahlen immer
noch aktuell sein dürften.

dige Formveränderungen infolge eines häufigen Frost-Tau-Wechsels führen jedenfalls fast immer zu erheblichen Schäden an Bauteilen. Da das Dachgeschoss als oberster Gebäudeteil exponiert auf dem Gebäude angebracht ist, ist es sowohl der Wärmeeinstrahlung als auch dem Wärmeentzug besonders stark ausgesetzt. Die DIN 4108 – *Wärmeschutz im Hochbau*[82] – regelt alle Maßnahmen, die zur Verringerung des Wärmeflusses zwischen Räumen unterschiedlicher Temperatur und zwischen Innen- und Außenraum führen. Das Ausmaß der Wärmeflussminderung wird mit Hilfe von Wärmedämmung geregelt. Die bauphysikalisch richtige Ausführung der Wärmedämmung muss insbesondere beim Dachgeschossausbau die Postulate der Energieeinsparverordnung EnEV[83] erfüllen (siehe auch Kapitel 5.3).

Beim Dachgeschossausbau spielt der Sonnenschutz eine nicht unerhebliche Rolle. Sonnenstrahlen wirken auf das Befinden des Menschen. Sonnenschein kann je nach Intensität für das Wohlbefinden sowohl erwünscht und anregend als auch belästigend, schädigend oder störend sein. Die Sonnenstrahlen wirken nicht nur direkt, sondern durch Beeinflussung des Raumklimas auch indirekt auf die Menschen.

Die Feuergefahr war zu allen Zeiten ein wesentlicher Gesichtspunkt, der bei der Errichtung von Dachgeschossen zu beachten war. Deshalb muss auf das Brandverhalten der Baustoffe großen Wert gelegt werden. Da ein ausgebrochenes Feuer schnell um sich greift und auch die Nachbargebäude einäschern kann, befassen sich die Landesbauordnungen mit diesem Problem, indem sie eine Fülle von regelnden Maßnahmen vorschreiben.

Bei einzeln stehenden Gebäuden, Häusern mit weicher Bedachung und bei denkmalgeschützten Gebäuden sollte auf den Blitzschutz geachtet werden.

Wegen der vielen Möglichkeiten, das Wohlbefinden der Bewohner negativ zu beeinträchtigen, muss beim Dachgeschossausbau dem Schall und seiner Übertragung besonderes Augenmerk gewidmet werden. Die Anforderungen der Technischen Regeln für den Schallschutz[84] sind selbstverständlich zu beachten. Die Bauphysik unterscheidet zwischen Luft- und Körperschall mit der Sonderform Trittschall. Insbesondere die Decke über dem nächsten Geschoss unter dem auszubauenden Dachraum muss den Anforderungen des Trittschallschutzes genügen. Aber auch die direkten und indirekten Wege des Schalls, die Über-

---

[82] DIN 4108 *Wärmeschutz* im Hochbau (Ausgabe August 1981).

[83] Verordnung über energiesparenden Wärmeschutz und energiesparende Anlagentechnik bei Gebäuden (Energieeinsparverordnung - EnEV) vom 16. November 2001, in Kraft getreten am 1. Februar 2002

[84] DIN 4109, Ausgabe: November 1989 mit Beiblatt 1 und 2. Schallschutz im Hochbau; Anforderungen und Nachweise mit allen ihren Teilen und Beiblättern. VDI-Richtlinie 4100, Ausgabe August 1994 – Schallschutz von Wohnungen.

tragung des Schalls durch die Wände und über die Fenster müssen den bautechnischen Richtlinien entsprechen. Die heutzutage üblichen Gasthermen, die
direkt unter dem Dach im Spitzboden eingebaut werden, müssen entsprechend
schallgedämmt sein. Besonders hohe Ansprüche an den Schallschutz stellen
Aggregate und Maschinen im Dachraum dar. Sie sind in der Lage, Körperschall
auf die Dachkonstruktion zu übertragen, der sich als Vibration in den darunter
liegenden Räumen störend bemerkbar macht.

5.1   Feuchte

Zunächst gilt es, die wichtigsten Transportmechanismen für die Feuchtigkeit in
das Dachwerk hinein kennen zu lernen. Wasser kann sowohl in flüssiger Form
als Niederschlag als auch in seinem gasförmigen Aggregatzustand als Dampf in
das Dachgefüge eindringen.

Abb. 95:
Mechanisch zerstör-
ter Dacherker

5.1.1 Wasserandrang in flüssiger Form

Niederschlag in Form von Regen bzw. Schlagregen oder Schnee verfrachtet oft große Mengen Wassers auf die Dachhaut. Mit Hilfe des Windes vermögen sich die Wassermengen auf Dächern noch erheblich zu steigern. Bei Unwetterkatastrophen, Wolkenbrüchen, häufig in Verbindung mit Hagelschlag, wird der Abfluss zumeist behindert und in kurzer Zeit können Wasserstände bis zu 70 mm pro m^2 erreicht werden. Es muss deshalb in allen Dachbereichen, wo immer sich Wasser stauen kann, mit einem ausreichenden Stauraum gearbeitet werden. Selbst bei normalem Niederschlag bildet sich rasch ein durchgehender Wasserfilm auf den Dachflächen. Das somit flächendeckend herabfließende Wasser dringt nun, unterstützt vom Winddruck, in die kleinsten Risse und Spalten der Dachdeckung ein. Außerdem ist bei Hagelschlag damit zu rechnen, dass die Dachhaut, z. B. aus tönernen Dachziegeln, durch die Wucht der Hagelkörner mechanisch beschädigt wird.

Abb. 96:
Schadhafter Sims und kaputte Dachrinne sorgen für die Zerstörung des Mauerwerkes darunter.

Besonders gefährlich für flach geneigte Dächer sind der Schnee und der Frost. Der Wind kann Schnee unter den Ziegeln hindurch in den Dachraum wehen. Er taut dort und hinterlässt durchfeuchtete Holzfußböden. Bei sehr flachen Dächern, z. B. die Oberdächer der Mietshäuser des ausgehenden 19. Jahrhunderts, kann die Dachfläche Vertiefungen aufweisen, in denen sich Pfützen bilden. Auf der Dachhaut stehendes Wasser wird im Winter auffrieren oder das Jahr über zur Vermoosung der Dachhaut und damit zu ihrer Beschädigung beitragen.

Schadhafte Deckung und überlaufende Abflussrinnen sind die häufigsten Ursachen für eindringendes Wasser im Dachbereich. Dabei genügen oft kleine Undichtigkeiten wie einige fehlende Dachziegel in der Dachdeckung, um große Schäden zu verursachen. Perforierte oder zugewachsene Dachrinnen und defekte oder verstopfte Regenwasserabläufe durchnässen das Dachgesims im Traufenbereich eines Gebäudes.

5.1.2 Wasserdampf

Wasser in Form von Dampf ist eine bauphysikalische Erscheinung, deren Nichtbeachtung vor allem im ausgebauten Dachgeschoss sehr häufig die Ursache für auftretende Schäden darstellt. Bauschädigende Feuchte aus Wasserdampf entsteht im Dachgeschoss durch **Kondensation, Diffusion** und **Hygroskopizität**.

5.1.2.1 Kondensation

Das Abscheiden von Wasserdampf aus der Atmosphäre nennen die Bauphysiker Kondensation. Besonders häufig wird der Umfang der Wasseraufnahme durch Wasserdampfkondensation unterschätzt, wohl deshalb, weil dieser Vorgang für den Menschen unsichtbar vor sich geht. Regen, Schnee oder Wasserfilme auf Dachoberflächen sind als Quelle für in den Dachraum eindringendes Wasser für jedermann leicht fassbar; Feuchtigkeit, die aus der die Dachhaut umgebenden Luft ausfällt, dagegen jedoch nicht. Bekanntlich enthält die uns umhüllende Luft immer einen gewissen Teil Wasserdampf. Bei einer bestimmten Temperatur kann aber nicht beliebig viel Wasserdampf in der Luft sein, weil die Sättigungsmenge eine Funktion der Temperatur ist. Der jeweils aktuell vorhandene Wasserdampfgehalt der Luft wird als *relative Luftfeuchtigkeit* bezeichnet und in Masse-Prozentwerten determiniert. Dieser Begriff gibt an, wie viel Prozent Feuchtigkeit die Luft bei der jeweiligen Temperatur aufweist, also das prozentuale Verhältnis von tatsächlichem Feuchtigkeitsgehalt zur Sättigungsfeuchte, z. B. kann bei 20 °C die tatsächlich in der Luft vorhandene Wassermenge maximal 17,29 g/m^3 betragen. Dann spricht man von 100 % relativer Luftfeuchtigkeit, die Luft ist mit Wasserdampf gesättigt. Der so genannte *Taupunkt* ist erreicht. Wird dem Luftgemisch darüber hinaus Dampf zugeleitet, so wird der Taupunkt überschritten und es muss notwendigerweise zur Kondensation, also zur Ausscheidung des überschüssigen Dampfes in Form von Wasser, kommen. Mit anderen Worten: Kondensation tritt immer dann auf, wenn der jeweilige Taupunkt der Luft erreicht worden ist und durch Aufnahme weiterer Feuchtigkeit übertroffen wird. Normalerweise besitzt die Luft in Innenräumen des ausgebauten Dachgeschosses eine relative Luftfeuchtigkeit von vielleicht 50 % bis 80 %. Kühlt man sie ab, steigt die relative Luftfeuchtigkeit rasch an und schnell wird ihre Sättigungsmenge und damit der Taupunkt überschritten: Kondensation tritt ein. Ist die Wandoberfläche kälter als die Raumluft, so kann die Luftfeuchtigkeit bereits an ihr kondensieren, so wie das an kalten Fensterscheiben sehr viel deutlicher zu sehen ist. Der Volksmund spricht dann von *Schwitzwasser*. Aber nicht nur an der inneren Oberfläche eines wärmegedämmten Daches, sondern auch innerhalb der Dachkonstruktion ist Kondensation möglich. Gerade diese innere Kondensation ist besonders gefährlich, weil sie unter der Oberfläche überhaupt nicht wahrzunehmen ist.

Abb. 97:
Schwitzwasser-
bildung auf den
Fensterscheiben.

Durch Oberflächenkondensation von Wasserdampf aus der Umgebungsluft wird die Dachkonstruktion durchfeuchtet. Um diesen Vorgang bewerten zu können, müssen folgende Parameter bekannt sein: einmal die aktuelle Raumtemperatur, dann die zugehörige relative Luftfeuchtigkeit der Raumluft und schließlich die Temperaturverteilung im Bereich der Wandflächen. Wenn beispielsweise im Raum bei einer Lufttemperatur von 20 °C eine relative Luftfeuchtigkeit von ca. 50 % vorhanden ist, so genügt eine Oberflächentemperatur an der schrägen Dachfläche bzw. Wandfläche von etwas weniger als 10 °C, um dort den Taupunkt der Luft zu überschreiten, die Kondensation an der Wandoberfläche beginnt. Diesen Zusammenhang verdeutlicht Tabelle 1: Sie zeigt, dass die gleiche Luft bei 20 °C nur 48 %, bei 15 °C aber bereits 65 % relative Luftfeuchte aufweist und bei wenig unter 10 °C ihren Taupunkt mit 100 % relative Luftfeuchtigkeit erreicht. Wenn die für den Taupunkt kritische Temperatur erst innerhalb der Dachschräge knapp unterhalb der Dachhaut erreicht wird, findet der Ausfall von Tauwasser beispielsweise an der Unterspannbahn statt, ein Fall, der in der Praxis häufig eintritt. Das Dachholz wird durch das abtropfende Wasser feucht, und wenn gar eine ungeschützte Wärmedämmung angebracht wurde, wird diese wirkungslos. Ohne eine Unterspannbahn würde zusätzlich noch der Dachziegel durchfeuchtet und bei Frost auffrieren.

Es ist leicht einzusehen, dass entweder die Dachkonstruktion entsprechend aufgewärmt oder die relative Luftfeuchtigkeit gesenkt werden muss, um Kondensation unten an der schrägen Dachdecke zu vermeiden. Die alten Öfen haben durch ihre Wärmestrahlung tatsächlich die Oberflächen der Außenwand eines Raumes derart aufgeheizt, dass der Taupunkt stets an der kalten Außenseite der

Außenluft		relative Luftfeuchte bei Erwärmung auf			Sättigungsmenge der Luft 100 %
Temperatur	Rel. Feuchte	10 °C	15 °C	20 °C	in g/m³
+ 20 °C	90 %	Taupunkt überschritten	Taupunkt überschritten	90 %	17,3
+ 15 °C	90 %	Taupunkt überschritten	90 %	66 %	12,8
+10 °C	90 %	90 %	65 %	48 %	9,4
+ 5 °C	90 %	64 %	48 %	34 %	6,8
± 0 °C	90 %	44 %	32 %	23 %	4,84
– 5 °C	90 %	30 %	22 %	14 %	3,24
– 10 °C	90 %	20 %	15 %	11 %	2,14

Tabelle 1: Zusammenhang zwischen Lufttemperatur und absoluter sowie relativer Luftfeuchte.

Abb. 98:
Küchenherd vom
Anfang des 20.
Jahrhunderts.

Abb. 99:
Geschmückter
Kachelofen aus dem
Ende des 19. Jahr-
hunderts.

Abb. 100:
Leipzig. Der typische Ostzonenofen im alten Mehrgeschossbau.

Wand gewesen ist. Die modernen Niedertemperatur-Heizungen jedoch schaffen dies nicht mehr, es muss also eine wirksame Wärmedämmung an der Außenwand bzw. im Dachgeschoss an der Dachfläche angebracht werden.[85]

Das Absenken der relativen Luftfeuchtigkeit kann durch Lüften geschehen. Dies haben in alten Gebäuden insbesondere die undichten Fenster geleistet. Unausgebaute Dächer werden vom Wind durchstrichen und haben deshalb überhaupt kein Kondensatproblem. Die modernen, sehr dichten Fenster mit U_{max} = 2,0 W/(m² · K), welche die EnEV für den Dachgeschossausbau mit normalen Innentemperaturen fordert,[86] verlangen dagegen ein besonderes Lüftungsverhalten der Bewohner.[87] Früher lagen die Luftwechselzahlen deutlich höher als heute. Dies hatte zur Folge, dass die absolute Feuchte der Raumluft im Winter aufgrund der dauernden Lufterneuerung recht niedrig, die relative Luftfeuchtigkeit dagegen vergleichsweise hoch lag. Die Tabelle 1 zeigt dies sehr deutlich: bei 0 °C beträgt die Sättigungsmenge der Luft nur 4,84 g/m³, die relative Luftfeuch-

---

[85] Gemäß EnEV.

[86] EnEV Anhang 3.7 Tabelle 1 Zeile 3a

[87] Das Lüften regelt die DIN EN 13 779 (Normentwurf) Ausgabe: Februar 2000, Lüftung von Gebäuden, Leistungsanforderungen für raumlufttechnische Anlagen.

121

tigkeit jedoch 90%. Durch Aufwärmen des Raumes sinkt die relative Luftfeuchtigkeit rasch, bei 10 °C beträgt sie noch 44%, bei 15 °C nur noch 32% und schließlich bei 20 °C gar nur noch 20%. Umgekehrt wird durch Abkühlung der Luft von 20 °C auf 10 °C der Taupunkt bereits überschritten.

Bei den im Winter häufig auftretenden Außentemperaturen zwischen 0 °C und – 5 °C liegt die relative Feuchte der Luft häufig wenig unter 90%. Bei einer Temperatur der Raumluft von 15 °C, wie sie früher in Wohnräumen üblich war, fiel die relative Luftfeuchte im Raum zumeist nur bis zu 32%, bei heutigen Komfortansprüchen jedoch benötigt der Bewohner eines Raumes eine wesentlich höhere Raumlufttemperatur, etwa 20 bis 22 °C, und dabei sinkt die relative Luftfeuchte im Raum auf Werte von 23% und darunter ab. Man erreicht also durch Lüften im Winter eine trockene Raumluft, die infolge ihrer sehr geringen relativen Luftfeuchtigkeit weitere Feuchte aus den Bauteilen des ausgebauten Dachgeschosses aufzunehmen in der Lage ist. Feuchte Raumoberflächen beginnen

Abb. 101:
Schematisierte Darstellung der Wasserdampfbildung in Bauteilen.

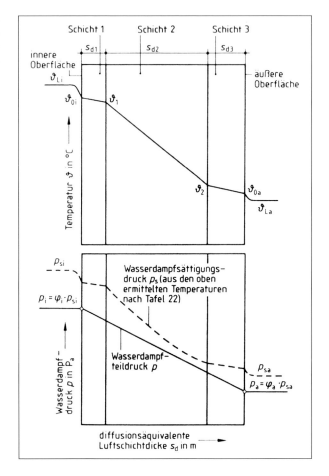

daher zu trocknen. Damit die Luft nicht zu trocken wird, sind zusätzliche Raum-befeuchter etwa an den Heizkörpern durchaus sinnvoll.

Der Tauwasserschutz für den Bauteilquerschnitt wird in DIN 4108-3 ausführlich behandelt. Grundsätzlich gilt: Je stärker ein Bauteil gedämmt ist, desto leichter kann bei Fehlstellen in der Dämmung Tauwasser ausfallen. Nach DIN 4108-3 darf die Tauwassermenge Wt im Winter insgesamt 1,0 kg/m², an Berührungs-flächen von kapillar nicht wasseraufnahmefähigen Schichten darf Wt ≤ 0,5 kg/m², bei Holz Wt ≤ 0,05 kg/m² nicht überschreiten. Noch niedriger muss die Tauwassermenge bei Holzwerkstoffen bleiben. Diese Werte für den Tauwasser-ausfall müssen nach dem graphischen Verfahren von Glaser[88] mit Hilfe des Dif-fusionsdiagramms rechnerisch oder durch geeignete Konstruktionen für das be-lüftete als auch für das unbelüftete Dach nachgewiesen werden. Im Sommer muss die Tauwassermenge der Menge an verdunstetem Wasser entsprechen. Die im Sommer durch Verdunstung abführbare Wassermasse lässt sich eben-falls nach dem Berechnungsverfahren von Glaser bestimmen.[89]

5.1.2.2 Hygroskopische Feuchteaufnahme

Hygroskopische Feuchteaufnahme entsteht durch die Hygroskopizität der in ge-schädigtem Mauerwerk vorhandenen Salzkonzentration. Salze können zwar in Ausnahmefällen im Holz der Drempelwände primär vorhanden sein, aber in der Regel finden sich bauschädigende Salze ausschließlich im Holz umschließenden Mauerwerk. Pilze oder Schwämme, wie etwa der echte Hausschwamm, verzeh-ren – wie bereits gesagt – die Zellinhaltsstoffe (Braunfäule), wodurch Hohlräu-me in den Zellen entstehen. In die Hohlräume der Holzzellen können sich bau-schädigende Salze aus der Umgebung einlagern. Andererseits sind solche Salze in den mineralischen Baustoffen der Drempel- und Giebelwände bereits bei der Erhärtung der mineralischen Wandbaustoffe entstanden. Sie werden aber auch danach noch durch Kontakt mit der Atmosphäre oder anstehendem Regenwas-ser in den Baustoff hinein transportiert. Als Folge einer defekten Dachrinne kann der gesamte Traufenbereich versalzt sein.

Durch die eindringende Feuchtigkeit werden in mineralischen Baustoffen, seltener auch im pilzgeschädigten Holz vorhandene Salze gelöst und mitgenom-men. An den Stellen, an denen das Wasser infolge der Austrocknung des durch-nässten Traufen- oder Giebelmauerwerks verdunstet, zumeist an seiner Ober-fläche, werden die Salze ausgeschieden. Die Salzkristalle füllen die Poren der oberflächennahen Bereiche der mineralischen Baustoffe und sprengen diese schließlich auf. Das trockene, salzhaltige, poröse Material nimmt hygroskopisch

---

[88] WENDEHORST, S. 163: Berechnungsbeispiele Bild 12.
[89] WENDEHORST, S. 164: Berechnungsbeispiele Bild 13.

ein Vielfaches der Wassermenge eines salzfreien Materials auf. Die Salze sind in der Lage, Wasser im Zuge der Ausgleichsfeuchte durch Sorption auch aus der Umgebungsluft zu binden. Dadurch werden von bauschädlichen Salzen befalle-ne Bauteile auch dann nass, wenn keinerlei Feuchtigkeit zugeführt wird. Im Zu-ge der Ausgleichsfeuchte wird auch das mit solchen Mauern verbundene Holz durchnässt. Im Mauerwerk alter Gebäude kann sich im Verlaufe von Jahrzehn-ten oder Jahrhunderten sehr viel Salz anlagern. Solche Mauern sind in aller Re-gel ständig feucht, ihre Oberfläche ist völlig zermürbt,[90] die in sie eingebauten Holzbalken sind natürlich ebenfalls nass.

Der Salztransport in porösen Baustoffen führt dazu, dass da, wo Wasser verdun-stet, die Salzkonzentration steigt. Wenn eine konzentrierte Salzlösung durch ei-ne semipermeable Membran, z. B. Porenwände im Mauerwerk, vom Lösungs-mittel Wasser getrennt ist, so versucht das System, durch die Membran hindurch einen Konzentrationsausgleich zu erreichen. Diesen Vorgang nennt man Osmose. Die Wassermoleküle sind aber beweglicher als die gelösten Salz-ionen. Damit wandern pro Zeiteinheit mehr Wassermoleküle in die Zonen hoher

---

[90] Dem Verfasser sind auch Fälle bekannt, wo Feuchteschäden im oberen Bereich einer Kirchenschiffwand durch die Wiederverwendung von Abbruchmaterial beim Erhöhen des Kirchenschiffs verursacht wurden. Das an einem anderen Gebäude abgebrochene salzhaltige Sockelmauerwerk wurde z. B. im Jahre 1781 bei der Erhöhung des Kirchen-schiffs der Kirche in Großhaslach, Gemeinde Petersaurach, Lkr. Ansbach, in mehr als 10 m Höhe wieder vermauert und hat dort zu erheblichen, hygroskopisch bedingten Feuchteschäden geführt. Siehe MAIER 1987, S. 88–90 und Staatl. Hochbauamt Ansbach, Reponierte Registratur, maschinenschriftliches Gutachten 1987.

Salzkonzentration. Wenn sich im porösen System dadurch ein Druck aufbauen kann, so kommt dieser Vorgang zum Stillstand, sobald der osmotische Druck der Salzlösung erreicht ist. Dies bedeutet, dass Zonen im Mauerwerk, in denen eine hohe Salzkonzentration vorhanden ist, im Zuge der Osmose viel Wasser aufnehmen und dieses Wasser an eingemauerte Hölzer weitergeben, wo es wiederum von den Zellen in das Holzinnere gesaugt wird. Dieser Wasserimport in zuvor trockene Holzzonen ermöglicht weitere Schäden, z.B. das Wachstum eines Holz zerstörenden Pilzes.

5.1.2.3 Wasserdampfdiffusion

Die Wasserdampfdurchlässigkeit einer Dachkonstruktion mit ihren verschiedenen Bauteilschichten spielt für jedes ausgebaute Dachgeschoss eine zentrale Rolle. Wasserdampf besitzt wie alle Gase die Fähigkeit, durch feste Stoffe hindurch zu wandern. Diesen Vorgang nennt man *Diffusion*. Die Wanderung wird immer durch ein Konzentrationsgefälle von einer Wandseite zur anderen ausgelöst. Die Wand bzw. das Dach als Außenbauteil atmet also nicht, wie gemeinhin oft gesagt wird, sondern es findet ein Druckausgleich zwischen drinnen und draußen statt. Dabei ist der Temperaturunterschied zwischen der inneren und der äußeren Dachoberfläche signifikant. Im Winter tritt außen eine wesentlich niedrigere Temperatur auf als im beheizten Inneren des Dachgeschosses. Die wärmere Luft innen vermag größere Mengen Wasser in Dampfform zu binden, die kältere Luft außen jedoch nicht (siehe Tabelle 1). Im Zuge des Konzentrationsausgleichs diffundiert die Feuchtigkeit durch das Dach. Wird sie durch zu dichte Schichten der Dachhaut, z.B. durch eine Unterspannbahn, behindert und kühlt dabei bis über den Taupunkt hinaus ab, fällt die Feuchtigkeit als flüssiges Wasser aus und verursacht entsprechende Schäden, wie bereits oben im Zusammenhang mit der Kondensation ausgeführt wurde. Es muss also unbedingt verhindert werden, dass Wasserdampf in die Wärmedämmung des Daches diffundieren kann, um dort als Tauwasser Feuchteschäden am Dachverbandsholz zu verursachen. Man benötigt also zwingend eine Dampfbremse oder gar eine Dampfsperre.

Die wichtigste Messgröße der Diffusion ist die *Diffusionswiderstandszahl* μ (siehe Tabelle 2). Sie gibt an, um wie viel der Diffusionswiderstand eines Baustoffes größer ist als der einer gleich dicken, äquivalenten Luftschicht s_d. Der Wert μ ist eine Materialkonstante, ihre Bestimmung erfolgt nach DIN 52 617 – *Bestimmung der kapillaren Wasseraufnahme von Baustoffen und Beschichtungen.*[91] Die Dicke

---

[91] DIN EN ISO 13 788 – Ausgabe: November 2001 – Wärme- und feuchtetechnisches Verhalten von Bauteilen und Bauelementen – raumseitige Oberflächentemperatur zur Vermeidung kritischer Oberflächenfeuchte und Tauwasserbildung im Bauteilinneren – Berechnungsverfahren.

Tabelle 2:
Diffusionswider-
standszahl und
Dampfwiderstand
einiger Baustoffe.

Material	Diffusions-widerstands-zahl μ	Übliche Schichtdicke s (m)	Dampfwiderstand (gleichwertige Luftschichtdicke) $s_d = \mu \cdot s$ (m)
Kiesbeton	30	0,20	6
Mauerziegel	6–12	0,24	1,5–3
Klinkerplatten	380–470	0,03	10–14
Kalkputz	11	0,025	0,3
Zementputz	19	0,025	0,5
Sanierputz	< 12	0,03	< 0,36
Kunstharzputz	140	0,002	0,30
Gipskartonplatten	8	0,0125	0,1
Dispersionsfilm	70–5 000	0,00015	0,01–0,75
Heißbitumen	85 000–105 000	0,001	85–105
Holzbretter	40	0,025	1
Dachdichtungs-Bahnen	10 000–80 000	0,001	1 0 – 8 0
Gussasphalt	Praktisch dampfdicht	≥ 0,01	Dampfsperre
PVC-Folien	20 000–50 000	0,0004	8
PE-Folien	100 000	0,001	100
Alu-Folien	Praktisch dampfdicht	0,001	Dampfsperre
Styropor	20 – 50	0,20	4 – 10
Schaumglas	Praktisch dampfdicht	0,20	Dampfsperre
Faserdämmstoffe	10	0,20	2

jeder einzelnen Schicht im ausgebauten Dach, wie innerer Anstrich, Trocken-bauplatte, Wärmedämmung und Dachhaut, beeinflusst selbstverständlich den Diffusionsdurchgang. Das Produkt aus der einzelnen Schichtdicke s und der Diffusionswiderstandszahl μ bestimmt in der Addition aller Schichten den Dampf-widerstand s_d.

Beim ausgebauten Dachgeschoss soll der Diffusionsdurchgang jedoch prinzipiell stark vermindert, also gebremst werden. Deshalb muss in der Regel eine Dampfbremse zwischen innerer Trockenbauschale und Wärmedämmung eingebaut werden. Diese kann aus einer 2–4 mm starken Kunststoff-Folie mit einem s_d-Wert ≈ 20–40 m bestehen. Falls erforderlich, wird eine Dampfsperre aus einer Alu-Folie oder aus einer Wärmedämmung aus Schaumglas und anderem Material mit hohem Dampfwiderstand s_d hergestellt. Auf jeden Fall soll der nach DIN 4108-5 erforderliche s_d-Wert der Dampfbremse ohne Nachweis ≥ 100 m betragen, mit Hilfe eines rechnerischen Nachweises, d. h. durch Addition der s_d-Werte aller Bauteilschichten, kann er im günstigsten Fall bis auf ca. 2 m reduziert werden.

5.2 Wärme

Der Feuchtigkeitsgrad eines Dachraums ist – wie gezeigt wurde – einerseits von der auf den genannten Wegen eindringenden Wassermenge, andererseits von der dort herrschenden Temperatur bestimmt. Die Wärme im ausgebauten Dachgeschoss sorgt außerdem für das Wohlbefinden der Bewohner. Da Deutschland sich klimatologisch gesehen in mittleren Breiten befindet, muss man ein Wohngebäude auf jeden Fall gegen nächtlichen und winterlichen Wärmeentzug schützen. Andererseits darf man die Sonneneinstrahlung untertags nicht unterschätzen. Sie ist an sonnigen Tagen auch im Winter durchaus in der Lage, dem Dachgeschoss große Wärmemengen zuzuführen. Mitunter wird diese Einstrahlung regelrecht zur Belästigung der Bewohner. Wärmespeicherung, wie sie in massivem Mauerwerk möglich ist, darf beim Dachgeschossausbau vernachlässigt werden, da im Dachraum allenfalls die Giebelwände ausreichend speicherfähig sind.[92]

Bauphysikalisch besonders bedeutsam ist die Tatsache, dass zwischen zwei Medien, z. B. zwei sich berührenden, unterschiedlich warmen Räumen wie dem Dachraum und der Außenluft, stets ein Wärmeaustausch stattfindet. Dieser ist durch bauliche Maßnahmen nie ganz zu verhindern, sondern kann nur in seiner Intensität und Dauer beeinflusst werden. Die Wärme fließt dabei immer vom relativ wärmeren Raum zum kühleren hin. Um die entstehenden Wärmeverluste zu ergänzen, muss die Wärme durch Wärmeerzeugung, in der Regel durch ausreichendes Heizen, ersetzt werden.

Wärmeaustausch als Ausgleich zwischen wärmeren und kälteren Räumen geschieht auf vierfache Weise:

- durch Wärmestrahlung
- durch Wärmeleitung
- durch Wärmemitführung (Konvektion)
- durch Strahlung.

Wärme strahlt in Wellen aus. Je höher die Temperatur ist, desto kleiner ist die Wellenlänge der **Wärmestrahlung**. Sie ist nicht an einen stofflichen Träger gebunden und durchdringt auch den luftleeren Raum, deshalb erwärmen die Sonnenstrahlen die Erde. Wärmestrahlung wirkt immer, sobald sich zwei Körper unterschiedlicher Temperatur gegenüberstehen, z. B. ein heißer Ofen und eine

---

[92] Neuerdings werden Stoffe mit energetischer Speicherqualität entwickelt, siehe Kap. 12.2.

kalte Wand. Die angestrahlte, kalte Wand wird je nach Raumtemperatur, nach Struktur- und Oberflächenbeschaffenheit einen Teil der vom heißen Ofen ausgehenden, auf sie auftreffenden Strahlungsenergie reflektieren oder zurückwerfen, einen Teil in Wärme absorbieren oder zurückverwandeln und einen Teil transmittieren oder hindurchlassen.

In einer Materie geschieht der Wärmetransport durch **Wärmeleitung**, wobei die Wärme von Molekül zu Molekül des Stoffes wandert, d.h. Moleküle unterschiedlicher Temperatur besitzen eine unterschiedlich hohe kinetische Energie, die auf das benachbarte Stoffteilchen wirkt. Die Moleküle prallen aufeinander und tauschen infolgedessen ihre Energie aus, sie verändern dabei selbstverständlich ihre Lage zueinander nicht. Je höher die Temperatur, desto höher die kinetische Energie, mit der Wärme geleitet wird. Alle Stoffe leiten Wärme, je dichter sie sind, desto schneller wirkt die Wärmeleitung. Baustoffe mit geringer Dichte wie Mineralwolle besitzen zugleich auch eine geringe Wärmeleitfähigkeit λ (W/m $\cdot$ K)[93], also beispielsweise λ = 0,035 W/m $\cdot$ K, mit hoher Dichte wie Beton einen λ-Wert von 2,1 W/m $\cdot$ K und mit wenig hoher Dichte wie Nadelholz einen λ-Wert von 0,13 W/m $\cdot$ K.[94]

In Gasen und Flüssigkeiten geschieht der Wärmeaustausch durch **Wärmemitführung, d.h. Konvektion**. Die leicht verschieblichen Moleküle des Wassers führen die über Wärmestrahlung bzw. -leitung empfangene Wärmeenergie mit sich fort. Das geschieht infolge des natürlichen Auftriebs bedingt durch das geringere Gewicht von wärmeren Wassermolekülen oder infolge künstlicher Strömungen, wie sie Heizungen und Klimaanlagen erzeugen.

Sobald die in Wasserdampf gebundene und mitgeführte Wärmeenergie bei Erreichen des Taupunkts kondensiert, sei es in der Luft, auf der Oberfläche der Wand oder mitten in der Dachkonstruktion, findet ein Wärmeaustausch durch **Strahlung** statt. Die Wärmeleitfähigkeit λ der von Schwitzwasser durchfeuchteten Bauteile erhöht sich sehr schnell, d.h. der Wärmedurchgangswiderstand R (früher 1/k) sinkt signifikant ab. Je nach Durchfeuchtungsgrad verlieren sie ihre Fähigkeit zur Wärmedämmung.

Es mag zwar banal klingen, aber es muss doch ausgesprochen werden: Um im Winter eine gewisse Behaglichkeit im ausgebauten Dachraum zu erzeugen, muss man mit Hilfe einer Heizung Wärme zuführen und zugleich mittels einer Dämmung den Wärmeabfluss behindern. Die oben beschriebenen historischen und modernen Dächer ohne zusätzliche Wärmedämmung weisen nämlich nur einen Wärmedurchgangskoeffizienten *U-value* (früher *k-Wert*) zwischen 1,8 und

---

[93] WENDEHORST 1996, S. 122: 1.1.1. Wärmetechnische Größen. Die Formelzeichen nach DIN EN 27345 weichen von den bisher üblichen ab.

[94] WENDEHORST 1996, S. 170–177: Tabelle 17. *Rechenwerte der Wärmeleitfähigkeit.*

3,0 W/(m² · K) auf.[95] Bei Dachgeschossen, die zu Wohnraum ausgebaut werden sollen, muss also auf jeden Fall eine zusätzliche Wärmedämmung in die geneigten Dächer eingebracht werden. Würde das nicht geschehen, würde das Dachgeschoss im Winter einen exorbitant hohen Wärmebedarf benötigen, der Heizenergiebedarf wäre in Anbetracht der Heizkosten und des Umweltschutzes unangemessen hoch. Andererseits würde sich das Dachgeschoss im Sommer unangenehm aufheizen, eine Klimaanlage wäre erforderlich, um angenehme Wohnraumtemperaturen herzustellen. Im heißen Sommer 2003 kam es z.B. in Italien zu erheblichen Stromausfällen, weil der Strombedarf der Klimaanlagen in den Wohnhäusern die Kapazität der Kraftwerke bei weitem überstieg. Deshalb muss der tatsächliche Energiebedarf für den Dachgeschossausbau gemäß den Anforderungen der Energieeinsparverordnung EnEV ermittelt werden (siehe auch Kapitel 5.3).

Wärmeverluste entstehen durch Lüftung und durch Wärmebrücken. Lüftungswärmeverluste infolge Undichtigkeiten der Dachkonstruktion müssen selbstverständlich verhindert werden, indem die Fugen in der inneren Dachfläche z.B. aus Gipskartonplatten, die zwischen einem Sparren und dem Wärmedämmstoff und vor allem die zwischen zwei verschiedenen, aneinander anstoßenden Wänden des Dachgeschosses dauerhaft und luftundurchlässig abgedichtet werden. Auch die Fugen zwischen Flügeln und Rahmen der Fenster, Dachflächenfenster und Fenstertüren müssen den Postulaten der EnEV entsprechen[96] und winddicht ausgebildet sein. Aber gerade weil die Fenster und Wandflächen so dicht abgeschlossen sein müssen und einen natürlichen Luftwechsel nicht zulassen, ist von Zeit zu Zeit ein Luftaustausch zwischen dem Dachraum und der Außenluft dringend erforderlich. Es muss gelüftet werden, um die verbrauchte Raumluft zu erneuern und um ihren Wasserdampfgehalt zu verringern.

Beim Wohnen unter dem Dach spielt vor allem im Sommer die Sonneneinstrahlung eine herausragende Rolle. Die Wirkung der von der Sonne ausgehenden Strahlungsenergie ist zunächst von der Neigung der Fläche zur Sonne bzw. vom Einfallswinkel der Strahlung abhängig. Deshalb wirkt die Sonneneinstrahlung im Winter zumeist angenehm wärmend, während sie im Sommer als belästigend heiß empfunden wird. Beim steil geneigten Dach heizt zumindest stundenweise die Sonnenstrahlung im Sommer den Dachraum unangenehm auf. Solange es noch nicht ausgebaut ist, schützt das nicht ausgebaute Steildach eines

---

[95] Institut für Bauforschung e.V. – ifB, Energiepotentiale im Baubestand, eine energetische Bestandsaufnahme an Praxisbeispielen, S. 4. Referat gehalten anlässlich des 14. BAKA-Kongresses in Nürnberg: Energie & Altbau 2000.

[96] EnEV § 5 Dichtheit, Mindestluftwechsel – Anhang 4 *Anforderungen an die Dichtheit und den Mindestluftwechsel*, Tabelle 1. *Klassen der Fugendurchlässigkeit nach DIN EN 12 207-1.*

Gebäudes die darunter liegenden Wohngeschosse ganz natürlich vor unerwünschter Sonnenstrahlung.

Um eine Belästigung bzw. eine Beeinträchtigung des Befindens der Bewohner im ausgebauten Dach durch Sonneneinstrahlung zu verhindern, kann man sowohl die stehenden als auch die liegenden Dachfenster mit Hilfe einer Abschirmung z. B. zwischen den Scheiben liegende Gewebe oder Folien, innen oder außen liegende Jalousien, Rolläden, Fensterläden, Vordächer oder Markisen, gegen unerwünschte Strahlung schützen. Dadurch schaltet man die mit der Sonnenstrahlung verbundene Aufheizung und Blendung innerhalb des Gebäudes aus. Trotz einer ausreichenden Hinterlüftung unter der gewählten Abschirmung ist der ausgebaute Dachraum unter dem Steildach oft recht schutzlos der Aufheizung durch Sonnenstrahlung ausgesetzt. Durch helle Deckmaterialien auf dem Dach und durch reflektierende Beschichtungen z. B. Jalousien mit einer außenseitigen Alufolien-Beschichtung, kann man darüber hinaus einiges zur Verbesserung der Situation beitragen.

Dachterrassen sind der Sonneneinstrahlung besonders stark ausgesetzt. Also muss man für sie Markisen oder andere Sonnenschutzeinrichtungen vorsehen. Einen nachträglichen Schutz gegen Sonneneinstrahlung gewähren Schatten spendende Bäume. Wenn sie bereits vorhanden sind, sollte man sie trotz ihres im Herbst herunterfallenden und deshalb oftmals lästigen Laubs gut pflegen. Wenn aber keine Schattenspender vorhanden sind, kann man prüfen, ob sich nicht geeignete Standorte zur Anpflanzung solcher Bäume finden lassen.

Abb. 103:
Einfamilienhaus unter schattenspendenden Bäumen.

Die Anforderungen an den sommerlichen Wärmeschutz regelt ebenfalls die DIN 4108-2 Abschnitt 5.1. Sie empfiehlt in ihrer Tabelle 3 einen Gesamtenergie-durchlassgrad g_F von 0,17 bei einer leichten Bauart der Innenbauteile und einer vorhandenen natürlichen Lüftungsmöglichkeit, wie man sie gewöhnlich im aus-gebauten Dachgeschoss vorfindet, nicht zu überschreiten. Der vorhandene Energiedurchlassgrad einer Dachfläche muss dem von der DIN 4108 vorgegebe-nen entsprechen. Die Größe und die Energiedurchlässigkeit der Fensterflächen stellen jedenfalls den wichtigsten Parameter für einen guten sommerlichen Wärmeschutz dar.

5.3 Die Energieeinsparverordnung EnEV

Vor 1982 regelte weitgehend die DIN 4108 den Wärmeschutz im Hochbau, am 24. Februar 1982 trat eine verbesserte Wärmeschutzverordnung WschVO und am 1. Januar 1995 wiederum eine strengere Wärmeschutzverordnung, die WschV 95, in Kraft. Mit ihr gab man dem Energieeinsparungsgedanken seine schrittweise, sukzessive immer mehr verschärfte, gesetzliche Form. Es sollte der Einstieg in eine neue Bauweise erreicht werden, die sehr viel weniger Ener-gie als zuvor bei der Beheizung von Wohnhäusern verbrauchte. Man kreierte das *Niedrigenergiehaus*. Doch bald stellte sich heraus, dass die Wärmeschutz-verordnung beim Wohnen noch immer zu viel Energieverbrauch erlaubte. Um die Anforderungen im Neubaubereich um 30% zu verschärfen, Transparenz beim Energieverbrauch durch die Einführung von Energiepässen zu schaffen und auch im Gebäudebestand stärkere Impulse zur Einsparung von Energie zu geben, setzte die Bundesregierung die Energieeinsparverordnung EnEV vom 16. November 2001 am 1. Februar 2002 in Kraft. Sie gilt zwar seitdem, es wird jedoch wahrscheinlich abermals nicht dabei bleiben.

Zentraler Ansatzpunkt für die weitere Absenkung des Heizenergiebedarfs ist das Zusammenwirken von Gebäude und seiner Heiztechnik, denn die Verluste, die bei der Umwandlung des Energieträgers, z. B. Öl, Gas oder Strom, in Wärme entstehen, machen durchschnittlich etwa 20–30% der Gesamtverluste in der Energiebilanz eines Wohnhauses aus. Die EnEV bezieht sich deshalb in Abhän-gigkeit vom Verhältnis zwischen wärmeübertragender Umfassungsfläche A zum beheizten Volumen des Gebäudes V_e nicht mehr auf **Heizwärme**, sondern auf **Heizenergie**. Die EnEV gibt Rechenverfahren zur Ermittlung des Jahres-Pri-märenergiebedarfs an.[97]

Die Beziehung der Anforderungen auf den tatsächlichen Energieverbrauch er-laubt diesen rechnerisch zu überprüfen und Verbrauchswerte real miteinander

---

[97] EnEV Anhang 1, Absatz 2 und 3

zu vergleichen. Natürlich handelt es sich bei den rechnerisch ermittelten Verbrauchswerten um rein theoretische Werte unter genormten Randbedingungen, ähnlich der Herstellerangabe für den Benzinverbrauch bei Kraftfahrzeugen. Der tatsächliche Verbrauch kann erheblich davon abweichen, denn er hängt sowohl von den baulichen und anlagetechnischen Gegebenheiten als auch von den klimatischen Randbedingungen und dem Nutzerverhalten ab.

Die EnEV stützt sich vor allem auf zwei Grundpfeiler: zum einen auf den baulichen Wärmeschutz gemäß der europäischen Norm DIN EN 832 – *Wärmetechnisches Verhalten von Gebäuden*, zum anderen auf wesentlich verbesserte Heizungsanlagen. Auf der Abstimmung beider Seiten beruht das Energie-Bilanzierungsverfahren, das beim Neubau bereits in der Planung angewendet werden muss.

Mit ihren Vorgaben und Anforderungen hat die EnEV selbstverständlich auch umfassende Auswirkungen auf den Gebäudebestand natürlich auch beim nachträglichen Dachgeschossausbau. Wird ein Bauteil eines Gebäudes, z.B. die Dachdeckung, gegen ein neues ausgetauscht oder verändert,[98] so greifen die Bauteilanforderungen der EnEV. Da die bestehenden Bauteilschichten auf die neuen Anforderungen angerechnet werden können, sind die wärmedämmenden Maßnahmen im wirtschaftlichen Sinne für gewöhnlich durchaus zumutbar und können kaum wegen Unwirtschaftlichkeit abgelehnt werden. Die Wärmedurchgangskoeffizienten müssen allerdings nach europäischen Normen berechnet werden und fallen damit in einigen Fällen ungünstiger aus, als das die bisherigen DIN-Normen vorgaben.

Beim Bauteil Dach bzw. Dachschrägen betrug nach WschV 95 der vorgeschriebene k-Wert 0,30 W/m² · K, nach EnEV beträgt der anstelle des k-Wertes gerückte *U-value* ebenfalls 0,30 W/m² · K. Anders liegen die Werte beim Fenster: sowohl das liegende Dachflächenfenster als auch das stehende Gaubenfenster mussten bisher nach WschV 95 einen maximalen Wärmedurchgangskoeffizienten k = 1,8 W/m² · K besitzen, während sie nach EnEV einen Wert für U = 1,7 W/m² · K nachweisen müssen. Dabei ist berücksichtigt, dass die heutigen, mit einer Mehrscheiben-Isolierverglasung ausgestatteten Fenster, Fenstertüren sowie Dachflächenfenster einen Wärmedurchgangskoeffizienten von 1,1 bis 1,3 W/m² · K erreichen und die Wärmedurchgangskoeffizienten der Fenster im Zusammenwirken von Rahmen und Verglasung nach der europäischen DIN EN 10 077-1 zu ermitteln sind. Damit ist die Wärmebrücke im Glas-Rand-Verbund miteinbezogen, was den etwas niedrigeren U-Wert erklärt.

---

[98] EnEV § 8 befasst sich mit den Änderungen an Gebäuden und den möglichen Ausnahmen.

Die EnEV kennt beim Ersatz oder bei der Erneuerung von Bauteilen maximale U-Werte. Bei der Dacherneuerung, also wenn Dachhaut, Bekleidungen, Verschalungen oder Dämmschichten neu eingebaut oder ausgetauscht werden, gilt bei Gebäuden mit normalen Innentemperaturen U_{max} = 0,25 bzw. 0,30 W/m² · K, bei Gebäuden mit niedrigen Innentemperaturen U_{max} = 0,40 W/m² · K.[99] Ähnlich hohe Anforderungen gelten auch für die Dachfenster.

Die EnEV hat den Energiebedarfsausweis[100] entwickelt, weil ihre Anforderungen alle wesentlichen Energiebedarfsanteile eines Gebäudes erfassen. Dieser Ausweis ist auch für Nichtfachleute lesbar ausgestattet. Bei Umbauten im Bestand bleibt er eine freiwillige Option, die man allerdings nur bedingt empfehlen kann, weil mit ihr auch ein hohes Maß an Bürokratie auf die Hausbesitzer zukommt.

5.4 Schall

Das ausgebaute Dachgeschoss ist in besonderem Maße der Belästigung durch Lärm ausgesetzt. Ständig zunehmender Luft- und Straßenverkehr sorgen für Lärm von außen, Musik aus dem Radio oder von eigenhändig gespielten Instrumenten, Fernsehübertragungen und nicht zuletzt Heimhandwerkerlärm führen oft zu unerträglicher Lärmbelästigung der Nachbarn. Aber auch Schallübertragung durch ungedämmte Wasser- oder Heizungsleitungen, durch unsachgemäßen Einbau von Lüftungs- und Heizanlagen im Spitzboden und durch Trittschallübertragung auf schlecht gedämmten Holzbalkendecken und Treppen führen zu Belästigungen, die auf Dauer durchaus Gesundheitsschäden hervorrufen können. Kurzum – die Schallübertragung aus der Umgebung belästigt mit ihrem Lärm häufig Menschen in unzumutbarer Weise. Aus diesem Grund legt die DIN 4109 – *Schallschutz im Hochbau* – Mindestwerte der Schalldämmung von Bauteilen und andererseits Höchstwerte des Schallpegels von Lärmquellen in Gebäuden fest.[101] Bei der Planung von Ausbau-Maßnahmen müssen auch die direkten und indirekten Ausbreitungswege des Schalls beachtet werden, um die Forderungen an den Schallschutz in Gebäuden zu erfüllen.

Bei den geneigten Dächern handelt es sich in akustischer Hinsicht um eine zweischalige Leichtkonstruktion, wobei die äußere Schale die Dachdeckung und die innere Schale die Verkleidung des Raumuinneren darstellt. Bei solchen Konstruktionen hängt die Schalldämmung vor allem von der Fugendichtigkeit der Konstruktion, dem Flächengewicht, dem Schallabsorptionsvermögen und der Dicke der Wärmedämmschicht ab.

---

[99] EnEV Anhang 3 Abs. 4 in Verbindung mit Tabelle 1 Abs. 4.
[100] EnEV § 13 Ausweise über Energie- und Wärmebedarf, Energieverbrauchskennwerte.
[101] DIN 4109 mit allen Teilen im Anhang: Normen und Regelwerke.

5.4.1 Schalltechnische Kennwerte

Als **Schall** bezeichnet man mechanische Schwingungen und Wellen eines elastischen Mediums, insbesondere im Bereich des menschlichen Hörens von etwa 16 Hertz bis 16 000 Hertz. Hertz ist die Einheit der **Frequenz** 1/s: Eine Schwingung pro Sekunde = 1 Hertz (Hz). In der Bauakustik befasst man sich vorwiegend mit den Frequenzen von 100 Hz bis 3150 Hz. Je nachdem, ob sich der Schall in der Luft oder in einem festen Körper ausbreitet, spricht man von **Luft- oder Körperschall**. Eine besondere Form des Körperschalls ist der **Trittschall**, der durch das Begehen einer Decke entsteht und durch Weitergabe in den Bauteilen in den darunter liegenden Räumen gehört werden kann.

Als **Geräusch** bezeichnet man ein Schallereignis, das aus vielen Teiltönen zusammengesetzt ist. Die Stärke des Schalls findet ihren Ausdruck im **Schalldruck** p, der durch die Schallwellen in der Luft erzeugt wird und der den atmosphärischen Druck der Luft überlagert. Die Einheit des Schalldruckes ist 1 N/m² = 1 Pa. Der Empfindungsbereich des Ohres erfasst Schalldrücke zwischen $2 \cdot 10^{-5}$ Pa, das entspricht der **Hörschwelle** bei einer Frequenz von 1000 Hz, und 20 Pa, das entspricht der **Schmerzschwelle** bei derselben Frequenz. Für die praktische Bewertung von Schallvorgängen wurde der **Schallpegel** L definiert. Es handelt sich dabei um einen logarithmisch bestimmten Wert. Der **Schalldruckpegel** und alle Schallpegeldifferenzen werden in **Dezibel** dB angegeben. Dezibel ist also eine Kennzeichnung von logarithmierten Verhältnisgrößen und darf daher nicht einfach addiert werden.

Das menschliche Ohr ist nicht über den gesamten Hörbereich gleich empfindlich. Bei mittleren Frequenzen ist es viel sensitiver als bei tiefen Frequenzen. Daher wurde neben dem physikalischen Maß des Schallpegels ein weiteres Maß eingeführt, dem die Empfindung des menschlichen Ohres auf Schalleinwirkung zugrunde liegt: die **Lautstärke** oder der **Lautstärkepegel**. Seine Einheit ist das **Phon**. Die Lautstärke in Phon wird dadurch definiert, dass sie zahlenmäßig gleich dem Schallpegel in dB eines gleich lauten Tones der Frequenz 1000 Hz ist.

Aus all diesen physikalischen Kenndaten wird ersichtlich, dass die Lautstärke eines Geräusches recht komplex und mit aufwendigen Geräten zu messen ist. Solche Messungen nehmen eigens dafür ausgerüstete Bauakustikbüros vor. Sie messen als annähernd gehörrichtige Angabe der Stärke eines Geräusches den A-bewerteten Schallpegel L_A in dB(A). Beispiele für den A-Schallpegel verschiedener Geräusche lassen die Größenordnung erkennen, in der dieser sich bewegt.[102]

---

[102] WENDEHORST 1996, S.185.

Lärmquelle	Schallpegel L_A
Fabriksaal einer Spinnerei	90 bis 100 dB (A)
Verkehrslärm einer Hauptverkehrsstraße	75 bis 80 dB (A)
Laute Sprache	70 bis 75 dB (A)
Ruhiger Raum, tagsüber	25 bis 30 dB (A)
Ruhiger Raum, nachts (abseits vom Verkehr)	10 bis 20 dB (A)

Tabelle 3:
A-Schallpegel verschiedener Geräusche

Nimmt der Schallpegel eines Geräusches um 10 dB (A) zu, so wird dies normalerweise als eine Verdoppelung der Lautstärke empfunden. Nur bei leiseren Geräuschen genügen wesentlich geringere Zunahmen des Schallpegels, um dieselbe Empfindung hervorzurufen.

Beim Dachgeschossausbau muss selbstverständlich der Nachweis des Schallschutzes gemäß DIN 4109 – *Schallschutz im Hochbau* – erbracht werden.

5.4.2   Schallfortpflanzung – Ausbreitungswege des Schalls

Zunächst wird Schall direkt zwischen zwei Räumen über deren Trennwände bzw. -decken übertragen. Die Schallquelle bringt die sie umgebende Luft zum Schwingen, der Schall pflanzt sich als Luftschall fort, bis er an ein den Raum begrenzendes Element, also an eine Wand oder Decke, gelangt. Der Luftschall regt nun die flankierenden Elemente des die Schallquelle umgebenden Raumes an, versetzt sie in Schwingungen, es entsteht Körperschall bzw. Trittschall. Die

Abb. 104:
Unter dem Laminat wird ein Vlies als Trittschalldämmung auf Spanplatten verlegt. Dies kann allerdings nur als zusätzliche Schalldämm-Maßnahme wirken.

schwingenden Wände und Decken übertragen ihre Schallenergie auf die Luft der anschließenden Räume, es entsteht Luftschall im Nachbarraum. Bei diesen direkten Umwandlungen von Luft- in Körper- bzw. Trittschall und wieder zurück verliert der Schall an Energie, der Schall wird gedämmt. Die Anforderungen an die Luft- und Trittschalldämmung von Decken und Wänden regelt die DIN 4109 in tabellarischen Übersichten.

Schall wird zwischen zwei Räumen nicht nur über die Trennwände bzw. Trenndecken übertragen, sondern auch über Nebenwege wie über die flankierenden Decken und Wände durch so genannte *Flankenübertragung* oder Schall-Längsleitung. Der Schall erreicht dabei nicht allein den benachbarten Raum, sondern auch weiter entfernte Räume. Dazu kommt die Schallübertragung über Schächte, Kanäle und Installationsleitungen. Sieht man einmal von Lüftungsschächten bis über Dach ab, erfolgt die Nebenwegübertragung hauptsächlich durch Ausbreitung von Körperschall, der durch Luftschall aus einem lauten Raum angeregt wird und in einem ruhigen Raum entlang solcher Leitungen sich wieder als Luftschall ausbreitet. Dabei gilt: Je geringer die unmittelbare Schallübertragung durch den trennenden Bauteil ist, desto mehr fällt die Flanken- bzw. Nebenwegübertragung ins Gewicht. Die Nebenwegübertragung wird durch die Masse, die Biegesteifigkeit und die innere Dämpfung der angrenzenden Bauteile, aber auch durch die Ausbildung der Stoßstellen zwischen den Trennwänden und den angrenzenden Bauteilen beeinflusst. Die Flankenübertragung ist umso größer, je leichter die angrenzenden Bauteile sind. Diese Tatsache wird gerade im Dachgeschossausbau mit seinen leichten Trennwänden oft übersehen.

Die Nebenwegübertragung von Luftschall gestaltet sich bei leichten Trennwänden baukonstruktiv einigermaßen schwierig und muss sehr gründlich durchdacht werden, zumal beim Einsatz von Metallständerwänden, die mit Trockenbauplatten beplankt werden.

Folgende Konstruktionsregeln zur Schalldämmung solcher Wände sollten unbedingt beachtet werden: Die Wandschalen sollten aus möglichst dünnen, schweren, biegeweichen Platten, z. B. Trockenbauplatten aus Gips, mit möglichst großem Schalenabstand bestehen. Das Ständerwerk darf möglichst überhaupt keine Schallbrücken aufweisen. Auf richtige Befestigung der Trockenbauplatten gemäß Hersteller-Richtlinien ist zu achten. Hohlräume in den Wänden müssen mit einem schallschluckenden Dämmstoff ausgefüllt werden. Undichtigkeiten an Wand- und Deckenanschlüssen sind strikt zu vermeiden. Schließlich sollen schalldämmende Wände niemals auf durchgehendem, schwimmendem Estrich aufsitzen und an leichte Wandschalen anschließen.

Bei Trittschall, der beim älteren Dachgeschoss sich zumeist nur über eine Holzbalkendecke ausbreiten kann, ist die Nebenwegübertragung auch nicht einfacher zu lösen. Holzbalkendecken sind nämlich keine homogenen Bauteile, sondern bestehen, wie oben bereits ausgeführt, aus einer Vielzahl von Elementen wie Holzbalken, Lehmwickel oder Fehlböden, Schüttungen und anderem. Ein hoher Trittschallschutz ist dennoch zu erreichen, indem man die Decke aus zwei entkoppelten Schalen aufbaut. Das kann zum einen ein schwimmender, also schallentkoppelter Gehbelag auf der Deckenkonstruktion, zum anderen eine Deckenkonstruktion mit einem kraftschlüssig aufgebrachten Gehbelag und einer darunter hängenden, schallentkoppelten Unterdecke (siehe Kapitel 11) sein. Die beste Schalldämmung erreicht der Architekt durch den Einsatz von Bauteilen mit einem hohen Flächengewicht. Deshalb kann auch bei Holzbalkendecken der Einsatz von Sand- oder Betonfüllungen mit leichten Zuschlagstoffen, von aufgelegten Beton- oder Ziegelfertigteilen und von Zementestrichen sinnvoll sein. Allerdings darf die Tragkraft solcher Decken nicht überfordert werden. Bei Stahlbetondecken lässt sich das Trittschallproblem relativ leicht über schwimmende Estriche lösen.

Selbstverständlich muss man beim Dachgeschossausbau auch an schallgedämmte Fenster, Türen und Rohrleitungen denken. Dazu kommt die Dämmung des Außenlärms durch das Dach. Beim Dach ist fast immer eine mehrschalige leichte Konstruktion gegeben, für die in der DIN 4109 verschiedene Regelaufbauten zu finden sind. Sie lassen Schalldämmwerte bis 50 dB zu.

Abb. 105:
Unterdecke mit Hohlraumdämpfung.

Auch beim Dach gilt, dass das Flächengewicht durch nichts zu ersetzen ist. In Gebieten mit starkem Außenlärm empfiehlt sich daher die Wahl einer schweren Dachdeckung oder besser sogar eine tragende Dachkonstruktion aus geneigten Stahlbetondecken, so genannte *Sargdeckel*. Schwachstellen in solchen Konstruktionen bleiben allerdings immer die Fenster und andere Durchbrüche, die eine intensive Detailplanung voraussetzen.

5.5 Brandschutz

Beim Dachgeschossausbau spielt der Brandschutz eine besonders wichtige Rolle. Dies wurde bereits in der Antike erkannt und schon im kaiserzeitlichen Rom wurden wegen der vielen Stadtbrände Brandmauern den Bauherren zur Pflicht gemacht. Im Mittelalter, als man hauptsächlich mit Holz und Stroh baute, war

Abb. 106:
Königsberg/Ufr.
Enge Wassergasse
zwischen zwei
Häusern.

die Feuergefahr besonders groß. Häufig brannte es in den Dörfern und Städten und bei der damals kaum nennenswerten Löschtechnik – man konnte nur Eimer zum Löschen bereitstellen und damit Wasser in den dafür vorgesehenen *Wassergassen* zum Brandherd bringen – vernichtete das Feuer ganze Stadtquartiere.

Um sich vor solchen Katastrophen zu schützen, erließen sowohl die Fürsten für ihre Residenzen und Landstädte, als auch die freien Reichsstädte Bauvorschriften, die ganz besonders dem Brandschutz dienten. Brunnen wurden in der Stadt angelegt, Abwassergräben und Stadtbäche durch Rückstaueinrichtungen an der Brandstelle aufgestaut, Löschgassen zwischen Häusern mussten eingehalten und Löscheimer vorrätig gehalten werden. Bald kam auch die Brandmauer wieder auf. Außerdem verbot man die weichen Bedachungen wie Stroh und schrieb Dachziegel oder Schiefer als harte Bedachung vor. Auch Flucht- und Rettungs-

Abb. 107:
Wismar, Wasserkunst. Aus solchen Brunnen inmitten der Altstadt wurde auch das Löschwasser geschöpft.

Abb. 108:
Lübeck, Gangbu-
den. Die engen Gas-
sen der Altstadt
sorgten für eine
schnelle Brandaus-
breitung.

wege wurden in den Bauordnungen festgeschrieben. Die ersten, auf Wagen montierten Feuerspritzen sorgten für schnelleres Löschen.

Die heutigen Landesbauordnungen räumen dem Brandschutz hohe Priorität ein. Sie klassifizieren zunächst die Gebäude und führen dann für jede Klassifikation gesonderte Brandschutzanforderungen auf. Zum Schutz vor Feuer schreiben sie bei höheren Häusern z. B. die Anlage von Brandmauern, Fluchtwegen, Fluchttreppen und von Wärme- und Rauchabzugs-Einrichtungen vor. Längere Gebäude werden in Brandabschnitte eingeteilt. Sie verpflichten den Bauherrn, nur mit Baustoffen, die ein bestimmtes Brandverhalten aufweisen, zu bauen. Sie fordern von Bauteilen eine geprüfte Feuerwiderstandsdauer, und von Türen und Toren eine festgelegte Dichtheit.

Feuerwehrzufahrtswege werden ausgewiesen und müssen unbedingt frei gehalten werden. Nicht zuletzt die vorgeschriebenen Abstandsflächen vor einem Gebäude dienen auch dem Brandschutz. Bei Baudenkmälern können solche Feuerschutzanforderungen den Postulaten des Denkmalschutzes total widersprechen, es kann zum Konflikt zwischen den beiden Vorschriften kommen (siehe Kapitel 6.4).

Zunächst gilt es, sich mit der **Brandlast** im Dachgeschoss auseinander zu setzen. Unter ihr versteht man die Summe aller brennbaren Baustoffe und anderer Stoffe im Inneren eines Gebäudes. Aufenthaltsräume im Dachgeschoss enthalten stets eine Brandlast, Rettungswege, wie z. B. Treppenräume, dürfen selbstverständlich keine Brandlast enthalten. In der Regel kann die Brandlast der Räume nicht verändert werden, weil sie sich aus deren Nutzung ergibt. Für den

140

vorbeugenden Brandschutz ist es daher erforderlich, die Art der verwendeten Baustoffe im Vorhinein festzulegen.

Die Klassifizierung des Brandverhaltens der Baustoffe erfolgt in Klassen. Nicht brennbare Baustoffe A1 (A bedeutet nicht brennbar, 1 bedeutet ohne besonderen Nachweis) – und A2 (Baustoffe mit geringen organischen Bestandteilen, die eine Prüfung gemäß DIN 4102 bestanden haben) – besitzen entweder gar keine oder so gut wie keine organische Bestandteile, z. B. Kohlenwasserstoffe, die entzündet werden können und das Brandgeschehen fördern. Solche Baustoffe sind beispielsweise Kies, Sand, Zement, Beton. Baustoffe, die ganz oder überwiegend aus organischen Stoffen bestehen, können sich bis zu einer Zündtemperatur erwärmen und verbinden sich dann unter Glut- und Flammenbildung mit dem Sauerstoff der Luft. Sie verbrennen also. Sie gehören zur Baustoffklasse B und werden nach DIN 4102 eingeteilt in: schwer entflammbare B1, normal entflammbare B2 und leicht entflammbare Baustoffe B3.

Die Bauteile werden nach ihrer **Feuerwiderstandsdauer** gekennzeichnet. Sie werden einer in der DIN 4102 festgelegten Prüfung unterzogen und als Feuer hemmend F 30 bis feuerbeständig F 90 und F 120 bezeichnet, Feuerschutztüren als T 30 bis T 90. Solche Türen müssen auf jeden Fall selbstschließend eingerichtet sein. Aus Bequemlichkeit werden sie oft durch einen Keil am Zufallen gehindert. Dieser brandgefährliche Keil wird je nach Feuerwiderstandklasse der Tür von Lästerzungen als *K 30 bis K 90* bezeichnet.

Die europaweit verbindliche Brandschutznormung wird bereits sehr bald die gewohnten deutschen Kürzel und Bezeichnungen, die hier noch benutzt werden, ablösen und die Kennzeichnung gemäß der einzelnen Kriterien aufgliedern. So wird z. B. ein selbstschließender Feuerschutzabschluss, also eine Feuerschutztüre T 30, gemäß prEN 14 600 bzw. E DIN EN 13 501-2 die Europäische Klassifizierung $EI_2$30-C5 erhalten. Dabei steht E für Etanchélté = Raumabschluss, I_2 für Isolation = Wärmedämmung unter Brandeinwirkung, 30 für die Feuerwiderstandsdauer in Minuten, C für Closing = selbstschließende Eigenschaft.

Weitere Bezeichnungen klassifizieren Sonderbauteile. Das Dach im ausgebauten Dachgeschoss wird in der Regel nicht wie eine Decke zwischen Geschossen, sondern eben wie ein Dach behandelt. Es muss daher zumeist keine besonderen Anforderungen im Brandfalle erfüllen, es sei denn, es tritt eine besondere bauliche Situation auf. Das trifft zu für Dächer, die an höhere Anbauten mit höher gelegenen Fenstern anschließen, für Dächer auf aneinander gebauten, giebelständigen Häusern, deren Giebel zur Straße weist, für Dächer, deren Anordnung eine Brandübertragung befürchten lassen und schließlich wenn zu erwarten steht, dass das Einstürzen der Dachkonstruktion im Brandfalle die Rettungswege verschließt oder die Löschmaßnahmen behindert. Zumeist müssen in solchen Fällen die Dächer mindestens eine Feuerwiderstandsdauer F 30, wenn es sich aber

Abb. 109:
Feuerhemmende
Türe T 30.

Abb. 110:
Bamberg, Domini-
kanerkirche.
Verkleidung des
Dachgebälks mit
feuerbeständigen
Gipsplatten.

um eine Stahl-Holz-Mischkonstruktion handelt, sogar F 90 erfüllen.[103] Auch bei belüfteten Dächern kann Feuer auf die Rettungswege übergreifen. Außerdem fordern die Landesbauordnungen in bestimmten Fällen Fluchtöffnungen in ausgebauten Dachgeschossen mit einer festgelegten Größe, die insbesondere den Zutritt des Feuerwehrmanns ermöglichen sollen (siehe Kapitel 6.3).

Bei Dächern muss man zwischen dem Brandverhalten der Bedachung und der Feuerwiderstandsfähigkeit der Dachkonstruktion im Verbund mit den sie unterstützenden Bauteilen differenzieren. Bedachung im Sinne der DIN 4102-7 meint eine regensichere Dachhaut mit all ihren Dämmschichten und Unterkonstruktionen, auf die von außen ein Brand einwirkt und die sich dabei als widerstandsfähig gegen Flugfeuer und strahlende Wärme erweist. Sie darf dann als *harte Bedachung* bezeichnet werden. Die harte Bedachung soll den Brandüberschlag von einem Haus auf das benachbarte durch Funkenflug und strahlende Hitze verhindern. Dazu dienen auch die Brandwände. Der Brand soll ebenfalls nicht durch die Dachhaut in das Gebäudeinnere dringen können. Als harte Bedachung gelten (siehe Kapitel 3): Dachziegel, Betondachsteine, Schieferplatten, aber auch beschieferte Bitumenschindeln oder Dachbahnen mit entsprechender Zulassung und schließlich auch bekieste Flachdächer. Weiche Bedachungen wie Stroh-, Reet- und Holzschindeldeckungen auf Gebäuden geringer Höhe sind nur ausnahmsweise zulässig, z.B. wenn es sich um Baudenkmäler handelt, erfordern aber vor allem weite Gebäudeabstände.

Klassifizierung von Bauteilen aus Holz im Brandfalle gemäß DIN 4102-4. Der geforderte Brandschutz kann danach auf dreierlei Weise erreicht werden:

- ☐ durch Bekleidung des Holzes mit Gipskarton-, Span- oder Brandschutzplatten. Die Bekleidung verändert das Volumen des Holzbalkens und sorgt für ein unförmiges Aussehen, eine aus gestalterischen Gründen beim Dachgeschossausbau zumeist abzulehnende Lösung.
- ☐ durch eine großzügige Bemessung des Holzquerschnitts. Dies lässt sich allerdings nur beim Neubau einplanen. Aber Vorsicht: Schwindrisse in Pfetten, Balken und Stützen erweisen sich als nachteilig im Brandverhalten. Die Übergröße der Hölzer wirkt sich außerdem steigernd auf die Baukosten aus.
- ☐ durch chemischen Feuerschutz. Wenn die im Dachstuhl vorhandenen Holzbalken nicht den geforderten Brandschutz bringen, können sie mit chemischen Brandschutzmitteln imprägniert werden. Es gibt dafür Anstriche, die im Brandfalle eine Schaumschicht bilden, und salzhaltige Imprägnierungen.

---

[103] Die einzelnen Landesbauordnungen schreiben genau vor, in welchen Fällen diese Feuerwiderstandsklassen gelten.

Einen festen Wert für die Entzündungstemperatur von Holz gibt es nicht.[104] Je nach Trockenheit und Dauer der Erwärmung ist Holz bei einer Hitze von ≈ 225 °C entzündbar, ab 330 °C kann es sich sogar selbst entzünden.[105] Beim Brennen entsteht eine Schicht Holzkohle an der Oberfläche, die zunächst einen schnellen Fortschritt des Brandes behindert, aber bei längerer Branddauer unwirksam wird. Stärkere Holzquerschnitte widerstehen dem Feuer also wesentlich besser als schwache. Außerdem kann der löschende Feuerwehrmann das Bandverhalten eines Holzbalkens besser beurteilen. Zudem verbiegen sich Hölzer im Gegensatz zum Stahl im Brandfalle nicht.

Feuer hemmende Verkleidungen werden heute zumeist aus Trockenbauplatten aus Gips hergestellt. Mit ihnen kann man jede Feuerwiderstandsdauer erfüllen. Beim Dachgeschossausbau sollte man unbedingt darauf achten, dass tragende Holzbauteile wie schräg gestellte Stützen in Dachbindern oder Pfetten sichtbar bleiben, so dass man sie im Brandfalle anhand ihrer Holzkohlenbildung beurteilen kann.

Besonders problematisch ist das Brandverhalten von Holzverbindungen. Die seit Anfang/Mitte des 16. Jahrhunderts obligatorische, kraftschlüssige Verbindung zwischen zwei Hölzern, bestehend aus einem Zapfen, der in einen Schlitz des anderen Holzes eingeführt und durch einen Holznagel gehalten wird, bedeutet zugleich eine Schwächung des Querschnittes und damit eine Verschlechterung des Brandverhaltens. Bei einer Feuerwiderstandsforderung an die Holzverbindungen im Dachholz muss man zu klassifizierten Holzverbindungen F 30-B greifen.[106] Dies trifft insbesondere zu, wenn es sich um eine Fachwerkwand handelt, die einen nicht ausgebauten Bereich des Dachgeschosses abschließt.

Die Brandschutzanforderungen der Bayerischen Bauordnung BayBO an Aufenthaltsräume und Wohnungen im Dachraum sind in Art. 48 Abs. 1 Nr. 2 und 3 festgelegt. Die nachstehende Tabelle 4 zeigt eine systematische Zusammenschau der Brandschutzanforderungen beim Dachgeschossausbau von Wohnhäusern und anderen Gebäuden. In Gebäuden mit mehr als fünf Vollgeschossen sowie bei innen liegenden Treppenräumen ist an der obersten Stelle des Treppenraumes eine Rauchabzugsvorrichtung von wenigstens 5 % der Grundfläche, mindestens jedoch 1 m² anzubringen, die vom Erdgeschoss und vom obersten Treppenabsatz geöffnet werden kann.

---

[104] SCHOLZ/HIESE, S. 790.
[105] SCHMITT/HEENE, S. 102.
[106] SCHMITT/HEENE, S. 102

Gebäudetyp	Anforderungen an das EG	Anforderungen an ein oder mehrere OG	Anforderungen an das DG	Anforderungen an das gesamte Gebäude
Wohnhaus mit nicht mehr als zwei Wohnungen	keine	—.—	keine	Bei mehr als zwei Vollgeschossen darf kein ausbaufähiger Dachraum vorhanden, sein, andernfalls Feuer hemmend F 30 B
Wohnhaus mit mehr als zwei Wohnungen und drei Stockwerken	Feuer hemmend F 30 B	Wenn F 30 B gefordert, dann DG auch Feuer hemmend	Keine, wenn in den Obergeschossen keine	—.—
Wohnhaus mit drei Feuer hemmenden Stockwerken	Feuer hemmend F 30 B	Feuer hemmend F 30 B	Darf kein ausbaufähiges DG haben.	Wenn doch ein ausbaufähiges DG, dann Feuer hemmend
Wohnhaus mit drei feuerbeständigen Stockwerken	Feuerbeständig F 90	Feuerbeständig F 90	Feuer hemmend F 30 B	—.—
Andere Gebäude mit EG + DG	Feuer hemmend F 30 B	—.—	keine	—.—
Andere Gebäude mit EG + OG + DG	Feuer hemmend F 30 B	Feuer hemmend F 30 B	Feuer hemmend F 30 B, wenn es ein Vollgeschoss ist	Feuer hemmend F 30 B
Andere Gebäude mit EG + zwei OG und mehr + DG	Feuerbeständig F 90	Feuerbeständig F 90	Feuer hemmend F 30 B	—.—
Wohnungstrennwände in Gebäuden mit mehr als drei Vollgeschossen	Feuerbeständig F 90	Feuerbeständig F 90	Feuer hemmend F 30 B	—.—

Tabelle 4:
Brandschutzanforderungen beim Dachgeschossausbau nach BayBO

Beim Dachausbau, der nicht das gesamte Dachgeschoss umfasst, schreiben die meisten Länderbauordnungen Folgendes vor: *„Wände, Decken und Türen der Räume, ihre Zugänge und die zugehörigen Nebenräume, die gegen nicht ausgebauten Dachraum abschließen, müssen unabhängig von der Geschosszahl F 30 B erfüllen."*

5.6 Blitzschutz

Bauliche Anlagen sind nicht immer gegen Blitzeinschlag schutzbedürftig. Es kommen besonders solche Gebäude in Betracht,

- welche die Umgebung wesentlich überragen, wie Kirchtürme, Hochhäuser und hohe Schornsteine;
- die besonders brand- und explosionsgefährdet sind, wie Sägewerke, Mühlen, Lack- und Farbenfabriken, Lager von brennbaren Flüssigkeiten oder Gasbehälter;
- in denen wegen der Ansammlung von Menschen bei einem Blitzschlag mit einer Panik zu rechnen ist;
- die besonders brandgefährdet sind oder bei denen Kulturgüter geschützt werden sollen, wie einzeln stehende Gehöfte, Gebäude mit weicher Bedachung, Anlagen unter Denkmalschutz, Museen, Archive mit wertvollen Beständen.

146

Eine gute Blitzschutzanlage muss wie ein Faradayscher Käfig[107] wirken: Ein Netz aus verzinkten Rundstählen, zumeist mit einem Durchmesser von 8 mm, untereinander gut verbunden, muss einen ausreichenden Querschnitt für die Erdung besitzen. Kein Punkt der Dachfläche soll mehr als 10 m von einer Auffangleitung entfernt sein. Alle Metallteile eines Daches, wie z.B. Antennen, Schneefanggitter, Dachrinnen und Dunsthüte sollen an die Auffangleitung angeschlossen werden. Problematisch ist immer die Erdung. Da die Wasser-, Heiz- und elektrischen Leitungen im Gebäudeinneren ebenfalls der Erdung bedürfen, muss eine klare Trennung zwischen beiden Erdungen erfolgen, will man nicht gar die bei Blitzschlag freiwerdende Energie in das Haus hineinführen. Bei größeren Bauten sollte man einen Blitzschutzfachmann zuziehen.

---

[107] Im Deutschen Museum in München ist eine vorbildliche Blitzschutzanlage im Modell aufgebaut. Die eindrucksvollen Vorführungen demonstrieren die große Energie, die, wenn sie nicht durch die Drähte des Käfigs abgeleitet werden würde, ein Haus sofort in Flammen stehen ließe. Siehe DEUTSCHES MUSEUM, S. 88: Hochspannungsanlage, Gleitentladungen und Schutzwirkung eines Faradayschen Käfigs bei Wechselspannungen bis 300 000 Volt, u. a. Blitzeinschläge in Modellhäuser.

6 Baurechtliche Aspekte und denkmalpflegerische Postulate

Beim nachträglichen Dachgeschossausbau wird ein zuvor ungenutzter Dachraum zum Wohnraum umgenutzt. Dieser Vorgang wirft allerhand bau- bzw. bauordnungsrechtliche Fragen auf, die einer sorgfältig überlegten Antwort bedürfen. Oft ist es das in den Landesbauordnungen LBO festgelegte Baurecht, das mit seinen Postulaten einen Dachgeschossausbau zumindest im gewünschten Ausmaß verhindert. Deshalb ist es sinnvoll, einen Architekten nicht nur beim Neubau, sondern auch beim nachträglichen Dachgeschossausbau mit der Grundlagenermittlung, d. h. einer Standortanalyse, zu beauftragen. Seine Angaben sind auf jeden Fall verbindlich, denn der Architekt haftet dafür.

Nach den LBO können Dachgeschosse und Dachräume sowohl in zu errichtenden oder in bestehenden Gebäuden nachträglich für Wohnungen oder einzelne Aufenthaltsräume ausgebaut und genutzt werden. Das ist regelmäßig wirtschaftlich und schafft zusätzliche Wohnflächen. (BAYBO Art. 48 Rand-Nr. 1) Allerdings stellt das Baurecht an den Einbau von Aufenthaltsräumen und Wohnungen im Dachraum bestimmte, vor allem im Gesundheits- und im Brandschutz begründete, öffentlich-rechtliche Anforderungen. Daher unterwirft z. B. die BayBO in ihrem Artikel 48 den Dachgeschossausbau einer Reihe von Beschränkungen, die diese Postulate berücksichtigen.

Zusätzliche Anforderungen an den Einbau und die Nutzung von Aufenthaltsräumen und Wohnungen im Dachraum enthalten auch das **Bauplanungsrecht**, das insbesondere das höchstzulässige Maß der baulichen Nutzung, z. B. die Zahl der Vollgeschosse, die Geschossfläche oder die Geschossflächenzahl, weitere **bauaufsichtsrechtliche Vorschriften**, z. B. über die Baugestaltung, die Belichtung, über Abstell- und Trockenräume, und schließlich das Denkmalschutzrecht umfassen.

6.1 Bauplanungs- und bauordnungsrechtliche Vorgaben

Das Bauplanungs- und Bauordnungsrecht regelt den Ausbau und die Nutzung des Dachraums für Aufenthaltszwecke zum einen in den LBO, im Baugesetzbuch (BauGB §§ 29 ff.) und in der Baunutzungs-Verordnung (BauNVO §§ 16 ff.). Die vorgeschriebenen Regeln betreffen Festsetzungen im Bebauungsplan über die zulässige Zahl der Vollgeschosse, die Geschossflächenzahl, Größe der Geschossfläche, Dachformen, Dachneigungen, Kniestöcke oder Drempel und schließlich zulässige Dachgauben. Außerdem gibt es rechtliche Bindungen aus der Umgebungsbebauung, das so genannte Einfügungsgebot, und die Beachtung gesunder Wohn- und Arbeitsverhältnisse (BauGB § 34).

6.1.1 Lageplan

Als Erstes sollte der Hausbesitzer, der sein Dachgeschoss ausbauen will, sich einen Lageplan des Grundstücks besorgen, auf dem das Gebäude steht, dessen Dach ausgebaut werden soll. Das muss zumindest ein Auszug aus dem Kataster, also ein Lageplan im Maßstab M 1:1000, wenn nicht ein amtlicher Lageplan M 1:500 sein, in dem das vorhandene Grundstück und das Gebäude eingezeichnet sind. Dort können seine genauen Maße herausgemessen werden, d. h. die Seitenlängen, Winkelgrößen, Flächengrößen, die jeweiligen benachbarten Grundstücke, der Verlauf einer Starkstromleitung, etc. Außerdem finden sich im Katasterplan auch die Straßen, Gehsteige, Überfahrtswege und Nebengebäude aller Art, dazu Bäume und Grünanlagen, außerdem die Flurnummern und die Straßenbezeichnung samt Hausnummern. Im amtlichen Lageplan sind überdies die Eigentümer der Nachbargrundstücke mit ihren Adressen angegeben.

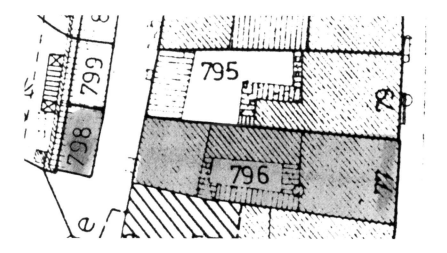

Abb. 112: Erlangen. Lageplan, Hauptstraße.

6.1.2 Bebauungsplan

Der nächste Blick muss in den Bebauungsplan, sofern einer vorhanden ist, geworfen werden. Solche Pläne werden von den Gemeinden aufgestellt und sind beim Planungsamt einer kreisfreien Stadt oder, wenn das Grundstück in einem Dorf, Markt oder in einer Kreisstadt liegt, bei der Gemeinde selbst oder dem zuständigen Landratsamt einzusehen. Sie regulieren insbesondere die Dichte der Bebauung. In Altstädten kann das Gebäude in einem förmlich ausgewiesenen Sanierungsgebiet liegen oder, wie etwa in Ansbach, sogar eine geschossweise Festsetzung der zulässigen Nutzung vorgenommen worden sein. (§ 1 Abs. 7 BauNVO) Die wichtigsten Angaben des Bebauungsplans beziehen sich zumeist auf die amtlichen Möglichkeiten und Grenzen eines Dachgeschossausbaus:

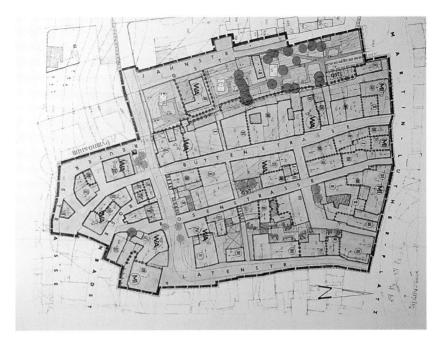

Das Maß der baulichen Nutzung gemäß Baunutzungsverordnung wird bestimmt von der

☐ GRZ : Grundflächenzahl, die angibt, welche Nettogrundstücksfläche, d.i. die Brutto-Grundstücksfläche minus Straßenland, überbaut werden darf. Beträgt die GRZ = 0,8, dann dürfen nicht mehr als 80 % der Netto-Grundstücksfläche überbaut werden. Wenn das Baugrundstück jedoch bereits mit 80 % überbaut ist, kann man z.B. keinen zusätzlichen Aufzug, der bis ins ausgebaute Dachgeschoss führen soll, außen an ein mehrgeschossiges Gebäude anbauen.

☐ GFZ : Geschossflächenzahl, z.B. im Stadtkern, also im Mischgebiet MI = GFZ 1,2 bei 6 Geschossen. Die GFZ gibt die Summe der Geschossflächen, gemessen an den Außenkanten des Gebäudes, im Verhältnis zur Netto-Grundstücksfläche an, beispielsweise kann ein Baugrundstück mit einer Nettogrundstücksfläche von 500 m² bei einer vorgeschriebenen GFZ = 1,2 mit einer Summe aller Geschossflächen von 600 m² überbaut werden. Ein Übersteigen dieses Maßes z.B. dadurch, dass man das Dachgeschoss in zwei Ebenen ausbauen will, ist in der Regel nicht zulässig. Die GFZ ist auch im Falle des genehmigungsfreien Dachgeschossausbaus zu beachten. Befreiungen von der GFZ sind jedoch möglich (BauGB § 31 Abs. 2).

☐ BMZ: Baumassenzahl. Sie findet vor allem im Industriebau Verwendung.

Die Art der baulichen Nutzung im Baugebiet wird ebenso im Bebauungsplan festgelegt. Es gibt das reine Wohngebiet WR, in dem nur Wohngebäude gebaut werden dürfen, das allgemeine Wohngebiet WA, in dem sich Wohnbauten zusammen mit Läden, Gaststätten, u. a. befinden, in der Stadtmitte das Kerngebiet MK mit Geschäfts-, Büro- und Verwaltungsbauten, in deren oberen Geschossen sich auch Wohnungen befinden können, das Mischgebiet MI mit Wohn-, Geschäfts- und Bürobauten, das Gewerbegebiet GE ganz ohne Wohnungen, das Industriegebiet GI nur mit Wohnungen für die Aufsichtspersonen über die dort ansässigen Industriebetriebe, das Kleinsiedlungsgebiet WS mit Reihen-, Doppel- und Einzelhäusern mit zu deren Versorgung dienenden gewerblichen Einrichtungen und schließlich das Dorfgebiet MD, mit seiner Mischung aus Wohnungen und Bauernhöfen, wie sie auf dem Land typisch sind. Außerdem legt der Bebauungsplan eine offene oder geschlossene Bauweise fest.

Die im Bebauungsplan vorgeschriebene Anzahl der Vollgeschosse dient ebenfalls der Begrenzung der baulichen Nutzung. Die jeweiligen Landesbauordnungen (LBO) definieren die Vollgeschosse. Danach kann das oberste Geschoss eines Gebäudes nicht nur von einer Decke, sondern auch von einem Dach abgeschlossen werden, wie das normalerweise bei einem ausgebauten Dachgeschoss der Fall ist. Der Dachgeschossausbau ist gemäß den LBO nur zulässig, wenn das Dachgeschoss eine ausreichende lichte Höhe, je nach LBO zwischen 2,20 m und 2,40 m, über mindestens der Hälfte der Grundfläche besitzt, gerechnet ab der Linie, wo das schräg geneigte Dach eine lichte Höhe von 1,50 m erreicht. Das kann bei Dächern mit steilem Unterdach und sehr flach geneigtem Oberdach, wie sie die großen, städtischen Mietshäuser des letzten Drittels des 19. Jahrhunderts in aller Regel aufweisen, bereits eine Höhersetzung des Oberdaches beim Dachausbau erfordern. Die daraus resultierenden Kosten können zur Aufgabe des Ausbaus zwingen. Bei Dächern mit einer Neigung von $\leq 30°$ kann diese Anforderung den Dachausbau gänzlich unwirtschaftlich werden lassen.

Der Bebauungsplan regelt auch das Maß der baulichen Nutzung eines Grundstücks, indem er eine Baulinie BL und eine Baugrenze BGR festlegt. Die BL ist die vordere Grenze zur Straßenkante. Sie muss strikt eingehalten werden. Das Gebäude darf weder vor noch zurückgesetzt werden. Gleichwohl dürfen Balkone, auch Dachbalkone, Erker und Aufzugschächte mit Genehmigung der Baubehörde die BL überschreiten. Die BGR ist die Begrenzung zum Hof hin. Sie kann mittels einer Befreiung durch das Bauaufsichtsamt überschritten werden.

Das Dachgeschoss wird nach SächsBO immer dann zum **Vollgeschoss**, wenn es über mindestens $^2/_3$ seiner Grundfläche eine lichte Höhe von mindestens 2,30 m, gemessen bis Oberkante Dachhaut, aufweist. Die BayBO erlaubt beim nachträglichen Ausbau sogar eine Mindesthöhe des Dachgeschosses von 2,20 m. Wenn

Abb. 114:
Definition von
Gebäudeteilen nach
Art. 6 BayBO

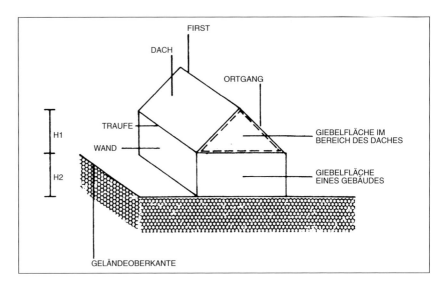

Abb. 114:
Definition von Gebäudeteilen nach Art. 6 BayBO

bei einem bisher unausgebauten Dachgeschoss der Ausbau zum Vollgeschoss erreicht wird, so müssen z. B. die Abstandsflächen und die Stellflächen für Kraftfahrzeuge (siehe unten) neu berechnet werden. Oft können gerade die geforderten Abstandsflächen auf der vorhandenen kleinen Grundstücksfläche nicht nachgewiesen werden. Da es von der Abstandsflächen-Regelung keine Befreiung gibt, wäre damit das Dachausbau-Vorhaben gescheitert.

Aus diesem Grund muss man sich bei der Planung eines Dachgeschossausbaus ganz besonders intensiv mit der Abstandsflächen-Regelung der LBO befassen. In der SächsBO § 6 Abs. 1, analog dazu in allen anderen LBOs, heißt es: *„Vor den Außenwänden von oberirdischen Gebäuden sind Abstandsflächen freizuhalten. Eine Abstandsfläche ist nicht erforderlich vor Außenwänden, die ohne Grenzabstand errichtet werden."* In Abs. 2 wird festgelegt: *„Die Abstandsflächen müssen auf dem Grundstück selbst liegen".* Und in Abs. 4: *„Die Tiefe der Abstandsflächen bemisst sich nach der Wandhöhe. [....] Zur Wandhöhe werden hinzugerechnet: 1. **voll** die Höhe von a) Dächern und Dachteilen mit einer Dachneigung von mehr als 70°, b) Giebelflächen im Bereich dieser Dächer und Dachteile, wenn beide Seiten eine Dachneigung von mehr als 70° haben, 2. **zu einem Drittel** die Höhe von a) Dächern und Dachteilen mit einer Dachneigung von mehr als 45°, b) Dächer mit Dachgaupen oder Dachaufbauten, deren Gesamtbreite je Dachfläche mehr als die Hälfte der darunter liegenden Gebäudewand beträgt, c) Giebelflächen im Bereich von Dächern und Dachteilen, wenn nicht beide Seiten eine Dachneigung von mehr als 70° haben. Das sich ergebende Maß ist H".* Dazu muss man noch den Abs. 5 betrachten: *„Die Tiefe der Abstandsflächen beträgt 1 H, mindestens 3 m. In Kerngebieten genügt eine Tiefe von 0,5 H, mindestens 3 m."*

152

Für den Dachgeschossausbau ergeben sich daraus gravierende, planerische Einschnitte. Ein Dach, dessen Neigung kleiner als 45° ist, wird mit seiner Höhe nämlich überhaupt nicht auf die Abstandsfläche angerechnet. Benötigt man aber zur Belichtung des ausgebauten Dachgeschosses Dachgauben oder Dachaufbauten, die zusammen gemessen mehr als die Hälfte der Länge der darunter liegenden Wand ergeben, so muss das Dach jetzt zu einem Drittel seiner Höhe zur Abstandsfläche hinzuaddiert werden. Diese neue, größere Abstandsfläche muss auch auf dem eigenen Grundstück selbst nachgewiesen werden, was in Altstadtlagen oft unmöglich ist. Ein anderer Fall ergibt sich, wenn man das etwa 80° steil geneigte Unterdach eines Mietshauses zwecks Dachausbau erhöhen muss, so wird diese Erhöhung in Kerngebieten wenigstens zur Hälfte auf die Abstandsfläche angerechnet. Auch in diesem Fall kann das Grundstück nunmehr zu klein werden und der Dachgeschossausbau daher nicht stattfinden.

6.2   Bauaufsichtsrechtliche Vorschriften

Zunächst darf festgestellt werden, dass die Errichtung einzelner Aufenthaltsräume im Dachgeschoss von bestehenden Wohngebäuden nach der BayBO, Art. 66 Absatz 1 Nr. 11 mit RdNr. 15 – 15 g, baugenehmigungsfrei ist, allerdings nur unter der Voraussetzung, dass die Dachkonstruktion und die äußere Gestalt des Gebäudes nicht verändert werden. Wenn aber die genannten Veränderungen vorgenommen werden, ist der Einbau von einzelnen Aufenthaltsräumen und von Wohnungen, worunter man auch Einliegerwohnungen, Appartements und Kleinwohnungen versteht, als bauliche Änderung oder als bloße Nutzungsveränderung baugenehmigungspflichtig. Der nachträgliche Einbau von liegenden Dachflächenfenstern ist unter der genannten Voraussetzung ebenfalls baugenehmigungsfrei, der Einbau von Dachgauben oder Dacheinschnitten etwa für Dachterrassen ist dagegen stets genehmigungspflichtig.

Die anderen LBO regeln die Genehmigungspflicht für den Dachgeschossausbau in gleicher Weise nur mit geringen Abweichungen, so ist er in Wohngebäuden geringer Höhe unter bestimmten Bedingungen genehmigungsfrei. Beispielsweise schreibt die SächsBO in § 63 Abs. 1 Nr. 56 vor, dass *„der Dachgeschossausbau in vorhandenen Wohngebäuden geringer Höhe zu Wohnungen, sofern durch einen Sachkundigen schriftlich bestätigt wurde, dass keine Bedenken wegen der Standsicherheit sowie brandschutztechnischer und bauphysikalischer Belange bestehen,"* keiner Baugenehmigung bedarf. Von der Baugenehmigungsfreistellung werden allerdings nur bauliche Maßnahmen im Inneren des Daches erfasst. Soll die Dachfläche verändert und sollen Dachgauben eingebaut werden, ist regelmäßig eine Baugenehmigung erforderlich. Dabei ist es ohne Belang, ob der Dachgeschossausbau in der ersten, also in der Dachbalkenebene, oder in der zweiten Ebene des Daches, also z. B. in der Zangenlage eines Kehlbalkendaches oder auf einem stehenden Stuhl, stattfindet. Es muss sich dabei auf jeden Fall um ein Wohngebäude geringer Höhe handeln, also um Gebäude, *„bei denen der Fußboden keines Geschosses, in dem Aufenthaltsräume möglich sind, an keiner Stelle mehr als 7 m über der Geländeoberfläche liegt."*(SächsBO § 2 Abs. 3) Es handelt sich also in der Regel um maximal zweigeschossige Wohngebäude mit einem Erdgeschoss und einem Obergeschoss. Sobald in die Dachfläche eingegriffen wird, wenn in sie z. B. nur ein einziges Dachgaubenfenster eingebaut wird, unterliegt die Baumaßnahme der Genehmigungspflicht. Um die Befreiung von der Genehmigungspflicht zu klären, sollte der Bauherr oder sein Architekt mit einer Kurzbeschreibung des geplanten Ausbauvorhabens sich an das zuständige Bauordnungsamt wenden. Der Dachgeschossausbau in Gebäuden mit mehr als zwei Geschossen über der Geländeoberfläche ist jedenfalls immer genehmigungspflichtig!

Wird eine neue Wohnung im Dachgeschoss geschaffen, muss diese nach der LBO den Nachweis über entsprechende **Kraftfahrzeug- und Fahrrad-Stellplätze** auf dem eigenen Grundstück bringen. Die Zahl der erforderlichen Stellplätze regelt die Verwaltungsvorschrift zur jeweiligen LBO, z. B. die Verwaltungsvorschrift zur Sächsischen Bauordnung – VwVSächsBO – Nr. 49.1.2. Sie legt eine verbindliche Richtzahlentabelle für den Stellplatzbedarf und den Bedarf an Abstellplätzen für Fahrräder vor. Bei Einfamilienhäusern können durchaus bis zu zwei Kraftfahrzeug-Stellplätze und bei Mehrfamilienhäusern und sonstigen Wohnungen außerdem noch zwei Fahrrad-Abstellplätze für jede Wohnung gefordert werden. Ist auf dem Grundstück selbst kein Platz mehr für einen Stellplatz bzw. für eine Garage, so kann die Stellplatzpflicht auch durch einen Geldbetrag abgelöst werden. Die Höhe der Ablöse für einen Stellplatz richtet sich nach den örtlichen Baukosten für einen solchen und kann daher durchaus eine nennenswerte Summe erreichen. Die Kosten für die Stellplatzablösung sind deshalb bei der Finanzierung für den Dachgeschossausbau einzurechnen, andernfalls kann die Ausbaumaßnahme durchaus daran scheitern. Ausnahmen werden aber eingeräumt, wenn der Dachgeschossausbau *„in bestehenden, überwiegend nicht zu Wohnzwecken benutzten Gebäuden"* (VwVSächsBO – Nr. 49.1.7) durchgeführt werden soll.

6.3   Rettungswege

Beim Ausbau des Dachgeschosses muss darauf geachtet werden, dass ein zweiter, gesicherter Rettungsweg vorhanden ist oder die Wohnungen im Dachraum durch die Leitern der Feuerwehr sicher zu erreichen sind. Im Brandfall oder beim Auftreten anderer Gefahren können nur voneinander unabhängige Ret-

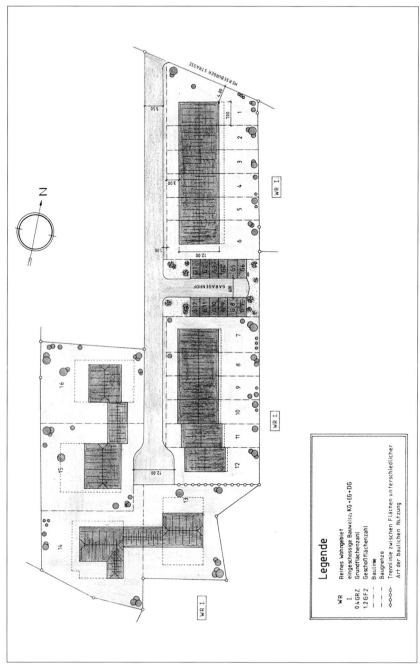

Abb. 115: Schkeuditz. Bebauungsplan Merseburger Straße, Nachweis der Stellplätze durch Einzelgaragen und einen Garagenhof G01–G12.

tungswege für die Unversehrtheit der Bewohner sorgen. Unabhängig heißt, die zwei Rettungswege dürfen auf keinen Fall zusammengeführt werden und müssen beide unmittelbar ins Freie führen. Dies dient im Brandfalle sowohl den Feuerwehrmännern, sicher an den Brandherd zu gelangen, als auch den Bewohnern, sich unbeschädigt retten zu können. Besondere Bedeutung kommt diesem Prinzip beim Ausbau der zweiten Ebene des Dachgeschosses, dem Spitzbodenausbau, zu.

Der erste Rettungsweg ist immer die notwendige Treppe mit einem eigenen durchgehenden Treppenraum, an die ein ausgebautes Dachgeschoss mit allen seinen bewohnbaren Ebenen angeschlossen sein muss. Sie darf von allen bewohnbaren Räumen nicht weiter als 35 m entfernt sein. Eine eingeschobene Treppe, wie sie zum Betreten eines unausgebauten Speicherbodens genügt, ist als Rettungsweg nicht zulässig. Ausnahme: Gebäude mit maximal zwei Vollgeschossen. Wird jedoch das Dachgeschoss etwa eines Reihenhauses zum zusätzlichen Vollgeschoss ausgebaut, dann kommt zum Erd- und Obergeschoss nunmehr ein drittes Vollgeschoss hinzu, d. h. die Maßnahme ist nicht zulässig. Der Bauherr muss, um die Baugenehmigung zu erreichen, den Nachweis dafür erbringen, dass die Ausbaumaßnahme im Dachgeschoss keinesfalls ein Vollgeschoss erzeugt. Eine weitere Ausnahme lassen die LBOs für Maisonettenwohnungen zu, da diese in der Regel im Gefahrenfall über eine weitere Wohnung ungehindert verlassen werden können.

Da jedoch im Brandfalle der erste Rettungsweg insbesondere durch Verqualmung oft nicht mehr passierbar ist, muss ein zweiter Rettungsweg zur Verfü-

Abb. 116:
Dachgauben, die groß genug sind, um als Fluchtfenster zu dienen.

Abb. 117:
Treppen für die Feuerwehr vor der Gaube. Die Treppen sind so rot wie die Dachziegel und fallen daher weniger auf.

gung stehen. Bei höheren Gebäuden muss ein solcher Rettungsweg baulich vorgehalten werden, z. B. durch Fluchtbalkone und Außenleitern. In der Praxis wird der zweite Rettungsweg hauptsächlich durch das Anleitern der Feuerwehr an offene Fenster und dergleichen gebildet. Deshalb muss beim Dachgeschossausbau sichergestellt sein, dass die Feuerwehr ausreichende Anfahrtswege hat und dass die anleiterbaren Öffnungen im Dachgeschoss groß genug sind, die Feuerwehrmänner zum Brandherd hineinzulassen und zugleich den Bewohnern die gefahrlose Flucht erlaubt. Im Zweifelsfalle wird durch eine Anleiterprobe ermittelt, ob der zweite Rettungsweg ausreichend sicher ist. Wenn diese Bedingungen nicht erfüllt werden, ist der Dachgeschossausbau nicht zulässig, denn Befreiungen von diesen Vorschriften gibt es außer bei Baudenkmälern nicht! (vgl. Kapitel 6.4 Denkmalpflegerische Postulate)

Ein Aufenthaltsraum im Dachgeschoss gilt auch dann als im Brandfall sicher zu erreichen, wenn er zu einer Wohnung gehört, die in einem anderen Zimmer ein anleiterbares Fenster besitzt. Um im Brand- und Gefahrenfall, in dem durchaus eine Panik ausbrechen kann, die Rettung von Kindern, älteren oder kranken Menschen sicher zu stellen, muss zumindest ein Fenster im Dachgeschoss vorhanden sein, das derart angeordnet und groß genug ausgeführt ist, dass jeder Aufenthaltsraum im Dachgeschoss, wenn auch nicht unmittelbar, mit einer Feuerwehrleiter sicher zu erreichen ist. Fenster, die zur Rettung von Menschen dienen, sollten am besten im Dachgiebel oder in Gauben angeordnet sein, liegende

Abb. 118:
Leipzig. Das zu klei-
ne Fluchtfenster
musste auf das von
der Bauordnung
geforderte Maß ver-
größert werden.

Fenster sind dafür nur unter günstigen Umständen geeignet. Fenster, die zur Rettung von Menschen dienen, müssen auf jeden Fall eine lichte Durchstiegsöffnung von mindestens 0,60 m x 1,00 m aufweisen und ihre Brüstungshöhe darf höchstens 1,10 m betragen (BAYBO Art. 48). In anderen LBO können die Maße abweichen, z. B. in der SächsBO § 47 muss das Fluchtfenster eine Größe von 0,90 m x 1,20 m, die Brüstungshöhe darf max. 1,20 m aufweisen.

Dachausstiege aus liegenden Fenstern oder aus Dachgauben, die ein Stück weit von der Traufe entfernt sind und die dennoch als Rettungswege anerkannt werden sollen, müssen jedenfalls sichere Ausstiegspodeste und Dachtreppen haben, auf denen Menschen ohne Gefahr die Feuerwehrleiter erreichen. Ihre Unterkante darf nach der BayBO auf keinen Fall weiter als 1,00 m von der Traufe entfernt sein. Nach der SächsBO § 47 **soll** der waagerechte Abstand von der Anleiterkante, in der Regel die Traufe, zur Brüstung des Fensters 1,0 m nicht überschreiten. In schneereichen Gegenden sind außerdem Rettungswege allein durch Dachflächenfenster nicht zulässig.

Für Emporen, Galerien und ähnliche Einbauten in Dachgeschosse sind zunächst die Anforderungen an die Feuerwiderstandsdauer der Wände, Decken und Dachschrägen zu beachten. Schließlich können für sie zusätzliche Rettungswege entbehrlich sein, wenn sie bestimmte Bedingungen erfüllen.

Ausstiege, die als Rettungswege dienen, können durchaus die Ansicht eines Gebäudes beeinträchtigen und daher bei Baudenkmälern zum Konflikt führen. Gleichwohl können in diesem Fall Ausnahmen von den strengen Anforderungen des Brandschutzes an den Dachgeschossausbau gewährt werden. (vgl. Kapitel

6.4 Denkmalpflegerische Postulate) Allerdings können diese nur nach Anhören der zuständigen Brandschutzstellen erteilt werden. Ein Gespräch mit dem zuständigen Brandmeister der Feuerwehr wird sich jedenfalls lohnen.[108]

6.4   Denkmalpflegerische Postulate

Beim Dachgeschossausbau erkennt die Denkmalpflege im Regelfall einen historischen Dachstuhl für denkmalwert, insbesondere wenn das Gebäude auf der Denkmalliste steht, und fordert dessen Erhaltung. Ohne Reparatur der verrotteten Hölzer kann jedoch keine Erhaltung gelingen. Wird zur Auflage gemacht, dass nur die zerstörten Holzteile entfernt werden dürfen, muss jeder einzelne Sparren, jede Pfette, jeder Binder und alle Fuß- und Kopfbänder auf ihren Zerstörungsgrad hin genauestens untersucht werden. Die nicht mehr zu rettenden Holzteilstücke müssen sodann in ein verformungsgenaues Aufmaß eingetragen und mit Maßen versehen werden. Bei der Ausschreibung der Zimmerarbeiten werden die erforderlichen Reparaturleistungen einzeln ausgeschrieben (siehe GERNER 2002) und Stück um Stück verpreist. Anschließend muss der bauleitende Architekt genauestens darauf achten, dass nur die verfaulten Hölzer auf den Bauschutt gelangen, und dies durch ein sorgfältiges Aufmaß nachweisen. Auf diese Weise kann Originalholz optimal geschützt und erhalten werden.

Auch die Zahl, die Art, die Form und die Größe von Dachgauben fallen unter das denkmalpflegerische Postulat. Natürlich sind auch die vorhandenen Gaubenfenster aufzumessen und neue mit gleicher Sprossenteilung herzustellen. Da wärmedämmendes Isolierglas ungleich mehr Gewicht aufweist, als eine Einfachverglasung, zwingt dies den Schreiner, die Fensterhölzer, also Rahmen, Flügel und Sprossen, wesentlich stärker anzufertigen als sie am Original gewesen sind. Bei mehrflügeligen kleinen Gaubenfenstern führt dies zu einem derart voluminösen Holzanteil, dass die dadurch verkleinerte Belichtungsfläche jetzt nicht mehr ausreicht. Der Architekt kann jedoch mit dem zuständigen Denkmalreferenten für die neuen Fenster vereinbaren, dass die alten mehrflügeligen Fenster als Nachbau zu einem einflügeligen zusammengefasst, die Sprossen nicht glasteilend, sondern nur aufgesetzt ausgeführt und die Verreiber durch moderne Beschläge ersetzt werden. Ein besonderes gestalterisches Problem ergibt sich durch die silbrig leuchtenden Aluminiumbleche, die in der Glasfabrik innen ringsum zwischen die Isolierglasscheiben eingeschweißt werden, um das Vakuum zwischen den beiden Scheiben zu sichern. Die Hersteller haben noch immer keine Fenster auf den Markt gebracht, die dieses Blech abdunkeln und damit

---

[108] Die Feuerwehren verlangen inzwischen auch für diesen Service eine ziemlich hohe Gebühr.

denkmalverträglich gestalten. Bei den Regenschienen und Fensterblechen bieten sie allerdings bereits seit vielen Jahren dunkel eloxiertes Aluminium an.

Auch für die Brandsicherheit muss gesorgt werden (siehe Kapitel 6.3). Oft gibt es im Dach des Baudenkmals nur sehr kleine Fenster, die keinesfalls der Landesbauordnung als Fluchtweg genügen. Dann muss der Konflikt zwischen Brand- und Denkmalschutz vor Ort im Rahmen eines Gesprächs geklärt werden. Individuelle, technische Sonderlösungen können im Einzelfall die Vorschriften der Bauordnung außer Kraft setzen.

Das Material und die Farbigkeit der Dächer, die Ausbildung ihrer Ortgänge und Giebel ist ein vorrangiges denkmalpflegerisches Thema. Hier gilt es, den Kontakt zur Unteren Denkmalpflegebehörde nicht zu verlieren und rechtzeitig die Fachbehörde Landesamt für Denkmalpflege einzuschalten. Dies gilt selbstverständlich auch beim Einbau von Dachflächenfenstern.

Die Postulate und Anforderungen des Denkmalschutzgedankens sollte man also beim Dachausbau nicht gering achten, im Gegenteil – sie müssen bei jeder Baumaßnahme an einem Baudenkmal angemessen bedacht sein. Bei fast allen Instandsetzungsmaßnahmen ist deshalb eine gute Zusammenarbeit mit den zuständigen Denkmalschutzbehörden erforderlich, sie müssen in tragfähige denkmalpflegerische Überlegungen eingebunden sein.

In der heutigen Denkmalpflegediskussion zeichnen sich im Umgang mit einem Baudenkmal sechs verschiedene Konzepte ab: *„Altern lassen, Pflegen, Konservieren, Reparieren, Erneuern, und Rekonstruieren.“*[109] Die Inhalte dieser Konzeptionen dienen zunächst dem Abbau der semantischen Verwirrung, die sich in die sprachliche Verwendung der Begriffe bei der Instandsetzung auch bei Fachleuten mittlerweile eingeschlichen hat. Beim Dachgeschossausbau kommen jedoch in aller Regel die Postulate *Altern lassen, Konservieren und Rekonstruieren* nicht infrage.

Bei der *Pflegekonzeption* bleibt der Alterungsprozess ungestört, aber er wird durch geeignete pflegende Maßnahmen verlangsamt. Ein altes, schadhaftes Dachwerk wird beispielsweise dabei entlastet, indem entweder die an es gestellten, funktionalen und ästhetischen Ansprüche herabgesetzt oder von geeigneten neuen, hilfsweise eingesetzten Bauteilen, wie neue Stützhölzer oder beigelaschte Balken (siehe Kapitel 9.2.6), übernommen werden. Die Denkmalpflege favorisiert dieses Konzept, denn schließlich leitet sie davon ihren Namen ab. Es müssen die den Alterungsprozess beschleunigenden Faktoren, wie etwa infolge fehlender Dachziegel eindringendes Wasser, ermittelt werden, um vorzeitige Schäden durch rechtzeitige Reparatur zu verhindern. Es sollten die na-

---

[109] Hannes Eckert, Joachim Kleinmanns, H. Reimers, Denkmalpflege und Bauforschung (Empfehlungen für die Praxis, SFB 315), Karlsruhe 2000.

turbedingten Einflüsse, die aus der Statik des Gebäudes oder der Verwitterung entstammen, von den anthropogenen wie Übernutzung oder Verwahrlosung unterschieden werden.

Den beständig fortschreitenden Alterungsprozess kann kein denkmalpflegerisches Konzept vollkommen aufheben. Das *Reparieren* erneuert das Bauwerk partiell und verändert an den Reparaturstellen den Alterungsprozess. Seine Lebensdauer wird zwar erhöht, denn Schwachstellen werden verbessert, der Zeugniswert wird jedoch beeinträchtigt. Die Reparatur muss sich freilich mit ihrer Leistungsfähigkeit und ihrem formalen Anspruch der historischen Originalsubstanz unterordnen. Sie selbst wird schließlich zum Bestandteil des Zeugniswertes des Dachwerkes. Instandsetzen ist sehr eng mit *Reparieren* verbunden, darum ist *fachgerechtes Reparieren* zugleich das Hauptthema aller Instandsetzungsmaßnahmen. (siehe Kapitel 9)

Auch bei dem Begriff *Rekonstruieren* ist eine Klärung erforderlich: In jenen Bundesländern Deutschlands, die ehemals zur Ostzone gehörten, hat sich ein ganz anderer Begriff der *Rekonstruktion* entwickelt. Dort versteht man darunter das, was im alten Bundesgebiet unter *Erneuern oder Reparieren* verstanden wird. Die Denkmalpflegebeamten stellen manchmal übertriebene Forderungen an den Dachausbau, sie neigen dazu, die originale Substanz gleichsam als *heilige Kuh* zu verehren. Vermorschte Mauerwerksfugen in Giebelwänden, deren Mörtel nur noch aus lockerem Sand ohne Bindemittelreste besteht, sind Bauschutt, keine schützenswerte originale Substanz. Die Mauer muss entsorgt und durch eine neue ersetzt werden. Außenputz am wetterseitigen Giebel ist meistens mehrfach ausgetauscht worden, weil er der Verwitterung besonders stark ausgesetzt ist. Haben ihn Salzausblühungen vermorscht, ist er ebenfalls Bauschutt und muss entsorgt werden. Hier gibt es keine zu schützende originale Substanz mehr. Er sollte durch einen Sanierputz ersetzt werden. Altanstriche am Fachwerkgiebel sind sorgfältig zu entfernen, da sie die Dampfdiffusion behindern und der Grund für eine totale Zerstörung des Fachwerks sein können, also wiederum keine schützenswerte originale Substanz. Die durch Beilhiebe entstandenen Späne am ehedem verputzten Fachwerkholz einer Trennwand im Dachgeschoss lassen sich kaum mehr ankleben; sie sind zwar originale Substanz und trotzdem entfernt man sie besser, wenn z. B. das Fachwerk eines Zwerchhausgiebels freigelegt werden soll, oder man lässt sie in Ruhe, wenn das Holz wieder verkleidet werden soll. Vermorschte Sparren, Pfetten, Mauerlatten oder Aufschieblinge sind instand zu setzende Bauteile, deren Reparatur in Kapitel 9.2. beschrieben wird. Alte, gut erhaltene Dachziegel sind originale Bausubstanz und durchaus erhaltenswert. Gleichwohl ist es in der Regel unerschwinglich, die alten Dachziegel von Hand in Stroh zu verpacken, damit sie transportfähig werden, um sie woanders wieder zu verwenden.

Die großen Denkmalfachbehörden tun alles dafür, dass auch der Erkenntnisgewinn des wissenschaftlich ausgebildeten und forschenden Denkmalbeamten gesteigert wird. Das ist an und für sich sehr sinnvoll. Gleichwohl sollten auch denkmalpflegerische Forderungen genau überprüft werden, ob sie der Ausbaumaßnahme dienen. Wenn aber eine Auflage an den Bauherrn zur Instandsetzung überhaupt nicht gebraucht wird, wenn sie offensichtlich nur den individuellen Erkenntniswunsch des Denkmalpflegers befriedigt, ist sie überflüssig und verteuert unnütz das Baugeschehen. Wenn also ein sehr genaues, verformungsgetreues Aufmaß verlangt wird, mit dem die architektonische und baukonstruktive Struktur des Hauses bis in jedes Detail zu erkennen ist, obwohl es eine Handskizze des Architekten für die notwendigen Entscheidungen auch getan hätte, dann geht die Forderung des Denkmalpflegers einfach zu weit. In solchen Fällen versteht man die Verärgerung der Bauherrn. Wenn dann noch dazu diese aufwendigen Aufmaße schließlich im Archiv des Landesamtes landen, ohne je aufbereitet einer breiten Fachöffentlichkeit zur Verfügung zu stehen und wenn bei der nächsten Instandsetzung des Dachgeschosses erneut ein Aufmaß verlangt wird, weil der Denkmalreferent das vorhandene längst vergessen hat, dann stimmt etwas nicht mit der Denkmalpflege. Werden restauratorische Gutachten verlangt, wo ohnedies keine besonderen historischen Farbfassungen erwartet werden können, dann ärgert dies. Noch schlimmer sind aber diejenigen Fälle, wo mit großer Akribie solche Fassungen ermittelt werden, aber sich trotzdem keiner daran hält und schließlich eine gänzlich frei erfundene Farbbeschichtung zum Tragen kommt. Dies geschieht insbesondere immer dann, wenn die Denkmalbeamten sich gegen ranghöhere Institutionen nicht durchsetzen können oder wollen. Auf diese Weise werden an großen staatlichen Denkmälern, wie etwa an Klöstern, Domen oder Schlössern, derartige Einbauten und Veränderungen vorgenommen, die dem privaten Hausbesitzer niemals erlaubt werden.

Besonders ärgerlich aber ist der Umgang der Denkmalpfleger mit den modernen Baustoffen, wie sie die Industrie heute bietet. Solche Baustoffe sind, richtig eingesetzt, den historisch nachgestellten Putzen oder Anstrichen bei weitem überlegen, besitzen sie doch eine wesentlich längere Lebensdauer und verringern den laufenden Bauunterhalt sehr. Sanierputze nach WTA, Siliconharzfarben und Werktrockenmörtel sind dem historischen Kalkputz, der Kalkfarbe oder den Farben auf Leinölbasis und handgemischtem Fugenmörtel, um nur einige wenige Beispiele zu nennen, bei weitem überlegen. Oder soll der Maler heute etwa wieder die hochgiftigen Bleiweißfarben unserer Väter einsetzen? Fast möchte man es meinen angesichts der Experimente, die Denkmalschutzbeamte mit solchen historischen Baustoffen durchführen lassen.

Ein weiteres Problem stellt die Abneigung der Denkmalpfleger gegen ordentli-

Abb. 119:
Zum Anleitern der Feuerwehr durchaus geeignete Gaubenfenster, nahe genug an der Traufe.

che Ausschreibungen von denkmalschützenden Bauleistungen, insbesondere von Leistungen der Restauratoren dar. Es wird vielmehr sehr gerne der immer wieder gleiche Restaurator mit solchen Arbeiten beauftragt. Forscht man beispielsweise in den Registraturen von Bauämtern nach, so ist zu erkennen, dass oft über mehrere Generationen hinweg auf Empfehlung des Denkmalamtes immer dieselbe Restauratorenfamilie zum Einsatz gekommen ist. Neue junge Leute wie etwa Restauratoren im Zimmerhandwerk bekommen nur selten eine Chance. Deshalb sollten auch denkmalpflegerische und restauratorische Leistungen den Bedingungen einer geregelten Ausschreibung unterworfen werden. Selbstverständlich darf die Denkmalpflege bei der Beauftragung eines Anbieters ein gewichtiges Wort mitsprechen, Denkmalfilz sollte jedenfalls aufgelöst werden.

7 Untersuchungsmethoden

Wer ein Dachgeschoss erfolgreich sanieren will, muss zunächst den baulichen Bestand gründlich kennen lernen, um die Ursachen für die Schäden analysieren zu können. Die dafür dienlichen Untersuchungsmethoden und Bestandsaufnahmeverfahren wurden vornehmlich unter dem Gesichtspunkt *Denkmalpflege* entwickelt und umfassen mittlerweile einen umfangreichen Katalog an Maßnahmen, die bezogen auf die vorhandene Bausubstanz sich als zerstörungsfrei, zerstörungsarm oder zerstörungsintensiv klassifizieren lassen.[110] Sie alle werden unter dem Oberbegriff *Bauwerksdiagnostik* zusammengefasst. Die einzelnen Arbeitsschritte zur Erstellung einer Bauwerksdiagnose lassen sich in einem schematischen Überblick zusammenstellen:

Tabelle 5:
Gebäudediagnostik
– Organigramm

Orientierende Objektbesichtigung		
Orientierungssysteme, Sicherungsmaßnahmen, Dokumentationsformen, Systematik der Baubeschreibung, Diagnoseaufwand, Untersuchungskosten		

Anamnese	**Schadensaufnahme**	
Archivalien, Bauunterlagen, alte Abbildungen und Fotos, Nutzungsgeschichte	Inaugenscheinnahme, fotografische Erfassung, skizzenhafte Erfassung, einfache Untersuchungen	

Entscheidung über das weitere zielgerichtete Vorgehen		
Auswahl der Untersuchungen, Beauftragung der Sonderfachleute, Überprüfung des Kostenvoranschlags		

Erstellen von Planunterlagen	**Probenahme**	
Verformungsgetreues Aufmaß, Photogrammetrie	für Untersuchungen mit geringem Substanzverlust, Untersuchungen im Labor, Restauratorische Untersuchungen	

Weitergehende Untersuchungen		
mit größerem Substanzverlust, Sondagen, Deckenschnitte, Freilegen von Knotenpunkten		

Baustoffe	**Tragverhalten**	**Feuchte**
Art und Verteilung, Zusammensetzung, Baustoffkennwerte	Balkendecken, Dachstuhl	Materialfeuchte, Salzgehalt, Klimamessung

Schalldämmung	**Wärmedämmung**	
vorhandene Trittschalldämmung, vorhandene Luftschalldämmung, Verbesserungsmaßnahmen	U-Wert-Ermittlung, Ist Außendämmung möglich? Taupunktermittlung mit Hilfe des Glaser-Diagramms	

Bewertung der Untersuchungsergebnisse		

Instandsetzungsplanung		
Planung von Art und Umfang der Instandsetzungsschritte, Planung der Technologie, Planung der Materialien aufgrund der Vorgaben zu Funktion und künftiger Nutzung		

---

[110] Zu den verschiedenen Untersuchungsmethoden ist mittlerweile eine Fülle von Berichten, Vorträgen und Monographien erschienen, von denen nur wenige besonders wichtige hier genannt werden: MADER 1988, PETZET/MADER 1993, MAIER 1993 und 2002; KASTNER 2000, GÖRLACHER, S. 69-73, HEINRICHSEN 2003 und die Ergebnisse des SFB 315 an der Universität Karlsruhe. Untersuchungen zum Holz, besonders an Fachwerkbauten, wurden auch im Deutschen Zentrum für Handwerk und Denkmalpflege in der Propstei Johannesberg, jetzt Propstei Johannesberg GmbH Fulda, durchgeführt.

7.1 Orientierende Objektbesichtigung

Jede erste Begehung eines Gebäudes beginnt mit einer orientierenden Bauwerksbesichtigung, um den voraussichtlichen Untersuchungsumfang und -aufwand in Abhängigkeit von Anlass und den baulichen Gegebenheiten festzulegen. Daraus abgeleitet können schließlich die Untersuchungskosten und die Dauerhaftigkeit der erforderlichen Dachsanierung abgeschätzt werden.

Als Ergebnis dieser ersten Besichtigung sollten folgende Feststellungen getroffen werden:

7.1.1 Allgemeine Beschreibung der Gebäudesituation

Topographie, Bebauung der Umgebung, Siedlungszusammenhang, Erschließung des Gebäudes, Grundwasserstand, allgemeiner Bautyp, angrenzende Baukörper, Himmelsrichtung, Schatten spendende Bäume, das Dach in seiner äußeren Erscheinung, Dachstuhlkonstruktion, Belichtung, Umgebungsflächen, ihre Konstruktion und ihr Wasserverhalten.

7.1.2 Verbindliche Orientierungssysteme

Solche müssen von Anfang an sicherstellen, dass die stereometrische Position jedes Teils am Gebäude exakt bestimmt wird. Manchmal muss im Verlauf der Instandsetzungsarbeiten jedes einzelne Holz durchnummeriert werden. Das gesamte Dachgeschoss mit allen seinen Teilen wird durch ein Raum für Raum fortschreitendes Nummernsystem erfasst. Erst werden die Räume durchnummeriert, dann die Wände, Fenster und Türen jeweils im Uhrzeigersinn. Das einmal festgelegte Orientierungssystem muss allen folgenden Arbeitschritten wie Ausschreibung, Detailplänen, etc. zugrunde gelegt werden und für alle am Objekt tätigen Handwerker bis zur Abrechnung und Mängelverfolgung verbindlich bleiben. In der Dominikanerkirche in Bamberg wurde das Orientierungssystem zunächst der ersten Untersuchung zugrunde gelegt und dann fortgeschrieben.

7.1.3 Erforderliche Sicherungsmaßnahmen

Oft trifft man das Dachgeschoss in einem verwahrlosten Zustand an. Es können Abstützung oder Unterfangung gebrochener Balken, gebrochener Stürze und Pfetten erforderlich werden. Zumeist muss das Dachgeschoss zuallererst von Gerümpel oder wildem Bewuchs befreit werden, um Schaden von Personen, die das Gebäude betreten, abzuwehren. Auch der Gutachter muss sich schützen! Lose liegende Dachziegel oder geborstene Fensterscheiben stellen eine erhebliche Verletzungsgefahr dar!

Abb. 120:
Bamberg, Domini-
kanerkirche.
Verbindliches Orien-
tierungssystem.
Grundrisse.
Zeichenerklärung:
Zahlen EG 1–45 be-
deuten Jochnummern,
T = Türen, F = Fenster,
KF = Kirchenfenster,
1. OG Raumnummern,
S = Säule
Das Orientierungs-
system wurde nur auf
die zu untersuchenden
Räume bezogen. Bei
einem eventuellen
Ausbau kann es naht-
los fortgesetzt werden.

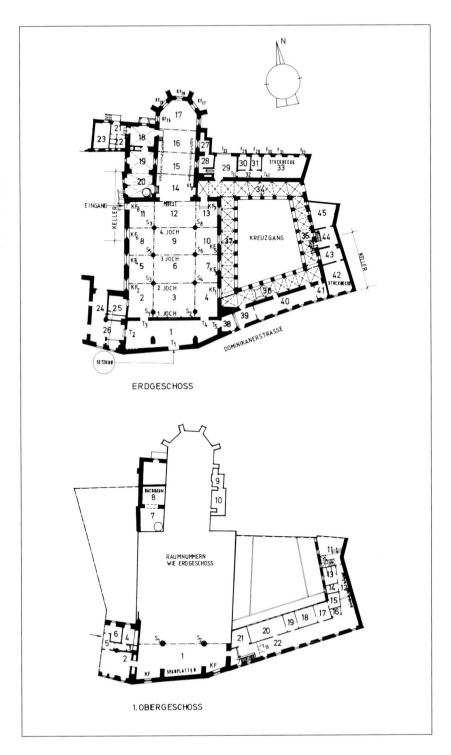

Abb. 121:
Bereits früher aus-
gebaute Zimmer
sind voll mit
Schmutz und alten
Möbeln.

7.1.4   Dokumentationsformen

Es muss entschieden werden, ob einfache Skizzen, ein Handaufmaß des Architekten, Beschreibungen und Fotos genügen oder ob aufwendigere Dokumenta-
tionsformen wie ein verformungsgetreues Aufmaß oder eine fotogrammetrische
Vermessung hergestellt werden müssen; Festlegen der Genauigkeitsklasse des
Aufmaßes. Erarbeiten von Erfassungsbögen oder eines Raumbuches.[111]

---

[111] SCHMIDT stellt die Methode der raumbezogenen Schadenskartierung vor.

Abb. 122:
Bamberg, Domini-
kanerkirche. Um
schwierige Bauteile
genau zu erfassen,
ist oft ein großer
Geräteaufwand
erforderlich. Hier
kommen Spezialis-
ten zum Einsatz.

Abb. 122:
Bamberg, Dominikanerkirche. Um schwierige Bauteile genau zu erfassen, ist oft ein großer Geräteaufwand erforderlich. Hier kommen Spezialisten zum Einsatz.

7.1.5 Systematik der Baubeschreibung

Generelle Bestimmungen als Ausgangspunkt der Untersuchung, z. B. Definition der angewandten Fachausdrücke. Der rezente Zustand des Dachgeschosses muss als Resultat eines Bau-, Nutzungs- und Zerstörungsprozesses begriffen werden, die *„sedimentierte"* Geschichte als horizontale und vertikale Stratigraphie; das rezente Raumgefüge, der Grundriss, die Geschosse und Stockwerke,

Abb. 123:
Bretagne. Das
Dachwerk dieser
Häuser hat sich in
den Wind gelegt
und ein neues stati-
sches Gleichge-
wicht gefunden.

Abb. 123:
Bretagne. Das Dachwerk dieser Häuser hat sich in den Wind gelegt und ein neues statisches Gleichgewicht gefunden.

und vor allem das Übereinander von Mauern und Formveränderungen des Dachwerks *(Das Dachwerk hat sich in den Wind gelegt)* müssen erfasst, der architektonische Aufbau der Außenwände untersucht werden.

7.1.6 Zu beachtende Details

Folgende Bauteile müssen genauer beobachtet und untersucht werden:
- die konstruktiven Bestandteile der Innen- und Außenwände bzw. Mauern, Brandwände, Baufugen, Übergänge von Mauerwerksteilen, überlappende Verputze, Ausflickungen, etc., soweit sie sich anhand von bereits vorhandenen Fehlstellen oder klaffenden Rissen feststellen lassen
- konstruktive Verbindung mit anderen Bauteilen wie Mauern, Holzbalkendecken und Gewölben; Aufspüren von nachträglich verschlossenen Öffnungen anhand von wechselnden Putzoberflächen bzw. -strukturen oder Rissbildern (Abb. 124)
- die Konstruktion der Dachwerke und -stühle, fehlende Dachverbandshölzer sowie Feststellen der von ihnen ausgehenden Schübe anhand ganz typischer Rissbilder in dem sie tragendem Mauerwerk, Schiefstellung des Daches (Abb. 125)
- Ver- und Entsorgung des Bauwerks, insbesondere vorhandene Sicker- und Abortgruben, Abwasserdohle (= historische Abwasserleitungen), Abortanlagen, Brunnen, historische Wasserleitungen, aber auch neuere Regenrinnen, Fallrohre und ihre Anschlüsse an die Kanalisation. (Abb. 126)

Abb. 124: Bamberg, Dominikanerkirche. Streiflicht hilft Störungen in der Wandoberfläche zu erkennen.

Abb. 125:
Kloster Heydau. Der
Dachstuhl überträgt
Schubkräfte auf die
Außenwand. Dies
führt zu signifi-
kanten Rissen im
Mauerwerk.

Abb. 126:
Zugewachsene und
zerstörte Dach-
rinnen sind die
Ursache für die
meisten Schäden.

Abb. 127:
Zimmer mit Stuck-
decke unter dem
Dachgeschoss.

- gestalterische Elemente der Wand- bzw. Dachflächen wie Farbfassungen, Marmormalereien, besondere Kacheln, Fliesenbeläge, hölzerne Wandverklei- dungen, Lambrien, Seidentapeten, Stuckmarmor, Natur- bzw. Werksteinver- kleidungen, insbesondere wenn sie sich in Räumen unter einem ausgebau- ten Dach befinden (Abb. 127)
- historische Nutzungsspuren, z. B. Nutzung des Daches als Lager für Dünge- mittel oder Salze, Lagerung von Getreide, Heu, Stroh, Hopfen oder Felle.

Schließlich müssen der **Diagnoseaufwand**, desgleichen die **Kosten der Unter- suchung** und die **Dauerhaftigkeit der Instandsetzungsmaßnahme**, insoweit sie voraussichtlich benötigt werden, abgeschätzt werden. Dies vor allem des- halb, weil natürlich jeder einzelne Fachmann den Untersuchungsaufwand sei- ner eigenen Sicherheit zuliebe so umfangreich wie möglich betreiben möchte. Es muss aber in allen Fällen gelten:

Untersuchungen nur so viele wie erforderlich und keine einzige mehr!

Bei der orientierenden Objektbegehung bedient sich der Gutachter in der Hauptsache seiner eigenen Organe; es handelt sich um die sinnliche Erfassung durch Sehen, Fühlen, Riechen, Hören und Schmecken. Sie vermittelt die ersten, grundlegenden Kenntnisse über Art und Umfang der Schäden im Dachge- schoss. Die meisten Beobachtungen können visuell gemacht werden, denn sie

171

Abb. 128:
Großer Wasserscha-
den, der visuell und
mit der Nase leicht
zu erfassen war.

fallen dem genau hinsehenden Auge auf, z. B. schadhafte Dachfüße, nachträglich eingebaute Balken, Befall durch Holz schädigende Pflanzen und Tiere.
Oberflächenzustände wie glatt, rauh, brüchig, abmehlend, weich, modrig, etc.
können sensitiv mit den Fingern festgestellt werden. Die Nase des Gutachters
riecht muffige, modrige oder stickige Raumluft als Folge langanstehender
Feuchte. Ob der Klang des Holzes beim Anklopfen mit dem Knöchel eines Fin-
gers hell oder dumpf ist, lässt sich auditiv erfassen und schließlich kann die
Zunge eine vorhandene Salzbelastung des Mauerwerks schmecken.

Das Resultat der orientierenden Objektbegehung ist eine erste vorsichtige
Schätzung des Schadensumfangs, des Diagnoseaufwands und der voraussichtlichen Untersuchungskosten. Die Kosten der erforderlichen Untersuchungs-
Maßnahmen sollten in jedem Gutachterbüro infolge eigener Ermittlungen vorliegen, Anfänger können sich der Kostenangaben in der Literatur bedienen.[112]

---

[112] MAIER 2002, S. 163–165: Tabelle 6.7 Kosten der Untersuchungsmaßnahmen. Diese Ko-
stenaufstellung von 2002 muss durch den Baupreisindex entsprechend korrigiert
werden, um heutzutage angewandt werden zu können.

Werkzeuge des Gutachters:

starke Taschenlampe, da in alten Gebäuden zumeist kein elektrisches Licht mehr vorhanden ist,

Zimmermannshammer zu Klangproben und ersten Untersuchungen am Dachholz,

Schaufel und Handbesen, um verdreckte Flächen freilegen zu können,

Senkel, Lot und Wasserwaage zur Überprüfung von Schieflagen im Dachstuhl oder Ausbauchungen am Mauerwerk,

Zollstock oder ausfahrbarer Maßstab, um das Ausmaß der jeweiligen Schädigung auch in größerer Höhe erfassen zu können,

Kompass für die Feststellung der Himmelsrichtung,

transportable Leiter, um auch höher gelegene Dachhölzer betrachten zu können,

Skizzenblock bzw. eine tragbare Zeichenplatte für erste zeichnerische Feststellungen,

Kamera (Digitalkamera), mit der sich diese ersten Beobachtungen und Feststellungen im Bilde festhalten lassen,

Diktiergerät, um die Schadensbilder vor Ort ausreichend zu beschreiben.

7.2 Anamnese

Sie ist die Summe aller Erkenntnisse zur Vorgeschichte des Bauwerks, in dem das in Frage stehende Dachgeschoss eingebaut ist.[113] Die Anamnese klärt zunächst die Bedingungen seiner Errichtung, dann die Art, das Ausmaß und den Zeitpunkt der Änderungen oder Reparaturen, also möglichst alle historischen Eingriffe in die Baukonstruktion und in das Gefüge des Dachwerks. Dann beschreibt sie die Aufeinanderfolge von Ein- und Umbauten mit allen wichtigen Baufugen, soweit sich all das aktenmäßig erfassen lässt. Als wünschbares Ergebnis liegt schließlich die gesamte Bau- und Sanierungsgeschichte des Gebäudes bzw. des Dachgeschosses vor. Schließlich ist es unerlässlich, aus den Akten den baulich-konstruktiven Kontext des gesamten Bauwerks zu erfahren. Ziel der Anamnese muss es sein, die Schwachstellen des Gebäudes herauszufinden, um den Einsatz von bauchemischen, bauphysikalischen und restauratorischen Untersuchungen problembezogen zu steuern. Mit Kenntnis der Vorgeschichte werden Art und Umfang solcher meist mit Zerstörung oder Veränderung verbundene Untersuchungen minimiert und die Kosten für die gesamte Voruntersuchung reduziert.

---

[113] MADER 1988, S. 36. Er definiert Anamnese gänzlich anders. Die korrekte Definition findet sich im WTA-Merkblatt 4-5-99.

Anamnese bündelt die Erkenntnisse zur Vorgeschichte des Gebäudes aus

☐ Archiven wie Hauptstaats- und Staatsarchiven, Diözesanarchiven, Landes-
kirchlichen und Pfarrarchiven, Stadt- und Kreisarchiven, Heimatvereins-,
Privat- und Zeitungsarchiven, ferner Plansammlungen der Technischen
Universitäten und Hochschulen, der Kunstakademien; Bildarchiven wie
städtische Bildarchive, Kreisbildstellen, Bildarchiv Foto-Marburg, Meydenbauer-Archiv und viele andere;

☐ Bauunterlagen, wie sie städtische Registraturen und die der Kreisverwal-
tungsbehörden aufbewahren, ferner sich im Privatbesitz befinden können;

☐ altem Bildmaterial in Zeitungsarchiven, auf Postkarten oder im Privatbesitz;

☐ Sekundärliteratur wie wissenschaftliche Monographien und Aufsätze, bei
Baudenkmälern vor allem das Dehio-Handbuch, die Denkmalbände und
Denkmallisten der Landesdenkmalämter sowie Heimatbücher. Die Angaben
in Letzteren müssen im Hinblick auf ihre Korrektheit besonders vorsichtig
gehandhabt werden.

☐ der rezenten Nutzungsgeschichte, die sich durch Befragen von älteren Bewohnern bzw. Nachbarn oder örtlichen Vereinen erfahren lässt.

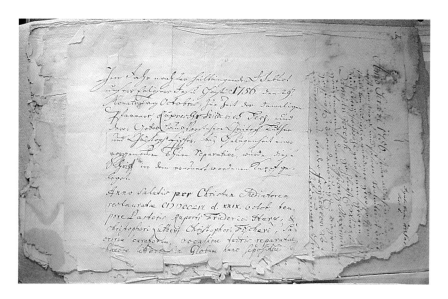

Grundsätzlich sollte sich der Untersuchende niemals durch die Behauptung, der archivalische Bestand sei längst untergegangen, von einer gründlichen Recherche abhalten lassen. In den meisten Fällen hat der Verfasser bei seinen eigenen Forschungen zur Anamnese eines Bauwerks festgestellt, dass die Akten durchaus vorhanden, aber schrecklich vernachlässigt worden sind.

In fast allen Archiven benötigt der Untersuchende eine Vollmacht des Eigentümers, die er bei Untersuchungsbeginn im Archiv vorlegen muss. Benutzungstermine sollten mit dem zuständigen Archivar vereinbart werden. Außerdem kostet die Benutzung von Archiven Gebühren und dort bestellte Kopien von Akten oder Bildern bzw. Architekturzeichnungen sind zumeist ziemlich teuer. Ihre Bezahlung muss mit dem Auftraggeber zuvor abgesprochen sein. Der Untersuchende sollte selbstverständlich über archivalische Grundkenntnisse[114] verfügen und wenigstens die verschiedenen mit der Hand geschriebenen Kanzleischriften des 17. bis 19. Jahrhunderts, die so genannte *Deutsche Kurrente*,[115] einigermaßen lesen können, denn die Schreibmaschine wurde in der Bauverwaltung in Deutschland erst mit Beginn des 20. Jahrhunderts eingeführt.

---

[114] BECK/HENNING führt in die Archivkunde ein.

[115] BECK/HENNING, S. 191–201: In der Neuzeit herrscht in den Akten die aus der neugotisch-deutschen Schreibschrift entwickelte Geschäftsschrift oder Kurrente vor.

7.3   Schadensdokumentation

Durch Inaugenscheinnahme sind die gröbsten Schäden leicht festzustellen und zu beschreiben. Danach müssen sie fotografiert werden. Die fotografische Erfassung kann sich zwar zunächst auf Einzelbilder der festgestellten Bauschäden beschränken, grundsätzlich ist aber vor allem bei Baudenkmälern zu überlegen, ob nicht eine sehr genaue Bestandsaufnahme eines geschädigten Daches durch überlappendes Fotografieren sinnvoller wäre. Eine Sofortbildkamera genügt allerdings nicht, um die Schäden im Bestand angemessen zu dokumentieren; hier müssen schon Spiegelreflexkameras oder zumindest Digitalkameras auf einem justierbaren Stativ zum Einsatz kommen. Dabei soll vom selben, in einem Grundriss exakt markierten Standort aus der alte und später nach der Instandsetzung der jeweils neue Zustand fotografiert werden. Die fotografische Erfassung insbesondere von Baudenkmälern verlangt jedoch stets ein hohes fotografisches Können und daher oftmals den Einsatz von Berufsfotografen.

Die Größe der Fotografien sollte das Maß von 13/18 cm nicht unterschreiten. Nur auf solchen oder noch größeren Fotoformaten sind Details zu erkennen. Für die spätere Verwertung der Fotos ist es erforderlich, gemäß dem Orientierungssystem festgelegte Raumdaten im jeweiligen Bild festzuhalten. Grundsätzlich sollte auf Fotos ein Vergleichsmaßstab dargestellt sein, um die Größe des Bauteils abschätzen zu können. Dort, wo es auf die Farbe ankommt, fotografiert

Abb. 131:
Rissbreitenmesser
im Einsatz.

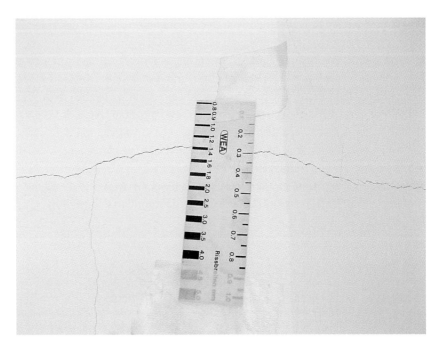

man Farbmusterkarten desselben Farbtons mit. Wenn später die Fotos vergilben und der Farbwert sich dadurch ändert, kann über die Nummer der Farbmusterkarte der Farbwert dennoch exakt bestimmt werden. In der Regel genügen jedoch für Beobachtungen am Dachstuhl Schwarz-Weiß-Aufnahmen.

Die skizzenhafte Erfassung der angetroffenen baulichen Zustände lässt zugleich deren Bemaßung zu. Bei einfacheren Bauten tut es oft ein Handaufmaß. Gegenüber aufwendigem Geräteeinsatz hat dieses einfache Verfahren noch den Vorteil, dass der skizzierende Architekt zugleich mit der Maßhaltigkeit auch das Material und den baulichen Zustand des gemessenen und gezeichneten Bauteils erfassen kann. Das Handaufmaß ist also in jedem Falle ein *analytisches* Messverfahren und ergänzt die sinnliche Erfassung.

7.4 Untersuchungen mit geringen Eingriffen in das Dachholz

Bei der wichtigsten und zugleich am wenigsten aufwendigen Methode, der visuellen Untersuchung, kann der allgemeine Gesamtzustand der Konstruktion und des Holzes festgestellt und beschrieben werden. Zunächst wird die Orientierung des Dachgeschosses zu den Himmelsrichtungen festgestellt. Dies gibt Aufschluss über die besonnte und die Wetterseite. Dazu benötigt man einen Kompass. Der Bearbeiter trägt die festgestellten Himmelsrichtungen in seine Lagepläne oder Grundrissskizze ein.

Beim visuellen Untersuchen werden offensichtliche Schädigungen durch Pilz- oder Insektenbefall, Verwitterungsschäden, Moder und Fäulnis zur Kenntnis ge-

Abb. 132:
Gebrochener Holzunterzug unter der Dachbalkendecke.

177

nommen und fotografiert. Leicht lassen sich Substanzverluste infolge pflanzlichem oder tierischem Befall, Vermulmung und Hohlstellen erkennen. Um sicher zu gehen, klopft man zunächst mit dem Knöchel der eigenen Hand und dann vorsichtig mit dem Hammer auf die beschädigte Stelle. Mit dem Zollstock erfasst man das Ausmaß der flächenhaften Vermulmung. Schäden durch Überlastung zeigen sich durch Brüche im Holz.

In einem weiteren Schritt muss die Ästigkeit der rechnerisch recht hoch beanspruchten Holzteile ermittelt werden, da die Zahl der Äste, wie in Kapitel 4.1.3.2 ausgeführt, ein Kriterium zur Beurteilung der Güte- bzw. Beanspruchungsklasse des Holzes darstellt. Sie ist besonders für solche Balken von entscheidender Bedeutung, die Zug- bzw. Biegezugkräfte aufnehmen sollen. Im Bereich der Traufen treten besonders bei Sparren- und Kehlbalkendächern Schubbeanspruchungen auf, z. B. Schub im Vorholz des Versatzes. Es ist zu untersuchen, ob das Holz in diesem Bereich Risse oder Schwindrisse aufweist, denn diese vermindern die Schubfestigkeit. Da das alte Holz in der Regel seine Ausgleichsfeuchte erreicht hat, ist mit einer Zunahme solcher Risse zunächst nicht zu rechnen. Während der Ausbauphase werden jedoch solche Bereiche mit neuer Feuchte, Baufeuchte und Regen bei unzuverlässigem Schutz durch die ausführenden Arbeiter kontaminiert, was zu großen Schäden führen kann.

Durchfeuchtung wird durch folgende Merkmale deutlich: Das Holz hat an solchen Stellen eine dunkle Färbung. Wenn die Durchfeuchtung bereits wieder abgetrocknet ist, lässt das Wasser in der Regel einen weißen, mäandrierenden Salzrand rings um die einstige feuchte Stelle zurück. Hat die Durchfeuchtung

Abb. 133:
Dunkle Verfärbung des Holzes zeigt die Durchfeuchtung an.

bereits zu Holzschäden geführt, sind diese durch Abklopfen mit dem Hammer dumpf zu hören.

Manifest gewordene Verformungen wie Durchbiegung, Ausbauchen, Schiefstellung, etc. lassen sich mit der Wasserwaage, Lot oder Senkel, einer Schlauchwaage oder dem Nivelliergerät rasch erfassen. Wenn solche bleibenden Verformungen am Holz vorhanden sind, ist in aller Regel ein verformungsgetreues Aufmaß unabdingbar.

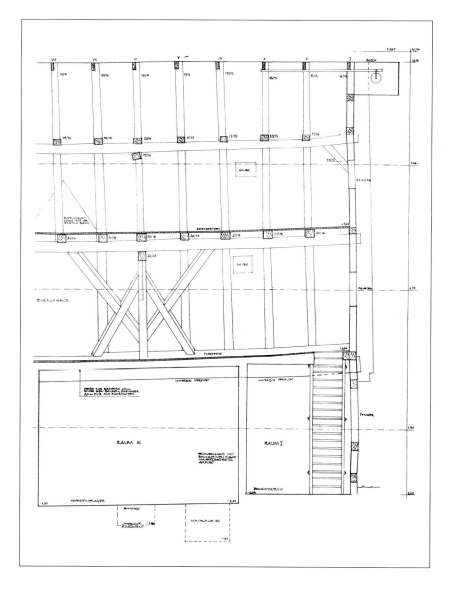

Abb. 134:
Bamberg, Kutschenremise. Verformungsgetreues Aufmaß des Giebels.

179

Bei sehr starken Schieflagen des Dachverbandsholzes muss unbedingt geprüft werden, ob die Standsicherheit überhaupt noch gegeben ist. Dies erfordert einen erfahrenen Zimmermeister, weil Holz nämlich durchaus in der Lage ist, trotz Schiefstellung ein neues statisches Gleichgewicht zu erlangen. Gegebenenfalls muss bereits in dieser Phase der Untersuchung die Sicherung einsturzgefährdeter Bauteile, etwa gebrochener Balken, veranlasst werden. Außerdem muss festgestellt werden, ob der Verformungsvorgang bereits abgeschlossen oder noch virulent ist. Der Gutachter beobachtet zu diesem Zweck die vorhandenen Risse im Mauerwerk des Gebäudes unterhalb des Daches, aber auch die im Drempel-, Giebel- oder Innenmauerwerk im Dachgeschoss selbst daraufhin, ob ihre Rissflanken verschmutzt und verkrustet oder frisch und bruchrauh sind. Verschmutzte Rissflanken zeigen mit großer Wahrscheinlichkeit an, dass die Rissbildung seit langem abgeschlossen ist. Um zu prüfen, ob die Risse noch virulent sind, setzt man datierte Gipsmarken auf die Rissflanken. Reißen diese nach wenigen Tagen oder Wochen, ist der Riss noch dynamischen Kräften ausgesetzt. Man kann für die genauere Messung der Beweglichkeit der Rissflanken Setzdehnungsmesser benutzen. Wo es auf die Genauigkeit der Rissbreitenmessung ankommt, wird sehr genau mit Hilfe von Abstandswinkeln und einer Mikrometerschraube gemessen. Noch exaktere Ergebnisse lassen sich mit einem Rotationslaser oder einem Theodoliten erzielen. Auf diese Weise erkennt der Gutachter das Ausmaß noch wirkender, aktiver, dynamischer Kräfte oder kann sich vergewissern, dass die Setzung bzw. Schiefstellung bereits abgeschlossen ist oder nicht.

Abb. 135:
Bamberg, Dominikanerkirche. Der Riss im Gewölbe wurde mit einer Gipsmarke versehen, um festzustellen, ob noch dynamische Kräfte auf den Putz wirken.

Abb. 136:
Bamberg, Dominikanerkirche. Kot von verwilderten Haustauben auf der Fensterbrüstung.

Besonders offenkundig sind die meisten biologischen Einflüsse auf das Dach wie Bewuchs mit Moosen, Algen oder größeren Pflanzen. Tierischer Befall durch Tauben, Mäuse, Wespen oder Ameisen ist häufig nur durch genaues Beobachten feststellbar, in der Regel findet man den Kot der größeren Tiere; die Insekten erkennt man an von ihnen errichteten typischen Haufen oder Nestern. In den Taubenkadavern leben in der Regel Zecken, die höchst gefährlich für die Bewohner des Gebäudes werden können. Mauerwerke können aber auch geschützten Tierarten eine Heimstatt bieten, z. B. fand der Verfasser schon Eulen und Steinkäuze in Löchern im Mauerwerk. Sowohl das Beseitigen oder Umsetzen von Tieren und Pflanzen als auch das Entfernen von tierischem Kot oder Kampagnen gegen Taubenzecken durch eine große Anzahl von Besprühungen können durchaus umständlich sein und eine Instandsetzungsmaßnahme sehr hinauszögern (siehe Kapitel 4.3 und 4.4).

Um Zerklüftung und Hohlräume in den Holzbalkendecken, vermulmtes Dachstuhlholz und beschädigte Dachfüße an der Traufe zu erkennen, setzt man das Endoskop ein. Der Gutachter benutzt am besten Fehlstellen in der Konstruktion, durch die er den Stab seines Endoskops mit dem Okular ins Innere der beschädigten Hölzer oder Holzdecken einschiebt. Manchmal sind auch Bohrungen mit wenigen Millimetern Durchmesser erforderlich, um das Endoskop ins Deckeninnere einzubringen. Zum Endoskopieren gibt es im Handel starre und flexible, verlängerbare Endoskope mit Video- oder Kameraanschluss und Videoprinter. Damit lassen sich aber nicht nur Fehlstellen und Hohlräume im Holz beobachten, sondern alle Spalten und Risse, selbst an den unzugänglichen Stellen, ohne dass das Dachwerk zusätzlich beschädigt werden muss.

Abb. 137:
Durch das in den
Holzbretterboden
gebohrte Loch
konnte die Decke
unter dem Dachge-
schoss begutachtet
werden.

Weitere Erkenntnisse verschaffen Verfahren wie die Thermographie: eine Infrarotkamera erzeugt Wärmebilder von Energieverlustzonen an den Giebelwänden
eines Gebäudes, die *Wärmebrücken*, werden sichtbar. Unter dem Verputz befindliche Fugen, größere Hohlstellen, Materialwechsel etwa von Naturstein zu
Backstein oder ins Mauerwerk eingebaute Holzbalken treten im Bild optisch
hervor. Allerdings muss auch eine Reihe von Randbedingungen erfüllt sein, damit tatsächlich von unterschiedlichen Bauteiltemperaturen auch auf Material-
unterschiede geschlossen werden kann. Sonne, Regen, Wind, aber auch Wärme-
quellen im Gebäudeinneren müssen den gesamten, zu untersuchenden
Mauerwerksteil gleichermaßen beeinflussen, da sonst das Ergebnis von vornherein verfälscht wird. Will man Innenwände zwischen ziemlich gleich warmen
Räumen untersuchen, wird ein künstliches Aufheizen der Wände erforderlich,
denn sonst könnte kein unterschiedlicher Wärmedurchgang erfasst werden.
*„Die Aussagefähigkeit dieser Untersuchungsmethode wird häufig überschätzt, vor
allem sollte die Kosten-Nutzen-Relation darüber nachdenken lassen, dass auch
Klopfen, kleinflächiges Öffnen, Helligkeitsunterschiede bei Beregnen oder Abtrock-
nen und anderes eine kostengünstige Aussage erlauben.“*[116]
Das Aufspüren von Wärmebrücken durch Erzeugen eines Unterdrucks im ausgebauten Dach lässt sich dagegen leichter einsetzen. Durch den Unterdruck
entstehen an den Wärmebrücken Zugerscheinungen, die sich ganz einfach mit
Hilfe einer brennenden Kerze nachweisen lassen. Die Industrie und die Bau-

---

[116] ARENDT, Untersuchungen, S. 63.

physik haben für den Nachweis außerdem sehr feine Messgeräte entwickelt, die eine quantitative Erfassung des Luftstroms ermöglichen (Blower-Door-Test, siehe Kapitel 12.1.1).

Die Anwendung von Ultraschallgeräten, mit denen Bauteile auf Hohlräume oder die Grenzfläche zwischen verschiedenen Mauermaterialien untersucht werden, ermöglicht vor allem Aufschlüsse über vorhandene Rohrleitungen und deren Wandstärke. Es handelt sich um ein aufwendiges Verfahren, zumal die Auswertung über einen Bildschirm geschieht. Einen Aufschluss über wechselnde Verputze oder etwa über nachträgliches Verschließen von Öffnungen ergibt das Beleuchten mit Streiflicht. Dazu benötigt man entsprechend starke Baustrahler oder Fotografierlampen. Dabei werden Oberflächenstruktur und Bearbeitungsspuren, Einritzungen und Oberflächen-Korrosion sehr deutlich. Mit einer Kamera lässt sich das Ergebnis im Bild festhalten (siehe Abb. 124).

Mit Hilfe einer Messlupe mit einer 0,1 mm Skala, einer Taschenlampe oder Halogenleuchten lassen sich Rissbilder im Mauerwerk erkennen. Deutlich sieht man dabei Breite, Länge, Verlauf, Rissuferausbildung, oft auch Risstiefe, Rissmuster und gegebenenfalls bevorzugte Rissrichtungen. Diese Beobachtungen bilden die Grundlage für die Beurteilung der Standsicherheit und der Wirkungszusammenhänge im Kraftabfluss. Dazu gehört auch die Gefälleermittlung von Simsen und Fensterbänken, die man leicht mit einer Wasser- bzw. Schlauchwaage durchführen kann. Man gewinnt dabei Erkenntnisse über Schiefstellungen und das Abtropfen von Regenwasser.

Abb. 138:
Risse im Giebelmauerwerk zeigen durch ihren Verlauf den Schaden im Tragwerk an.

Schließlich sei noch auf raumklimatische Messungen hingewiesen. Mit ihrer Hilfe werden die Luftfeuchte und Lufttemperatur, die Raumtemperatur und die relative Feuchte, die Luftmenge und ihre Bewegung bestimmt. Diese Parameter sind zur Feststellung der Feuchtigkeit in Holz und im Mauerwerk unverzichtbar. Die Wissenschaft hat zu diesem Zweck Geräte entwickelt, etwa den Aspirationspsychrometer nach Assmann, den Thermohygrographen, den Luftfeuchteferngeber, elektronische Temperaturmessgeräte oder den Flügelradanemometer.[117] In der täglichen Praxis haben sich dafür die elektrischen bzw. elektronischen Feuchtemessgeräte sehr bewährt. Die Feuchte von Holzbalken lässt sich mit ihnen recht zuverlässig ermitteln.

7.5   Entscheidung über das weitere Vorgehen

Nach Abschluss der Anamnese und der ersten, kursorischen Schadensaufnahme vor Ort ist der Zeitpunkt gekommen, an dem sich beurteilen lässt, welche weiteren Untersuchungen erforderlich sind, um eine Erfolg versprechende Instandsetzungsmaßnahme einzuleiten. Bei hinreichend komplexen Objekten, d. h. bei verwinkelten Dachlandschaften und bei starker Schädigung der tragenden Holzteile, wird man Art und Anzahl der Untersuchungen regelrecht planen müssen. Dabei sollten immer die Substanz schonenden Untersuchungsmethoden bevorzugt und auf den tatsächlich notwendigen Umfang begrenzt werden. Dies insbesondere dann, wenn es sich um das Dachgeschoss in einem Baudenkmal handelt. Die Referenten der Landesdenkmalämter haben sich inzwischen verstärkt angewöhnt, Erkenntnisse für eigene Forschungsvorhaben aus für die Instandsetzung eigentlich überflüssigen Untersuchungsmaßnahmen zu gewinnen. Beispielsweise werden gerne komplette Wandabwicklungen, obwohl einzelne Bestandsfotos durchaus genügen, oder dendrochronologische Daten, selbst wenn eine Altersbestimmung gar nichts zur Sanierung beiträgt, gefordert (siehe Kapitel 6.4).

Auch der Zeitbedarf und -aufwand für Untersuchungen, insbesondere bei jahreszeitlich bedingten Überprüfungen, etwa des hygroskopischen Feuchteverhaltens eines Mauerwerks oder für raumklimatische Messungen im Dachstuhl muss eingeplant werden. Die Eingriffsstelle zur Probenahme am Dachwerk muss gegebenenfalls mit den Beamten der Landesdenkmalämter abgestimmt werden. Insbesondere werden diejenigen Entnahmestellen, die nach Art und Umfang der Probenahmen die Originalsubstanz zerstören, festgelegt. Bei einfachen Dachstühlen wird man sich mit dem Tragwerksplaner oder einem erfahrenen Zimmermeister beraten.

---

[117] ARENDT, Untersuchungen, S. 63.

Bei Baudenkmälern sind für die weitere Untersuchung häufig Sonderfachleute erforderlich. Sie unterbreiten Vorschläge für geeignete Untersuchungsschritte aus ihrem Fachgebiet. Es empfiehlt sich, dafür Kostenangebote einzuholen. Dazu muss allerdings eine Art Leistungsverzeichnis erstellt werden, aus dem Ort, Zeitpunkt, Anzahl und Umfang der Probenahme, die gewählte Untersuchungsmethode und gegebenenfalls denkmalpflegerische Auflagen für die Probenahme hervorgehen. Außerdem sollte der ausschreibende Ingenieur die Dimension der Messergebnisse angeben, z. B. ob bei Salzanalysen Masse-% oder Volumen-% zugrunde gelegt werden sollen, weil er sie beispielsweise mit Ergebnissen der Feuchtemessung im Holz, die gleichfalls in Masse-% oder Volumen-% vorliegen können, vergleichen muss. Auf diese Weise muss erreicht werden, dass die verschiedenen Untersuchungen für ein und dasselbe Objekt miteinander stets vergleichbar sind. Ist dies nicht der Fall, entsteht bei der Vielzahl der an einem Baudenkmal notwendigen Untersuchungsgutachten ein Chaos und Wirrwarr wahrhaft babylonischen Ausmaßes auf dem Schreibtisch des Architekten bzw. des zuständigen Baubeamten.

7.6   Erstellen von Planunterlagen

Um alle Ergebnisse der Untersuchungen in Planunterlagen eintragen zu können, müssen immer dann, wenn dienliche Pläne fehlen, geeignete Planunterlagen hergestellt werden. Die Pläne können je nach Schadhaftigkeit oder Bedeutung des jeweiligen Dachstuhls abgestuft aufwendig werden. Bei einfacheren Bauten tut es meist das oben beschriebene Handaufmaß des Architekten allein.

Abb. 139:
Beim Aufmessen eines Dachstuhls empfiehlt sich ein einfacher Messtisch vor Ort, wie er im Hintergrund sichtbar ist.

185

Es enthält alle notwendigen Grundrisse, Schnitte und Aufrisse im Maßstab 1:100. Gegenüber aufwendigem Geräteeinsatz hat dieses einfache Verfahren noch den Vorteil, dass der messende Architekt zugleich mit der Maßhaltigkeit auch das Material und den baulichen Zustand des gemessenen Mauerwerks erfassen kann. Das Handaufmaß des Architekten gehört also in jedem Falle zu den analytischen Messverfahren und ergänzt die sinnliche und vor allem die visuelle Erfassung.

Wenn es sich bei dem Gebäude um ein Baudenkmal handelt, dann ist oft ein genaueres Aufmaßverfahren notwendig. Das Landesdenkmalamt Baden-Württemberg hat beispielhafte *„Empfehlungen für Bauaufnahmen"*[118] herausgegeben. Sie bringen die Problematik Bauaufnahme in ein konkretes, für die Praxis brauchbares System von Genauigkeitsstufen, die hier wiedergegeben werden.

7.6.1   Genauigkeitsstufe I

Aufmaß im Maßstab 1:100

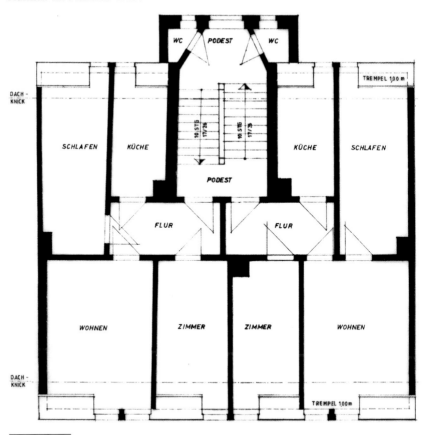

Abb. 140: Architektenzeichnung des bestehenden Dachgeschosses.

---

118   ECKSTEIN/GROMER haben die Genauigkeitsstufen anschaulich dargestellt.

Schematische, jedoch vollständige Darstellung durch direktes Auftragen vor Ort oder anhand von Messblattskizzen mit anschließendem Auftragen in Freihandzeichnung oder am Reißbrett. Bauschäden, Verwerfungen und Durchbiegungen brauchen nicht dargestellt zu werden. Ausarbeitungsgrad: Ungefähr maßstäbliche Freihandzeichnung bis Baugesuchsgenauigkeit.

Ergebnis: Einfache Dokumentation eines Gebäudetyps in Grundrissgliederung, Höhenentwicklung, Form und Außenerscheinung. Die Pläne sollen als Besprechungsgrundlage bei Vorplanungen dienen oder bei Renovierungsmaßnahmen mit geringen Eingriffen.

7.6.2 Genauigkeitsstufe II

Aufmaß im Maßstab 1:50 oder 1:100

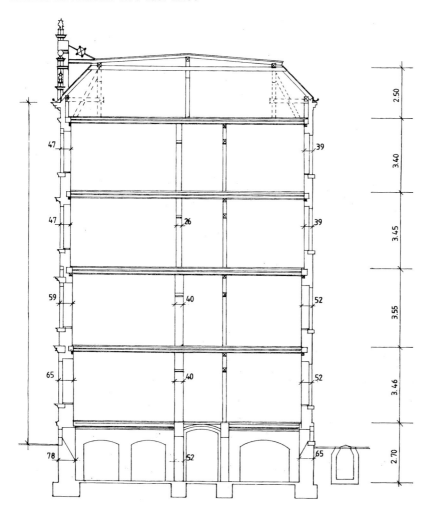

Abb. 141:
Schnitt durch das bestehende Wohngebäude.

Annähernd wirklichkeitsgetreues Aufmaß als Grundlage für einfache Sanierungen ohne weiterführende Umbaumaßnahmen oder als Grundlage für Orts- und Stadtbildanalysen sowie für vorsorgliche Dokumentationen auch im Rahmen der klassischen Inventarisation.

Ergebnis: Annähernd wirklichkeitsgetreue Dokumentation eines Baubestandes mit der Feststellung des hauptsächlichen, konstruktiven Systems. Die Pläne sollen als Grundlage für einfache Sanierungs- und Sicherungsmaßnahmen sowie zur Kartierung restauratorischer Untersuchungen nutzbar sein. Weiterhin sollen sie die Grundlage für bauhistorische Untersuchungen an einfacheren Einzelgebäuden bilden.

7.6.3 Genauigkeitsstufe III

Aufmaß im Maßstab 1:50

Exaktes und verformungsgetreues Aufmaß, das auch den Erfordernissen der Bauforschung genügt und die Grundlage für Umbaumaßnahmen bildet. Voraussetzung für das verformungsgetreue Aufmaß ist ein dreidimensionales Vermessungssystem, auf das außerhalb und innerhalb eines Gebäudes in allen Räumen die Detailaufnahme aufgebaut ist. Die Höhen sind auf NN zu beziehen. Grundrisspläne, Schnitte und Ansichten müssen über Netzkreuze oder Passpunkte auf- oder aneinandergepasst werden können. Die Auftragungen müssen vor Ort erfolgen. Die Darstellungsgenauigkeit muss innerhalb ± 2,5 cm liegen. Wenn erforderlich, werden die gemessenen Werte mit eingetragen.

Ergebnis: Wirklichkeitsgerechte Dokumentation für Restaurierungs- und Umbauplanungen sowie für die Zwecke der wissenschaftlichen Bauforschung, der statischen Sicherung und der planungsvorbereitenden Bauzustandsanalyse.

7.6.4 Genauigkeitsstufe IV

Aufmaß im Maßstab 1 : 25 oder größer

Exaktes und verformungsgetreues Aufmaß, das den Erfordernissen der Bauforschung genügt und die Grundlage für schwierige Umbaumaßnahmen bildet.

Die messtechnischen Voraussetzungen für das verformungsgetreue Aufmaß sowie die Planinhalte entsprechen der Genauigkeitsstufe III. Die Darstellungsgenauigkeit muss innerhalb ± 2 cm liegen. Bei höheren Anforderungen, z. B. bei Untersuchungen für die statische Sicherheit, muss die Darstellungsgenauigkeit der möglichen Messgenauigkeit bei vertretbarem Aufwand entsprechen: Maßstab 1:20 = Genauigkeit ± 1 cm, Details im Maßstab 1:10 = Genauigkeit ± 0,5 cm. Großmaßstäbliche Bauaufnahmen sind erforderlich, wenn bei Translozierungen und Rekonstruktion früherer Bauzustände kleinste Hinweise erfasst werden müssen. Da solche Details oft erst im Zuge der Baumaßnahmen, nach Abschlagen des Verputzes, nach Herausnehmen der Ausfachungen oder beim

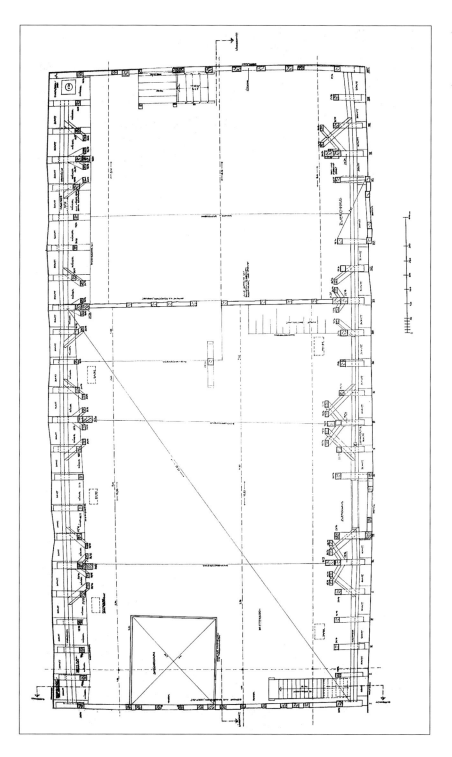

Abb. 142:
Bamberg, Kutschen-
remise. Verfor-
mungsgetreues
Aufmaß im Original
M 1: 25.

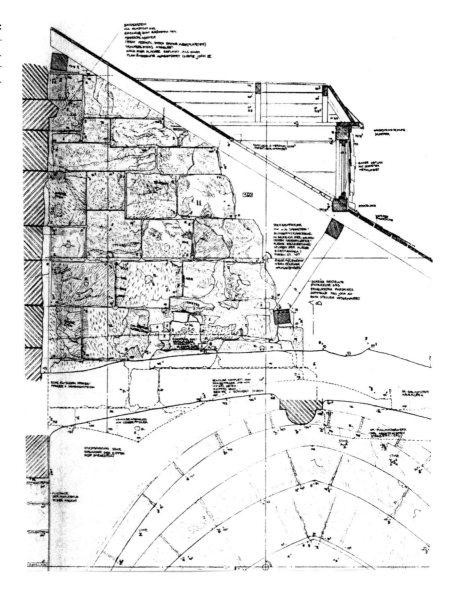

Auswechseln oder Abnehmen von Bauteilen erkennbar sind, muss gewährleistet sein, dass diese Informationen in den Plänen nachgetragen werden. Sinn der großmaßstäblichen Bauaufnahmen sind die größere Darstellungsgenauigkeit, z. B. für statische Aussagen, und die Möglichkeit der detaillierten Darstellung, z. B. bei Fenster- und Türlaibungen und Zierelementen sowie Doppellinien bei Steinfugen und Fachwerksverbindungen. Bauaufnahmen in der Genauigkeitsstufe IV wurden für hochwertige Objekte mit hohem Schwierigkeitsgrad benötigt, bei denen detaillierte und genaue Darstellungen erforderlich sind.

Ergebnis: Großmaßstäbliche und verformungsgetreue Dokumentation für alle Zwecke der wissenschaftlichen Bauforschung,[119] der statischen Sicherung und der planungsvorbereitenden Bauzustandsanalyse sowie komplizierten Umbaumaßnahmen, für Translozierungen und für Rekonstruktionen.

In der Regel wird für den Ausbau eines Dachgeschosses, auch wenn es nicht denkmalgeschützt ist, die Genauigkeitsstufe II genügen. Die Stufe III ist erforderlich, wenn die Schädigung jedes einzelnen Balkens im Dachstuhl mit ihrem Schädigungsgrad genau erfasst werden muss, um die Beseitigung von originalem Dachholz ausschließlich im geschädigten Bereich sicher zu stellen.

Eine alternative Aufnahmemethode stellt die moderne Fotogrammetrie dar.[120] Sie beruht auf den alten Verfahren der projektiven Transformation und der Radialtriangulation. Bereits seit der Zweiten Hälfte des 19. Jahrhunderts hat der Architekt Albrecht Meydenbauer (1834–1921) in Berlin die Messtischfotogrammetrie betrieben, seine Fotoplatten sind heute noch vorhanden.[121] Moderne Fotogrammetrie wird unter Einsatz von Taschencomputern bei der Passpunktbestimmung erst wirtschaftlich sinnvoll und kann im Rolleimetrik- oder in einem anderen, computergestützten Verfahren durchgeführt werden. Da es sich um ein stereometrisches Messverfahren handelt, ist es vor allem dann zu empfehlen, wenn rekonstruktive Maßnahmen geplant sind, d. h. wenn Teile eines Balkens, z. B. seine Schnitzereien oder auf ihm applizierter plastischer Dekor, von ihrer Substanz her so verfallen sind, dass sie mit Hilfe neuer Materialien wiederhergestellt werden müssen. Für Dächer und Dachstühle werden hochauflösende Scanner, digitale Verfahren zur Bildverbesserung und der Einsatz digitaler Entzerrungssoftware benötigt, welche auch stark geneigte Aufnahmen auswerten kann.

---

[119] Auch bei dieser Anleitung zur Erstellung von Planunterlagen steht in jedem Falle die wissenschaftliche Bauforschung im Vordergrund, die für die Instandsetzungsmaßnahmen nur bedingt erforderlich ist.

[120] RICHTER, 1990, hat einen Leitfaden zum Thema „Fotogrammetrie" herausgegeben.

[121] Meydenbauer-Archiv beim Brandenburgischen Landesamt für Denkmalpflege und Archäologischem Landesmuseum, Wünsdorfer Platz 4-5, 15838 Zossen (Ortsteil Wünsdorf)

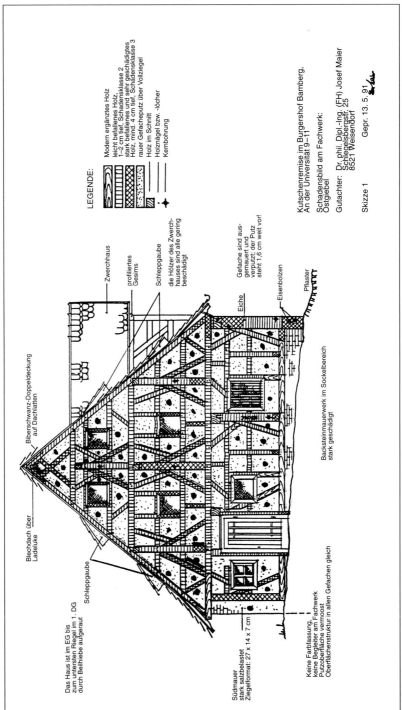

Abb. 144: Bamberg, Kutschenremise. Schadensskizze des Fachwerkgiebels.

7.7   Probenahmen: Bohrkerne, Bohrmehl, Balkenscheibe, ganze Balken

Zerstörungsfreie Untersuchungen am Dachwerk genügen oft nicht, den Informationsbedarf umfassend sicher zu stellen. Deshalb müssen in vielen Fällen Eingriffe in die Gebäudesubstanz vorgenommen werden. Zunächst wird man geringfügige, zerstörungsarme Eingriffe wie Bohrlöcher für die Endoskopie und dann, falls erforderlich, umfangreichere Probenahmen wie Kernbohrungen durchführen.[122] Mit dem Kernbohrer lassen sich beim gesunden Holz zusammenhängende, bei befallenem Holz gestörte Bohrkerne aus dem Holz ziehen, die eine zumeist ausreichende Kenntnis über das Holzinnere vermitteln. Solche Bohrkerne können Bohrlöcher mit Ø bis zu 20 mm hinterlassen. Ein überzogenes Erkenntnisinteresse des Tragwerksplaners kann allerdings auch den Balken wie einen Schweizer Käse durchlöchern.

Deshalb hat die Forschung in den letzten Jahren das Bohrwiderstandsmessgerät, z. B. den Resistograph® 2450, entwickelt. Dazu wurden viele Versuche durchgeführt. Man hat insbesondere wichtige Parameter, die das Messergebnis erheblich verfälschen können, insbesondere den Kraftaufwand, den die Reibung des Bohrers an der Bohrwand bei feuchtem Holz benötigt, zu erfassen versucht. Obwohl diese Randbedingungen den Einsatz eines Bohrwiderstandmessgeräts bei der Untersuchung am Mauerwerk gänzlich in Frage stellen, wird es am Dach- und am Fachwerkholz durchaus mit Erfolg eingesetzt. Mit einem 1,3 mm

Abb. 145:
Bamberg, Dominikanerkirche. Nach der Bohrkernentnahme wieder sauber verschlossenes Bohrloch.

---

[122] GÖRLACHER, 1991, S. 71 Abb. 4.

193

dicken, etwa 30 cm langen Bohrer wird mit konstanter Vorschubgeschwindigkeit ins Holz gebohrt. Dabei ändert sich, je nach Beschaffenheit des Holzes, die Stromaufnahme des Bohrmotors, die parallel zum Bohrvorgang gemessen wird. Bohrt man einerseits durch einen gesunden, andererseits durch einen geschädigten Bereich eines Balkens, so erhält man auf einem dazugehörigen elektronischen Schreibgerät zwei verschiedene Diagramme: Die Bohrung durch den ungeschädigten Bereich zeigt die einzelnen Jahrringe, aufgeteilt in Früh- und Spätholz, in recht gleichmäßigen Ausschlägen des Schreibers, wie sie sich durch unterschiedlichen Strombedarf des Bohrgeräts ergeben. Im Gegensatz dazu sinkt der Ausschlag des Schreibgeräts im geschädigten Bereich des Holzes stark ab. Man erkennt mit der Bohrwiderstandsmessung die Schädigungen im Inneren des Balkens, ob nun vermulmte Bereiche, Hohlstellen oder von Insektenlarven befallene Teile mit ihren Fraßgängen, recht genau. Zugleich misst das Gerät das gesunde Restholz. Damit kennt man auch die Resttragfähigkeit des Balkens. Die dünnen Bohrnadeln hinterlassen nur kleine, kaum sichtbare Löcher.

Oft ist es zur Beurteilung der Tragfähigkeit eines Holzteils im Dachstuhl unabdingbar, seine Rohdichte zu kennen. Dazu war es bislang erforderlich, ein Stück des Balkens auszubauen, was einer partiellen Zerstörung gleichkam. Heute ermittelt der Fachmann auch die Rohdichte mit Hilfe eines so genannten *Pilodyn-Messgeräts*. Ein Stahlstift, der allerdings geringfügig dicker ist als der Bohrer des Widerstandsmessgeräts, nämlich einen $\varnothing \leq 2$ mm aufweist, wird mit genau definierter Energie ins Holz getrieben. Die unmittelbar auf einer Skala am Messgerät ablesbare Eindringtiefe gibt ein Maß für die Holzqualität, insbesondere für die Rohdichte. Der Zusammenhang von Eindringtiefe und Holzrohdichte wurde durch Vergleichsmessungen im Versuch ermittelt und stellt daher eine bekannte Kenngröße dar.[123]

Will man die Tragkraft eines Balkens schließlich ganz genau wissen, misst man im Belastungsversuch seine Biegebeanspruchung und daraus resultierend sein Elastizitätsmodul. Dieses recht aufwendige Verfahren gehört bereits zu den zerstörungsintensiven, denn der Balken kann bei der Belastungsprobe durchaus brechen. Eine solche Belastungsprobe ist beispielsweise dann erforderlich, wenn in ein Dachgeschoss eine Bibliothek oder ein Archiv eingerichtet werden soll. Anstelle dieses, die Zerstörung des Balkens riskierenden Belastungsversuchs, hat die Forschung Ultraschall-Messverfahren an alten Holzkonstruktionen entwickelt, die aus der Laufzeit einer durch einen Ultraschallimpuls ausgelösten Longitudinalwelle das E-Modul berechnen lassen.[124]

---

[123] GÖRLACHER, 1991, S. 72 Abb. 6.
[124] GÖRLACHER, 1991, S. 72–73. Dort ist das Verfahren ausführlich beschrieben.

Großflächige, zerstörungsintensive Öffnungen der Wand erfordern insbesondere bei einem Baudenkmal zunächst die Untersuchung und Dokumentation der
einzelnen Oberflächenschichten, bevor man bis zu einem statisch wichtigen
Knotenpunkt durchdringt. Der Restaurator muss den Aufbau von Putz und die
Aufeinanderfolge von Farbschichten erkennen. Dazu fertigt er geeignete Freile-
gungsschnitte an, welche die Aufeinanderfolge von Farbschichten auf der Wand-
und Verputzoberfläche anzeigen. Damit gewinnt man auch Erkenntnisse über
Art und Umfang früherer Raumfassungen. Grundsätzlich wird dabei die nackte
Holzoberfläche als Schicht mit der Ziffer 0, die jeweils nächste Schicht, z. B. auf
dem Holz angebrachter Putz, mit den Ziffern 1, 2, 3, usw. bezeichnet. Die Freile-
gungsschnitte werden abgetreppt angelegt, einmal um die jeweilig gefundene
Schicht partiell in einem schmalen Streifen zeigen zu können, zum anderen um
die Zerstörung der Oberfläche in Grenzen zu halten. Mit Hilfe solcher Freile-
gungsschnitte lässt sich außerdem eine relative Chronologie der Wandfassun-
gen erstellen.

Erst wenn sichergestellt ist, dass durch eine größere Öffnung keine relevante
Wandfassung gestört wird, können opulente Eingriffe in die Gebäudesubstanz
vorgenommen werden. Für den Tragwerksplaner wird es notwendig sein, für
die Stabilität wirksame Knotenpunkte, z. B. eingemauerte Dachstützen oder Binderkonstruktionen im Traufenbereich freizulegen. Dies sollte mit nur geringfü-
gigem Entfernen von Wandputz oder Fußbodendielen möglich sein. Gleichwohl
verlangen verantwortungsbewusste Tragwerksplaner manchmal zu Recht das
Entfernen ganzer Wand- oder Fußbodenbereiche, um einen stark geschädigten

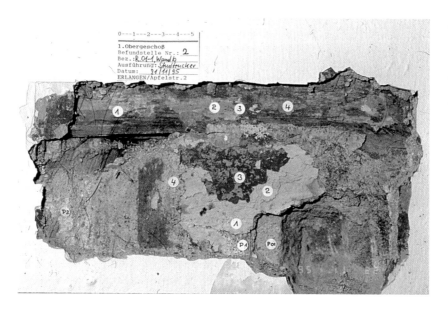

Abb. 146:
Öffnung des Putzes
über einem Holz-
pfosten mit genauer
Angabe der einzel-
nen Schichten über-
einander.

Knotenpunkt umfassend beurteilen zu können. Solche zerstörungsintensive Eingriffe in die Substanz sind immer dann notwendig, wenn die ersten vorsichtigen Verfahren nicht aufschlussreich genug gewesen sind.

Um die Steine eines Giebel-, Drempel- oder Treppenhausmauerwerks bei einer fälligen Sanierung nicht gänzlich zu ruinieren, ermittelt zuvor ein erfahrener Bautenschutzfachplaner ihre Kenndaten, indem er dem Mauerwerk Proben entnimmt. Dabei sollen vor allem die VDI-Richtlinie 3798 *Untersuchung und Behandlung von immissionsgeschädigten Werkstoffen*[125] und das WTA-Merkblatt 3-4-90 *Natursteinrestaurierung nach WTA – Kenndatenermittlung und Qualitätssicherung bei der Restaurierung von Naturwerksteinbauten*[126] wenigstens bei größeren oder bedeutsamen Objekten Anwendung finden. Die Probeentnahme dient zur Gewinnung von Mauerwerksmaterial für weitere Untersuchungen im Labor. Menge und Art der Proben hängen von dem Untersuchungsziel und den vorgesehenen Untersuchungsmethoden ab. In der Regel sind Proben sowohl vom Mauerstein als auch vom Mauermörtel erforderlich.[127]

Probenahmen mit Hilfe von Kernbohrern werden ganz besonders häufig bei der Untersuchung von Dachverbandsholz eingesetzt. Die Anzahl der Probenahmen muss die verschiedenen Schadensformen und Bauteile berücksichtigen. Die Proben müssen eine ausreichende Größe besitzen. Bei einer geringen Probenzahl und kleinen Proben werden beispielsweise die Vermulmungszonen in Balken nicht ausreichend erfasst. Kennwerte aus zu kleinen Proben bzw. zu kleinen Probemengen weichen oft wesentlich von repräsentativen Kenndaten ab. Außerdem können bei zu kleinen Bohrkernen die Fraßgänge der Anobien nicht ausreichend sicher erkannt werden. Ähnliche, allerdings von einer Waldkante bis zum Baumkern durchgehende Probekerne sind für dendrologische Datierungen des Holzes zu ziehen.

Typische Probengrößen

☐ Bohrkern Ø 2 cm, Länge 5–20 cm, zur Beurteilung des Holzes
☐ Bohrkern Ø 3 cm, Länge 5 cm, Bestimmung des Feuchtegehaltes und des Salzgehaltes mineralischer Baustoffe
☐ Bohrkern Ø 10 cm, Länge 12 cm zur Ermittlung von Festigkeitswerten von mineralischen Baustoffen
☐ Bohrmehl 50–100 g/pro Probe zur Bestimmung des Feuchtegehaltes

---

[125] VDI-Merkblätter, VDI-Verlag, Düsseldorf
[126] Zu beziehen bei: WTA-Geschäftsstelle, Edelsbergstr. 8, D-80686 München
[127] WTA-MERKBLATT 4-5-99, S. 4.

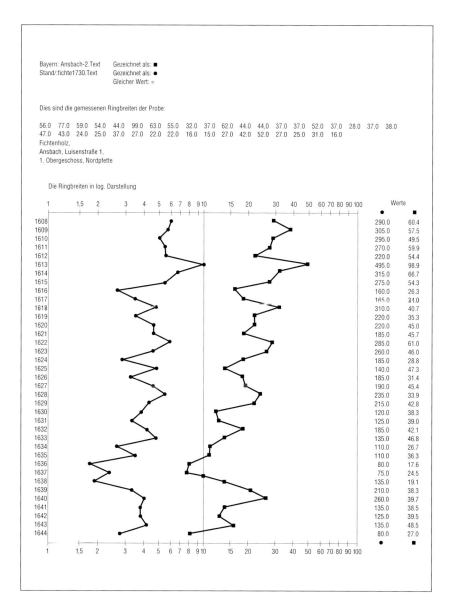

Abb. 147:
Ansbach. Dendro-
chronologisches
Gutachten zum
Haus Luisenstr. 1
Datum des letzten
gemessenen Jahres-
rings: 1644

Art und Zeitpunkt der Probeentnahme sowie die dabei herrschenden klimatischen Bedingungen sind schriftlich festzuhalten. Die Probeentnahmestellen müssen hinsichtlich der Lage, Richtung und der Entnahmekoordinaten mit ihren Höhen- und Tiefenangaben dokumentiert werden. Durch Verpackung, Transport und Lagerung der Proben dürfen sich die Stoffkennwerte, wie sie sich im Dachstuhlholz eingestellt hatten, z. B. die Holzfeuchte, nicht verändern.

Probeentnahme	Werkzeug	Probeart	Zerstörungs-grad	Bewertung
Bohrkernentnahme Trockenbohr-verfahren	Holzkernbohrer	Bohrkern, unge-störte Probe von Baumrinde bis Holzkern	Gering bis stark, je nach Bohrkern Ø 2 cm	Meist verwandte Standard-methode
Bohrkernentnahme Trockenbohr-verfahren	Spiralbohrer	Bohrmehl, gestörte Probe	gering	Standard-methode
Abschlagen eines stark gestörten Balkenstücks	Hammer	Bruchstück, gestörte Probe	gering bis stark, je nach Proben-größe	Selten ange-wandte Methode
Abschneiden einer Scheibe	Säge	Handstück, kompakte, un-gestörte Probe	stark	Oft verwandte Standard-methode
Ausbauen eines Holzteils	verschiedene Werkzeuge	Handstück, kompakte, un-gestörte Probe	sehr stark	eher selten angewandt
Abschaben von beschichteten Holzoberflächen	Pinsel Bürste Spatel	Mehl, Schale, gestörte Probe	sehr gering	Standard-methode

Das Ziel eines Sanierungsgutachtens kann nicht bloß der festgestellte Schadensumfang sein, sondern muss primär die schadensauslösenden Ursachen ermitteln. Die Ergebnisse aller Untersuchungen müssen selbstverständlich exakt dokumentiert sein. Die Folgerungen aus den ermittelten Schadensursachen müssen sich auf nachvollziehbaren, fachmännischen Bewertungen der Untersuchungsergebnisse stützen. Das Zusammenspiel aller Kenngrößen gibt einen realistischen Überblick über Art, Ausmaß und Ursachen der Schäden. Diese müssen in Bestandspläne eingetragen und kartiert werden.

Auf der Basis solcher exakten Schadenskartierungen, die manchmal jedes geschädigte Stück Holz einzeln erfassen müssen, werden Sanierungsempfehlungen gegeben und Instandsetzungspläne ausgearbeitet. Grundsätzlich müssen die zur Instandsetzung empfohlenen Maßnahmen sorgfältig dahingehend abgewogen werden, ob sie sich für das angestrebte Ausbauziel eignen. Dies setzt eine konkrete gutachterliche Festlegung darüber voraus, welche Sanierungsmaßnahme für das in Frage kommende Objekt zwingend notwendig, Substanz schonend und kostengünstig ist. Den Maßstab für die Wirtschaftlichkeit bilden niemals allein die direkte Kosteneinsparung, sondern immer auch die eventuellen Folgekosten im Falle einer nicht gelungenen, also unzureichenden oder gar fehlerhaften Instandsetzung.

Auch die gewünschten neuen Nutzungsansprüche an das alte Dachgeschoss müssen vor jeder Maßnahme zur Instandsetzung hinterfragt werden. Es ist zu prüfen, ob die alte Bausubstanz nach erfolgter Sanierung in der Lage ist, sie zu erfüllen. Oft stellt sich nämlich nach der Untersuchung heraus, dass das Dachstuhlholz in dem Gebäude gerade bei der ihm zugedachten neuen Nutzung vollkommen überfordert ist. Beispielsweise stellte der Verfasser nach Abschluss seiner Gebäudediagnose an der so genannten „Kutschenremise" in der Altstadt von Bamberg fest, dass deren Dachgeschoss auf keinen Fall für eine Büro- oder Wohnnutzung geeignet war. Negiert der Bauherr ein solches Ergebnis, müssen beträchtliche zusätzliche Verstärkungen eingebaut werden, die eine solche Instandsetzungsmaßnahme natürlich erheblich verteuern. Wiederum muss die Kosten-Nutzen-Relation überprüft werden.

7.8 Vorhandene Schall- und Wärmedämmung

In manchen Dachgeschossen wurde in den vergangenen Jahren bereits eine Wärmedämmung aus Holzwolleleichtbauplatten, Bimsdielen, etc. eingebracht. Sie muss daraufhin überprüft werden, ob sie den Anforderungen heutiger Standards, insbesondere denen der EnEV, noch entspricht. Dies wird zumeist nicht mehr der Fall sein. Außerdem wurden die alten Dämmstoffe wie Glaswolle im Laufe der Jahre durchfeuchtet oder durch Verkehrserschütterungen gestaucht, so dass sie partiell ihre Dämmwirkung verloren haben. Es ist zu prüfen, ob die Hohlräume hinter solchen Dämmungen belüftet sind. Meistens fehlt die Dampfbremse, aber wenn sie bereits vorhanden ist, ist sie nicht wind- und luftdicht ausgeführt. Solche alte, verbrauchte Dämmungen sollte man daher entweder entfernen oder wenigstens bei der Bemessung einer neuen Wärmedämmung gänzlich unberücksichtigt lassen, um das Maß der neuen Wärmedämmung überprüfbar sicher zu stellen.

Auch der Zustand der Schalldämmung muss überprüft werden. Oft wurde erst durch den nachträglichen Einbau von Innenwänden und Trennwänden ins Dachgeschoss die Schallleitung über so genannte Schallnebenwege hergestellt. Auch hier empfiehlt sich eine sorgfältige Überprüfung der Wandkonstruktion, um unerwünschte, gleichsam als Schallmembrane wirkende Wände und ihre Folgen auszuschalten.

7.9 Bewertung der Untersuchungsergebnisse

Die Kosten einer Untersuchung im Dachgeschoss sind stets unter dem Blickwinkel des zu erwartenden Nutzens der aus ihnen gewonnenen Erkenntnisse zu betrachten. Der Einsatz von aufwendigen Untersuchungsmethoden kann durchaus wirtschaftlich unsinnig sein, wenn die zu erwartenden Befunde die bereits gesicherten Erkenntnisse über das Dachwerk nicht wesentlich verbessern. Der untersuchende Ingenieur muss sich also stets bewusst sein, dass im individuellen Fall nur eine Auswahl einiger weniger, sinnvoller Untersuchungsmethoden durchaus genügt, um eine Erfolg versprechende Instandsetzungsmethode zu finden. Nur bei hochwertigen Baudenkmälern muss er die ganze breite Palette von Untersuchungsmöglichkeiten, über die hier berichtet wurde, in vollem Umfang anwenden.

Oft scheuen die Bauherren die Gebäudediagnose, weil sie sehr hohe Kosten befürchten. Diese Furcht kann ihnen genommen werden, wenn sie erfahren, dass die für ihr Dachwerk erforderlichen Untersuchungen zumeist nur ungefähr 5 % der Instandsetzungskosten umfassen, während ein Sanierungsfehler, der wegen unterlassener Untersuchung entstand, erheblich mehr Folgekosten nach sich zieht. Es bedarf also einer erfolgreichen Überzeugungsarbeit des Architekten oder des am Dach tätigen Handwerkers, um sich schließlich auch selbst vor ungewollten Fehlern und der Haftung dafür zu schützen.

8 Typische Schäden an bestehenden Dächern

Bevor ein Dach ausgebaut werden kann, muss man zunächst die Untersuchungsergebnisse am Dachholz analysieren. Wenn die Untersuchungen gewissenhaft und fachmännisch ausgeführt worden sind, lassen sich mit ihrer Hilfe die Ursachen für alle Schäden am Dachwerk nachweisen. Aus diesem Grund seien zunächst die wichtigsten Schäden und Schadensbilder am unausgebauten Dachgeschoss genannt, die instand gesetzt werden müssen, bevor der Ausbau beginnen kann. Dabei kommt es immer auch auf die Ursachenbeseitigung an.

8.1 Häufige Schäden an alten Dachwerken und ihre Ursachen

Die häufig auftretenden Schäden an hölzernen Dachwerken samt ihrer Dachhaut lassen sich in zehn Gruppen zusammenfassen:

8.1.1 Mechanische Zerstörung der Dachhaut infolge Sturm, Hagel oder Blitzschlag

Naturereignisse entwickeln starke Kräfte, die ein Dach partiell oder ganz abdecken können. Deshalb muss der Hauseigentümer oder sein Beauftragter nach jedem solchen Ereignis die Dachfläche kontrollieren, die eventuellen Schäden feststellen und schließlich möglichst umgehend reparieren lassen. Unterlassene Reparaturen von Sturm-, Hagel- oder Blitzschäden gehören zu den Hauptverursachern von Schäden am Dachwerk, denn eine einmal aufgebrochene kleine Schadensstelle wächst sich rasch zu einem großen Dachschaden aus.

Abb. 148: Synagoge mit beschädigtem Ziegeldach.

8.1.2 Eingriffe in das Dachwerk

Bei früheren Umbauten im Dach sind ohne zusätzliche statische Sicherung Holzteile des Dachstuhls wie Windverbände, Schwertungen, Kopf- oder Fußbänder, selbst ganze Holzständer bzw. -stützen und sogar einzelne Sparren und Teile von Pfetten entfernt worden. Eingriffe in den Dachstuhl erkennt man vor allem an leeren Blattsassen und Zapfenlöchern, fehlenden Holznägeln an ge-

Abb. 149:
Das neue, hellere Kopfband musste in die leeren Zapfenlöcher des Dachbinders eingebaut werden.

Abb. 150:
Schottersmühle. Für den Mühlenbetrieb wurden die Deckenbalken nachträglich ausgeschnitten.

störten Zapfen und an ausgesägten Holzbalken. Bei historischen Dachstühlen lässt sich die Vollständigkeit des Dachverbandholzes außerdem anhand der Abbundmarken kontrollieren. Ist die numerische Reihenfolge unterbrochen oder vertauscht, hat man in das Dachwerk unzulässig eingegriffen und es gestört. Auf diese Weise lässt sich auch die Zweitverwendung eines Holzbalkens, d. h. seine frühere Verwendung an einem anderen Dach, nachweisen.

Solche unsachgemäße Eingriffe haben die gesamte Dachkonstruktion labil werden lassen, sie bewirkten im Laufe der Zeit die Schiefstellung des gesamten Dachstuhls. Die Folge davon sind Risse und undichte Stellen in der Dachhaut, im Giebel- und Drempelmauerwerk und in den Kaminen, deren Mauerwerk dadurch nicht mehr gasdicht ist. Die Standsicherheit eines schiefen Dachstuhls muss unbedingt untersucht werden. Es besteht – zwar recht selten – die Möglichkeit, dass das Dachverbandsholz in der Schiefstellung ein neues statisches Gleichgewicht gefunden hat, meistens aber muss die Standsicherheit des Dachstuhls nachgebessert werden.

8.1.3 Löcher in der Dachhaut

Lächer in der Dachhaut entstehen zumeist durch kaputte, abgebrochene Ziegel, durch zerbrochene Dachfenster oder durch vermulmte Traufgesimse. Sie gewähren Niederschlagswasser und tierischen Schädlingen ungehinderten Zugang zum Dachholz. Das Holz wird durchfeuchtet und die Schädlinge legen ihre Eier in die Risse der Balken. Die Insektenlarven finden hier gute Lebensbedingungen und schädigen in starkem Maße das Holz. Das Auffangen des eindrin-

Abb. 151:
Die Zinkbadewanne im Dachgeschoss soll das Regenwasser, das durch das beschädigte Dach hereinkommt, auffangen.

genden Regenwassers mit Hilfe von Eimern oder alten Badewannen nützt überhaupt nichts, kann aber durchaus noch größere Schäden anrichten. Mit Wasser gefüllte Eimer oder gar überlaufende Badewannen stellen nämlich eine Punktlast dar, für die der alte Dielenfußboden und die ihn tragenden Balken der Holzdecke nicht ausgelegt sind. Daher können solche Wassergefäße durch die Decke durchbrechen und großen Schaden im obersten Stockwerk des Gebäudes anrichten.

8.1.4   Schubkräfte – Untersuchung der Statik

Dachstühle sind in der Lage, gewaltige Schubkräfte auf die Außenwände des Gebäudes zu übertragen. Geben diese nach und stellen sich schief, dann sind Schäden am Mauerwerk die Folge. Das Mauerwerk reißt auf, Wasser dringt ein und durchfeuchtet es. Es entstehen mit der Labilität dieser Außenmauern auch Schäden infolge von Bindemittelauswaschung und Versalzung. Deshalb muss vor dem Dachgeschossausbau erst ein Tragwerksplaner zugezogen werden. Er überprüft alle Holzverbindungen auf ihre Kraftschlüssigkeit. Er berechnet notwendige Spanndrähte oder metallene Windrispen, um einen Druck auf das Außenmauerwerk durch Schieben einzelner Dachhölzer zu unterbinden.

8.1.5   Verstopfte oder zugewachsene Dachrinnen

Verstopfte Dachrinnen führen dem Dachfuß derart viel Feuchte zu, dass es im Bereich der Dachtraufe zur Vermulmung der Auflagerbalken der Holzdecke, der Fußpfetten und der Sparrenenden des Dachstuhls kommt. Da dieser Schaden im engen Dachzwickel liegt, kann er zumeist nur mit einem Endoskop in seinem ganzen Ausmaß erkannt werden. Außerdem führt die Nässe zu versalztem Mauerwerk unter den Traufgesimsen.

8.1.6   Aufsteigende feuchtwarme Luft

Die Luft aus den Wohngeschossen des Gebäudes bzw. aus dem obersten bewohnten Stockwerk transportiert Wasserdampf in den kalten Dachraum, der dort an der kältesten Stelle kondensiert. Solche kalte Stellen sind in der Regel dort, wo Dachfenster eingebaut wurden oder das Dachholz bereits von außen her durchfeuchtet ist (vgl. Kapitel 5.1.2).

8.1.7   Undichte Anschlüsse der Dachdeckung

Fehlerhaft hergestellte oder zwischenzeitlich zerstörte Anschlüsse an Kaminen, Gauben oder Dachflächenfenster lassen nicht nur Niederschlagswasser eindringen, sondern stellen auch veritable Wärmebrücken dar. Daher wird dort zum einen Wasser eindringen und zum anderen Wasserdampf kondensieren. Der doppelte Andrang von Nässe führt zu einer besonders großen Wassermenge, die

Abb. 152:
Die Dachrinne ist teilweise zugewachsen. Ein geringer, aber ständiger Pflegeaufwand hätte viel Schaden verhindern können.

Abb. 153:
Wenn von unten feucht-warme Luft auf einen geschädigten Dachbereich in Traufennähe trifft, werden Holz und Putz zerstört.

Abb. 154:
Wo Antennenma-
sten und Dachgau-
ben nicht richtig ab-
gedichtet wurden,
entstehen große
Schäden im Dach-
holz.

Abb. 155:
Mit teilweise verro-
stetem Zinkblech
verwahrter Kamin.

das Holz durchfeuchtet. Oft sind die dort vorhandenen Blechverwahrungen durchgerostet. Auch durch das Dach dringende Antennenstäbe oder eiserne Lüftungshauben für den Dunstabzug sind ideale Stellen für die Kondensatbildung. Holz ist an den Berührungsflächen mit solchen technischen Einrichtungen daher zumeist stark vermulmt.

8.1.8 Dachlattennägel

Dachlattennägel stellen bei jüngeren, steil geneigten Ziegeldächern einen Schwachpunkt dar. Oft sind sie durchgerostet und besitzen keine Tragkraft mehr. Infolgedessen hängen die Dachlatten mit der ganzen Ziegelreihe nach unten durch, brechen auseinander und öffnen die Dachhaut. Die eindringende Feuchte erzeugt schwere Schäden am Dachholz und am Dachziegel. Die Nasen der Dachziegel, mit denen sie an der Dachlatte hängen, morschen ab. Daher rutschen die Dachziegel ab, fallen in die Dachrinne und verstopfen diese.

Abb. 156: Abgemorschte Dachziegelnasen und verrostete Dachlattennägel sorgen für das Abrutschen der Dachziegel.

8.1.9 Durchbiegung alter Dachbalkendecken

Die im Laufe der Zeit entstandene Durchbiegung muss auf ihre Tragfähigkeit hin untersucht werden. Sie darf nicht größer als l/300 sein, bei 6,00 m Spannweite sind also 2 cm erlaubt. Wenn durch konstruktive Maßnahmen, z. B. tragende Wände im Stockwerk darunter, die Standsicherheit gewährleistet ist und keine unzulässigen Lastabtragungen und Rissschäden auftreten können, genügt die Einhaltung einer maximalen Durchbiegung von l/200, also 3 cm.[128] Bei sehr alten Häusern können jedoch Durchbiegungen der Balken von bis zu

---

[128] Wendehorst, S. 818 Tafel 27 nach DIN 1052-1, 8.5.

20 cm vorkommen. Dennoch können auch diese Balken, wenn sie nicht gebrochen sind, durchaus noch tragfähig sein, denn als man die Norm festlegte, war der Deckenbalken längst schon durchgebogen. Belastungsproben haben indes gezeigt, dass auf keinen Fall der ausgebaute, durchgebogene Balken anschließend mit der Durchbiegung nach oben wieder eingebaut werden darf. Ein solches Vorgehen erhöht die Bruchgefahr beträchtlich.

Eine Holzbalkendecke, die durch leichtes Hüpfen einer oder mehrerer Personen in Schwingungen versetzt werden kann, besitzt höchstwahrscheinlich vermulmte oder gebrochene Balken, die ausgewechselt werden müssen. Andererseits lässt sich ein neuer Boden nur dann auf den alten Balken verlegen, wenn diese durch zusätzliche Maßnahmen wie angenagelte Bretter, seitlich beigelaschte U-Träger, Schüttungen, Leichtbetoneinbau oder Asphaltestrich wieder zu einer waagerechten Ebene ergänzt worden sind (siehe Kapitel 10.5.1).

8.1.10   Von Insekten oder Pilzen befallene Bereiche

Holzbalken oder Bretterschalung im Dachstuhl können infolge Schädlingsbefall die Tragkraft mindern und müssen ausgewechselt werden. Das kann in der Denkmalpflege zu Konflikten führen, insbesondere wenn der Zimmermann gleich den gesamten befallenen Balken austauschen will. Es gibt durchaus handwerksgemäße Möglichkeiten, wie etwa Abbeilen des befallenen und Anstücken gesunden Holzes, den nicht befallenen Teil zu erhalten. Außerdem lassen sich durch Begasungsverfahren bzw. durch Heißluft die Insekten abtöten und damit gute Instandsetzungserfolge erzielen (siehe Kapitel 4.5.3 und Kapitel 9).

Abb. 159:
Vermulmter und befallener Bereich einer Dachbalkendecke.

8.2 Wirtschaftliches Sanierungskonzept

Alle gefundenen Schadensstellen im Dachbereich, auch die an den Giebeln des Hauses, insbesondere wenn es sich um Fachwerkgiebel handelt, werden in eine, je nach Erfordernis mehr oder minder genaue Aufmaßzeichnung oder -skizze des Dachstuhls eingetragen und damit als **Schadenskatalog** dokumentiert (s. Abb. 144). Sind die Schiefstellungen sehr groß, sollte auf jeden Fall ein verformungsgenaues Aufmaß hergestellt werden.

Auf der Basis dieses genauen Schadenskatalogs wird ein **wirtschaftliches Sanierungskonzept** für das hölzerne Dachwerk erarbeitet.[129] Dort werden die verschiedenen Sanierungsmaßnahmen festgelegt, die von örtlich begrenzten handwerklichen Reparaturen bis zu größeren Instandsetzungsmaßnahmen reichen können. Ist der Schaden derart groß, dass eine Instandsetzung nicht mehr wirtschaftlich erscheint, muss der alte gegen einen neuen Dachstuhl ausgetauscht werden. Dadurch entsteht bei Baudenkmälern meistens ein Konflikt mit der Denkmalpflege (siehe Kapitel 6.4).

Kriterien, die eine Entscheidung zur Instandsetzung oder zum Abbruch des Dachstuhls herbeizuführen erlauben, können folgendermaßen aussehen:

- **Umfang der festgestellten Holzschäden** durch Vermulmung, Pilz- oder Insektenbefall. Wenn mehr als 50 % des Dachholzes wegen eines zu schwachen Restquerschnitts ausgetauscht werden muss, ist eine Reparatur zumeist nicht mehr wirtschaftlich. In gleicher Weise sind die Schäden am Holz der Fachwerkgiebel zu klassifizieren.
- **Gewicht des neuen Dachdeckungsmaterials** samt aller Unterkonstruktionen wie Brettschalung, Wärmedämmung, etc. Zwingt das Gewicht der neu einzubringenden Materialien eine Verstärkung des gesamten Dachstuhls, kann die Ausbau-Maßnahme unwirtschaftlich werden.
- **Einbau von Dachgauben und liegenden Dachflächenfenstern.** Wird die Anordnung von Fenstern wegen der vorhandenen Konstruktionshölzer, wie Kopf- und Fußbänder, Andreaskreuze und Binderkonstruktionen, nur mit kräftigen Eingriffen in das Dachstuhlholz möglich, stellt sich die Frage nach der Wirtschaftlichkeit.
- **Brandschutz und Schallschutz.** Wenn aus Brandschutz- oder Schallschutzgründen ein sehr teurer *Sargdeckel* aus Beton aufgebracht werden muss oder wenn die Rettungswege sich nur mit großem baulichen Aufwand herstellen lassen, kann die Ausbau-Maßnahme unrentabel werden. Inzwischen gibt es massive Dachkonstruktionen, die sich am Neubau durchaus bewähren. Am Altbau sind die Erfahrungen damit jedoch noch nicht ausreichend.

---

[129] Kastner 2000, S. 52–53: C-84 Bauaufwandstabelle für Dachtragewerke.

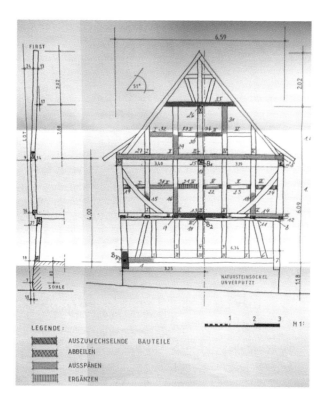

Abb. 160:
Schadensdokumen-
tation an einem
Fachwerkgiebel.

Abb. 161:
Die recht dicht
nebeneinander
liegenden Original-
sparren und die
aussteifenden
Andreaskreuze
lassen den Einbau
von Dachgauben
nur schwerlich zu.

– **Statisch erforderliche Verstärkungen** im Bereich zu starker Durchbiegungen der Deckenbalken oder Schiefstellung der Dachstuhlhölzer. Eine Sicherung der Tragfähigkeit durch Holzleimbinder, Stahlträger oder Stahlanker kann sehr aufwendig und daher unwirtschaftlich werden.

– **Vorhandene Stukkaturen an der Unterseite der Dachbalkendecke.** Während der Arbeiten beim Ausbau des Dachgeschosses sind wertvolle Deckengestaltungen, wie eine Deckenquadratur aus Stuck oder gar Deckenmalerei an der Unterseite der Dachbalkendecke, aufwendig zu schützen. Sie müssen in der Regel eingerüstet und in entsprechend weiche Materialien wie Mineralfasermatten auf einer Holzschalung eingebettet werden. Auch die erheblichen Kosten dafür können von einem Dachgeschossausbau absehen lassen. Sie werden allerdings zumeist durch Zuschüsse der staatlichen Denkmalpflege oder durch die erhöhte steuerliche Abschreibung denkmalpflegerischer Arbeiten dennoch wirtschaftlich erträglich.

8.3 Umwelt schädigende Dachbaustoffe und ihre Entsorgung

Der Gefahr der Lungenkrebs erzeugenden Asbestose sind trotz des Verbots heute vor allem diejenigen Bauarbeiter ausgesetzt, die Abbruch-, Sanierungs- und Instandsetzungsarbeiten (ASI-Arbeiten) ausführen. Allein im Jahre 2001 starben in Deutschland 931 Menschen an den Folgen von durch Asbest ausgelösten

Abb. 162:
Wellasbestplatten mit Bewuchs. Wenn die Platten derart unbeschädigt bleiben, sind sie nicht gefährlich.

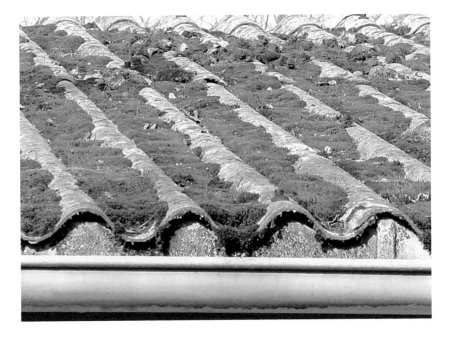

Krankheiten. Der Höhepunkt der Todesfälle durch Asbestose wird von den Berufsgenossenschaften zwischen 2005 und 2015 erwartet. Man kann also die Gefährlichkeit des Umgangs mit Asbest gar nicht hoch genug einschätzen.

Aus diesem Grund müssen ASI-Arbeiten, bei denen der begründete Verdacht auf Vorhandensein von Asbest besteht, sowohl bei den Behörden als auch bei der Berufsgenossenschaft angezeigt und die speziellen Anforderungen der TRGS 519, die Technische Regel für Entsorgung von Gefahrstoffen – Asbest, Abbruch-, Sanierungs- und Instandhaltungsarbeiten, zuletzt berichtigt im Bundesarbeitsblatt (BArbBl.) 1/2003, unbedingt eingehalten werden. Produkte aus Asbest sollte man zunächst auf der Baustelle nach folgenden Gesichtspunkten untersuchen: zum einen erkennt man sie an der typischen weiß- bis blaugrauen Färbung, zum anderen zeigen sie eine besondere Bruchtextur mit kurzen, herausstehenden Faserbüscheln. Zur Probenahme genügt ein hemdknopfgroßes Bruchstück, das einem Baustofflabor übergeben wird.

Handgeführte, an verschienen Orten leicht einsetzbare Maschinen und Geräte, die bei der Bearbeitung von Asbestzementprodukten Staub freisetzen können, müssen den Anforderungen der Berufsgenossenschaft entsprechen. Selbstverständlich dürfen ausgebaute Asbestzementprodukte nicht wieder verwendet werden. Bauarbeiter sind besonders auf Wellplattendächern gefährdet, da diese nicht absturzsicher sind. Sie dürfen nur mit Hilfe von lastverteilenden Belägen oder Laufstegen begangen werden. Bei einer Höhe von mehr als 3,0 m müssen die Regeln für Dacharbeiten eingehalten werden. Schutzanzüge und Atemschutzmasken sind bei Arbeiten im Freien, wenn sie den Regeln der TRGS 519 entsprechen, nicht erforderlich.

Bevor Asbestzementplatten ausgebaut werden, sind sie auf der bewitterten Oberfläche sorgsam zu behandeln. Dies kann durch Besprühen mit staubbindenden Mitteln wie Stein- und Putzfestiger oder durch Feuchthalten geschehen. Im letzteren Fall sind die Flächen durch Berieseln mit Wasser zu nässen. Das dabei verwendete Wasser kann wie Regenwasser in die Kanalisation eingeleitet werden. Beschichtete Asbestzementplatten dürfen im trockenen Zustand ausgebaut werden, soweit die Beschichtung noch intakt und nicht abgewittert ist. Lösbare Befestigungsmittel wie Schrauben müssen so vorsichtig entfernt werden, dass die Platten möglichst nicht zerbrechen. Die Befestigungsmittel sind in dichten Behältern zu sammeln. Nur wenn bei genagelten, kleinformatigen Platten nach DIN 274 – Asbestzement-Wellplatten und Anforderungen an ebene Asbestzement-Tafeln – oder DIN EN 517, Teil 1 die Befestigungen nicht gelöst werden können, dürfen die Platten einzeln ausgehebelt werden. Es sollte eigentlich nicht eigens darauf aufmerksam gemacht werden müssen, dass Asbestzementplatten entgegen ihrer Einbaurichtung von der Unterkonstruktion gelöst und entfernt werden, d. h. bei Dächern vom First zur Traufe, bei Wänden von oben nach unten. Natürlich dürfen dabei die Platten nicht rutschen oder gar vom Dach herunterfallen. Die gelösten Platten sind sorgfältig abzuheben und schon gar nicht mit Gewalt auszubrechen. Sie dürfen nicht über Kanten und benachbarte Bauteile hinweg- oder aus Überdeckungen hervorgezogen werden, weil dann wieder die Gefahr des Abfaserns bestünde.

Ausgebaute Asbestzementprodukte müssen bis zur Einlagerung in geeignete Behälter feucht gehalten werden. Außerdem ist der Schutt derart zu transportieren, dass die Freisetzung von Asbestfasern verhindert wird. Natürlich dürfen beim Transport keine Schuttrutschen verwendet werden, auch Werfen von einzelnen Bruchstücken mit der Hand durch die Luft in einen Abfallbehälter ist verboten.

Sobald die Asbestzementplatten entfernt sind, müssen die durch asbesthaltigen Staub verunreinigten Flächen der Unterkonstruktion wie etwa Latten, Dachhölzer oder Schalung durch Absaugen mit Hilfe von baumustergeprüften Staubsaugern oder durch feuchtes Abwischen sorgfältig gereinigt werden. Der Ausbau der Unterkonstruktion oder gar der darunter befindlichen Wärmedämmung wäre übertrieben und ist nicht erforderlich. Nach Abschluss der Abbrucharbeiten auf den Dächern muss man selbstverständlich die Dachrinnen reinigen und anschließend spülen. Wieder darf das Spülwasser ungehindert in die Regenwasserkanalisation eingeleitet werden.

In der Regel sollten Abbrucharbeiten von asbestverseuchten Produkten nur durch fachkundiges Personal erfolgen. Sie wissen auch, wie man Asbestzementprodukte instand setzt. Sie kennen sich außerdem mit der Behandlung von schwachgebundenen Asbestfasern aus und behandeln solche derartig, dass sie anschließend auf Hausmülldeponien abgelagert werden können.

9 Instandsetzung des unausgebauten Daches

Nachdem das vorhandene Dach gründlich untersucht und ein Sanierungskonzept ausgearbeitet worden ist, kann die Instandsetzung des Dachwerks durchgeführt werden. Der Architekt wird hierzu Aufmaßpläne zeichnen und die verschiedenen handwerklichen Arbeiten in einem Leistungsverzeichnis erfassen.[130] Wenn das Dach ausgebaut werden soll, muss die Dachgeschossplanung abgeschlossen sein, denn die meisten Ausbauteile müssen bereits in der Dachkonstruktion berücksichtigt werden: Lage und Zahl der Gauben, liegende Dachflächenfenster, Abbruch oder Verbleib alter Kamine, Größe und Lage einer Gastherme im Dach, Leitungen einer bereits im Gebäude vorhandenen Warmwasser-Zentralheizung im Dachgeschoss, Antennenmasten, Wasser- und Entlüftungsleitungen für die Küchen, Bäder und WCs der Stockwerke unter dem Dachgeschoss aber auch der vorgesehenen Dachgeschosswohnungen bzw. anderer Dachräume wie Ateliers, Büros, etc. sowie zu sichernden Dekor wie Stuck, Malerei und Vergoldungen an der Unterseite der Decke über dem obersten Stockwerk und Ähnliches mehr. Damit nicht während des Ausbaus erneut in bereits fertig gestellte Flächen eingegriffen werden muss bzw. vorhandene, zuvor intakte Bauteile im Stockwerk unter dem Dachgeschoss durch Unachtsamkeit zerstört werden, muss dies alles im Vorfeld geklärt sein. Doppelte Arbeit erhöht die Kosten! Auch die Brandschutzfragen müssen geklärt sein (siehe Kapitel 5.5). Lage, Art und Größe von Rettungswegen, Fluchttreppen und -fenstern, Dachausstiege, Feuerleitern und Ähnliches müssen die Pläne enthalten, ebenso wie Lage und Ausführung von Brandmauern, Lüftungsöffnungen im Treppenhaus oder die Anlage von Aufzugschächten. Auch die Wahl der Baustoffe, z. B. ob harte oder weiche Bedachung, muss getroffen worden sein. Die Größe und der Zuschnitt der neuen Dachräume, insbesondere der neuen Küchen, Bäder und WC's, muss festliegen. Schließlich wird man in den meisten Fällen nicht umhinkommen, eine Baugenehmigung zu erreichen. Auf sie wird man je nach Belastung der Behörde etwa vier bis sechs Wochen warten müssen.

Eine vorzeitige Baugenehmigung wird für die reinen Instandsetzungsarbeiten an der Dachkonstruktion meistens erteilt. Man muss aber darauf achten, dass eventuell für den dann folgenden Dachgeschossausbau benötigte Kredite aus öffentlichen Mitteln, z. B. aus der Kreditanstalt für Wiederaufbau - KfW,[131] sowie

---

[130] Zur Kalkulation dieser Leistungspositionen können die Angaben bei Gerner 2002 und bei KASTNER, S. 84-96 hilfreich sein.

[131] KfW - Kreditanstalt für Wiederaufbau, Palmengartenstr. 5-9, 60 325 Frankfurt/Main. Sie fördert derzeit Erneuerbare Energien, Wohnraummodernisierung, CO_2-Minderung, Wohneigentum und Gebäudesanierung. Sie ist eine Anstalt öffentlichen Rechts, deren Förderprogramme jeweils von Bund und Ländern festgelegt werden.

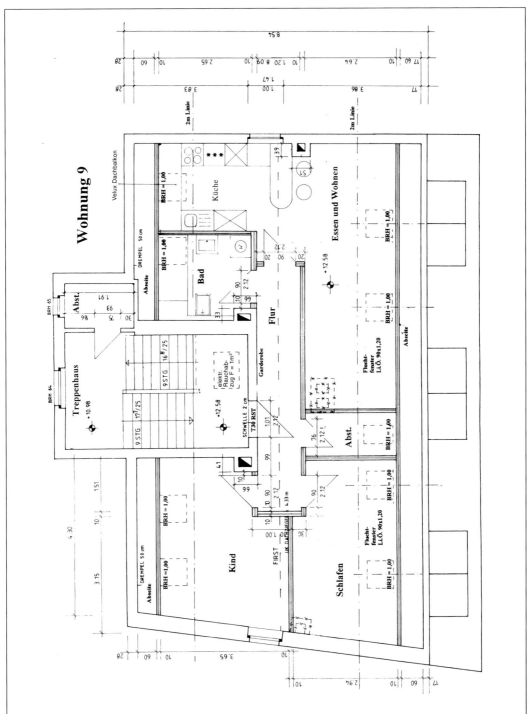

Abb. 163: Werkplan des ausgebauten Dachgeschosses.

Zuschüsse von der Denkmalpflege nur ausgezahlt werden dürfen, wenn die Bauarbeiten noch nicht begonnen haben.[132] Ein vorschneller Baubeginn kann also kostspielige Folgen haben.

9.1 Dachhaut

Wenn die Dachhaut schadhaft ist, müssen die Einzelteile der Dachdeckung repariert oder eine gänzlich neue Deckung nach den Fachregeln für Dachdecker[133] aufgebracht werden. Oft lässt sich aber die vorhandene, von Moosen und Flechten bewachsene Dachhaut wieder instand setzen oder wenigstens zum Teil retten. Zerbrochene oder an der Oberfläche abgescherbelte Dachziegel, Betondachsteine, Wellfaser-, Schiefer- oder durch Rost und anderes angegriffene Metallplatten werden aus der Dachfläche herausgenommen und durch neues, möglichst gleichartiges und gleichfarbiges Deckungsmaterial ersetzt. Man muss allerdings berücksichtigen, dass das neue Material von gleicher Grundfarbe tatsächlich heller ist als das alte, das infolge der jahrelangen Bewitterung wesentlich dunkler erscheint. Es wird Jahre dauern, bis das neue, helle Material soweit nachgedunkelt ist, dass es die Dachfläche nicht mehr in ihrem Erscheinungsbild negativ beeinträchtigt. Das gilt insbesondere auch für die alten, vermörtelten Grate und Firste bei Ziegeldächern, die wegen ihrer extremen Beanspruchung zumeist nicht mehr in Ordnung sind und daher ausgewechselt werden müssen. Dabei spielt auch die Führung der Hinterlüftung, die nach Einbau einer Wärmedämmung wichtig werden kann, eine große Rolle. Es empfiehlt sich daher, die Firste und Grate gegen eine farblich gegenüber dem Grundton bereits abgedunkelte Trockenkonstruktion auszuwechseln. Auch bei Metalldeckungen kann es aus optischen Gründen erforderlich werden, anstatt neues, helles Material mit patiniertem, alten zu mischen, künstlich bereits vorpatinierte, neue Bleche zu wählen, die sich farblich in die alte Dachfläche nahezu ohne Unterschied einpassen.[134]

9.1.1 Dachziegel

Alte, noch intakte Dachziegel sind durchaus etwas Kostbares, auch wenn sie nicht mit besonderem Dekor geschmückt sind. In der Denkmalpflege wird man Wert darauf legen, sie auf dem Dach zu erhalten. Da aber die intakten Ziegel

---

[132] Gesetz zum Schutz und zur Pflege der Denkmäler (Denkmalschutzgesetz – DSchG). Es gelten die Vorschriften für die Vergabe von öffentlichen Mitteln.

[133] DACHDECKERREGELN: Deutsches Dachdeckerhandwerk – Regelwerk/Ordner /CD, Hg. v. Zentralverband des Deutschen Dachdeckerhandwerks e. V., Köln 2004.

[134] Die Hersteller haben patiniertes Kupfer oder Mittel zur schnellen Patinierung neuen Kupfers im Angebot.

meist nur noch einen Bruchteil der gesamten Dachfläche ausmachen, wird der Dachdecker überlegen müssen, wie er sie zusammen mit den neuen wieder einbaut. Die Erfahrung lehrt: Altes und neues Deckungsmaterial ist auf einem Dach in jeweils getrennten Flächen zu verlegen. Man wählt eine gesonderte Dachfläche, etwa auf Gauben oder auf der kleineren Walmfläche des Hauptdaches aus, um dort die alten Ziegel aufzulegen. Eine Mischung alten und neuen Materials sollte unbedingt vermieden werden, da die alten Ziegelformate oft nicht den neuen ganz gleich sind. Daher kann es zu Ziegel zerstörenden Zwängspannungen innerhalb der Dachhaut kommen. Außerdem sind sowohl die alten als auch die neuen Dachziegel farbig unterschiedlich, so dass die gemischt gedeckte Dachfläche wie die Flickenhose eines Clowns aussieht. Dazu kommt, dass das Aufnehmen und Wiederverlegen von Dachziegeln reine Handarbeit und deshalb ziemlich teuer ist.

Abb. 164:
Gelnhausen. Blick auf ein Wohnhausdach mit unterschiedlichster Dachdeckung.

Alte Dachziegel kann man auch verkaufen. Inzwischen hat sich ein Baustoff-markt für historisches Baumaterial entwickelt, auf dem die Nachfrage durchaus beachtlich ist. Es gilt aber zu bedenken, dass die alten Dachziegel von Hand ab-genommen und verpackt werden müssen, was recht teuer ist. Es gibt auch Zie-geleien, die Dachziegel, die bereits alt aussehen, herstellen. Die Preise solcher Ziegel sind ebenfalls exorbitant.

Kunststoff-Formteile für das regensichere Eindecken von Antennen sind ebenso wie Glasdachsteine in allen Ziegelformaten im Handel erhältlich. Dachentlüf-tungshauben werden aus Fertigteilen aus Kunststoff oder als Dunstrohrziegel hergestellt, die sich regensicher in die Ziegelfläche eindecken lassen.

Ähnliche Formteile für die Eindeckung gibt es auch für die anderen Deckungs-arten wie Schiefer- und Metalldeckungen. Über die Ausführung solcher Dächer findet man in der einschlägigen Literatur Auskunft.[135]

9.1.2 Kaminanschlüsse

Aus der Dachdeckung herausragende Bauteile wie Kamine, Brandmauern und Antennen müssen regensicher eingehaust werden.[136] Die Wandanschlüsse der Kamine werden heute zumeist aus verzinktem Eisen- oder Kupferblech herge-stellt. Hinter einem gemauerten Kamin muss eine Art Traufe aus Blech ausge-führt werden. Sie muss wenigstens 20 cm hochgeführt und mit einer Klemmlei-ste an der Kaminwand regensicher befestigt werden. Die an dieser Stelle unterbrochene Unterspannbahn wird am besten schlaufenförmig um die Dach-latten nach oben gelegt.[137] Auch der seitliche Anschluss an die Kaminwange und ebenso an eine Brandmauer wird 20 cm hoch mit Blech eingehaust. Wieder hält eine fachmännisch angedübelte Klemmleiste das Blech regensicher an der Wand fest und verhindert, dass Wasser hinter das Blech läuft. Auf der unteren Seite des Kamins wird die unter der Deckung angebrachte Verblechung wenig-stens 15 cm über die Dachoberfläche geführt und dann von einem Überhang-blech verwahrt. Leiterhaken und Laufbohlen bzw. -tritte, beispielsweise für den Kaminkehrer, werden an verdoppelten Dachlatten oder an zusätzlich auf die Sparren aufgenagelten Bohlen befestigt.

Werden die Kaminanschlüsse vernachlässigt oder technisch falsch ausgeführt, dringt Niederschlagswasser in die Dachkonstruktion ein, der Verfallsprozess im Dachholz beginnt.

---

[135] SCHMITT/HEENE, S. 654-669: Metalldächer, S. 639-643: Schieferdeckung, S. 644-653: Faserzementplattendeckung, S. 670-673: Glasdächer, S. 674-676: Dachbahnende-ckung, S. 677-679: Grasdächer.

[136] DACHDECKERREGELN: Deutsches Dachdeckerhandwerk - Regelwerk/Ordner /CD. Hrsg. v. Zentralverband des Deutschen Dachdeckerhandwerks e. V., Köln 2004.

[137] SEIDLER, S. 78.

9.1.3 Dachgauben

Gauben mit Sparren- oder Walmdächern werden an das Hauptdach mittels einer Kehle angebunden. Das dazu in der Kehle benötigte Holz muss die schräg abgeschnittenen Sparren kraftschlüssig auffangen können. Oft wird hier statt eines Kehlbalkens, an den die Sparren fachgerecht schräg angeschiftet werden, nur eine Holzbohle eingebaut, welche die Sparrenenden eher labil miteinander verbindet. Es liegt in der praktischen Erfahrung des Zimmermanns, zu entscheiden, ob eine solche Holzbohle den Anschluss der Gaube stabil genug hält oder nicht. Gauben mit Walmdächern erfordern andererseits einen Gratsparren. Er wird vor der Anfertigung zunächst zeichnerisch aufgetragen, zugeschnitten und abgebunden.

Auch Dachgauben müssen regensicher eingehaust werden. Dies erfordert saubere Anschlüsse von Gauben an die Dachfläche. Wie bei der seitlichen Kaminwand wird die Gaube 20 cm hoch mit Bitumenpappe und Blech verwahrt. Dies muss manchmal mit Hilfe zusätzlicher Unterlagsbretter auf der alten, oft welligen Dachfläche erfolgen.

Ein weiteres Problem ergibt sich bei der Anordnung der Dachgauben. Da historische Dachstühle mit aussteifenden Andreaskreuzen ausgestattet wurden (siehe Kapitel 2), sind nur wenige Dachflächen für die Anordnung von Gauben vorhanden. Der Zimmermann muss die Gauben nötigenfalls zwischen die schrägen Hölzer einpassen. Dies kann er oft nur, wenn zuvor ein detailgenaues Aufmaß angefertigt wurde.

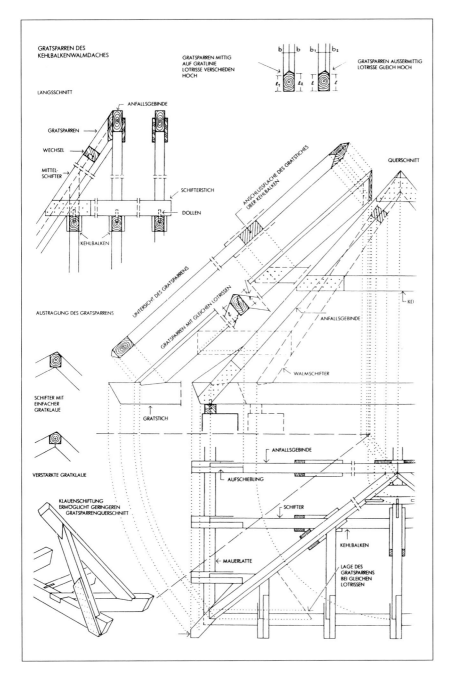

Abb. 166:
Auftragen eines Gratsparrens.

9.1.4   Dachflächenfenster

Dachflächenfenster werden nach Herstellervorschrift in die Dachfläche eingebaut. Für diese Fenster gibt es die jeweils passenden Eindeckrahmen, mit denen
die Fenster regensicher eingedeckt werden können.[138] Außerdem ist die Hinterlüftung der Wärmedämmung fachgerecht um das Dachflächenfenster herumzu-
führen.

Beim Einbau von Dachflächenfenstern muss auf ein bequemes Hinaussehen im
Stehen geachtet werden. Im Dachgeschoss genügt es analog zu stehenden Fenstern, etwa in Gauben oder Giebeln, die Oberkante des liegenden Fensters bei ca.
2,00 m und seine Unterkante bei ca. 90 cm über dem Fußboden festzulegen
(siehe DIN 5034 - Tageslicht in Innenräumen). Damit wird die gute Aussicht sowohl im Stehen als auch im Sitzen garantiert. Außerdem richtet sich die Höhe
der Unterkante auch nach der bequemen Öffnungstechnik des Dachflächenfensters, nämlich ob es oben oder unten bedient wird. Bei steilen Dächern, wie sie
in der Regel am Altbau vorkommen, genügt ein relativ kurzes Fenster.

Die Größe eines Fensters auch für Räume unter dem Dach wird von der jeweiligen Landsbauordnung LBO geregelt. Die Dachflächenfenster müssen zwischen
1/8 bis 1/10 der Raumgrundfläche als Mindestgrundfläche aufweisen. Ausnahmen davon können durch denkmalpflegerische Postulate bedingt sein (siehe
Kapitel 6.4). Die DIN 5034 empfiehlt sogar noch größere Fenster: *„Die Breite
bzw. die Summe aller Breiten des durchsichtigen Teils aller Fenster sollte mindestens 55 % der Breite des Wohnraumes betragen."*

> **Je größer der Raum, desto größer die Lichtfläche,**
> **je größer die Lichtfläche, desto größer der Wohnkomfort.**

Beim Einbau von Dachflächenfenstern kann der Sparrenabstand Probleme bereiten. Vier Möglichkeiten gibt es:
- Der Sparrenabstand ist nur um weniges zu breit: der Zimmermann fügt in
  den Zwischenraum zwischen Sparren und Fensterholz ein Balkenstück ein,
  d. h. er doppelt den Sparren seitlich auf.
- Der Sparrenabstand ist erheblich zu breit: man zieht einen Wechsel und einen Hilfssparren ein. (siehe Kapitel 9.2.3.)
- Der Sparrenabstand ist nur um weniges zu schmal: Der Zimmermann
  flanscht den Sparren im Nachbarfeld mit einem Balkenstück an und schneidet diesen dann aus, damit das Fenster hineinpasst. Auf diese Weise verstärkt er den ausgeschnittenen Sparren.

---

[138] Siehe dazu die jeweiligen Herstellerangebote und -Vorschriften.

– Der Sparrenabstand ist erheblich zu schmal: Um das Dachflächenfenster in zwei benachbarte Sparrenfelder einbauen zu können, muss der Sparren dazwischen ausgeschnitten werden. Um beide Sparrenenden wieder kraftschlüssig zu verbinden, muss oberhalb und unterhalb des vorgesehenen Fensters ein Wechselbalken eingezogen werden. Dann baut man zwei Hilfssparren in Fensterbreite zwischen die Wechsel. (s. Abb. 171 und 175)

Die Hersteller von Dachflächenfenstern bieten ein reichhaltiges Sortiment an, nämlich Schwingfenster, Klapp-Schwing-Fenster und diverse Zusatzelemente aus Polyurethan mit einem Holzkern oder ganz aus nordischem Kiefernholz. Das Holz hat eine hohe Qualität, die an Möbelholz erinnert. Es ist nach dem Einbringen aller Bohrungen und Fräsungen durch eine Vakuum-Imprägnierung mit einer wasserlöslichen und fungiziden Imprägnierlasur, selbstverständlich frei von PCP, Dioxin und Lindan, geschützt. Die Endbeschichtung besteht zumeist aus zwei Schichten eines transparenten, wasserlöslichen, lösungsmittel- und giftfreien Acrylharzlackes. Alle Einzelteile des Fensters müssen vor der Montage beschichtet werden, damit es keinen durchgehenden Lackfilm über die Eckverbindungen hinweg geben kann, der beim Arbeiten des Holzes reißt.

Der Glasscheiben-Aufbau besteht aus einer Außen- und Innenscheibe. Bei der Außenscheibe handelt es sich zumeist um ein 4 mm starkes Einscheiben-Sicherheitsglas nach DIN 1249 für erhöhten Hagelschutz, bei der Innenscheibe um ein 4 mm starkes Floatglas mit oder ohne Ornamentstruktur mit Edelmetallbeschichtung innen für erhöhten Wärmeschutz. Die Hersteller bieten auch andere Innengläser bestehend aus 2 x 3 mm Verbund-Sicherheitsglas für erhöhten Einbruchschutz und besseren Schallschutz oder 26 mm Isolierscheibenglas mit oder ohne Beschichtung mit Spezialgasfüllung für besseren Schall- und Wärmeschutz an. Die Glasfalzdichtungen sind meistens aus Butyl oder Ethylen-Propylen-Gummi, die Flügeldichtungen aus thermoplastischem Elastomer.

Der Wärmedurchgangskoeffizient für das Dachflächenfenster als Ganzes beträgt in der Regel 1,5 W/m² · K und liegt damit etwas besser als der von der EnEV geforderte U_w = 1,7 W/m² · K.

Das Schalldämmmaß $R_{w,R}$ = 35 dB. Das handelsübliche Dachflächenfenster gehört damit in die Schallschutzklasse 4. Durch zusätzliche Maßnahmen lässt sich auch die Schallschutzklasse 3 erreichen, was in verkehrsreichen Innenstadtlagen dringend anzuraten ist.

Besonderes Augenmerk legt die EnEV auf die Luftdichtheit der Dachflächenfenster. In Abhängigkeit von der Luftmenge, die bei einem Fenster durch alle vorhandenen Fugen ausgetauscht wird, erfolgt die Einstufung der Fenster in Klassen nach DIN EN 12 207. Die Luftdurchlässigkeit wird bei Prüfdrucken von 150 bis 600 Pascal (Pa) ermittelt. Die gemessenen Werte werden auf einen Referenzdruck von 100 Pa umgerechnet, sowohl auf die Gesamtfläche des Fensters als auch auf die Fugenlänge bezogen und danach klassifiziert. Die meisten Dachflächenfenster gehören in die Luftdichtigkeitsklasse 3.

Die Hersteller von Dachflächenfenstern bieten auch Ausstiegsfenster bzw. Dachaustiege an. Sie erfüllen die Anforderungen eines Schornsteinfegeraustiegs des Fachausschusses BAU und der Zentrale für Unfallverhütung und Arbeitsmedizin des Hauptverbandes der gewerblichen Berufsgenossenschaft e. V. und sind daher auch als Ausstieg im Brandfalle sehr geeignet. (siehe Kapitel 5.5)

Insbesondere der luftdichte Anschluss von Dachflächenfenstern an die Dampfbremse wird häufig vernachlässigt. Dadurch kann Wasserdampf in die Fensterkonstruktion eindringen und das Fensterholz durchfeuchten. Es entstehen gravierende Feuchteschäden, die zugleich ein sicherer Platz für das Pilzwachstum sind.

9.1.5   Dachrinnen und Fallleitungen

Dachrinnen und Fallleitungen gibt es heute in Materialien wie PVC-Kunststoff gemäß DIN EN 607 und Metallblech gemäß DIN EN 612. Bei letzteren werden Aluminium, Kupfer, Edelstahlbleche, Titanzink und verzinktes Eisenblech eingesetzt. Am häufigsten findet man Dachrinnen aus Zink- und aus Kupferblech.

Dachrinnen werden entweder als vorgehängte, halbrunde Rinnen, bzw. Kastenrinnen oder als innen liegende Rinnen ausgeführt. Die halbrunde Rinne bietet strömungstechnisch für die Ableitung des Wassers die besten Voraussetzungen. Der gerundete Rinnenkörper führt das Regenwasser immer in seiner Mitte, damit Ablagerungen von Verschmutzungen und Laub auch bei geringer Fließmenge verhindert werden. Dabei bietet diese Form auch die beste Materialausnutzung und durch den Rinnenwulst auch eine hohe Festigkeit. Die vorgehängte Kastenrinne zeigt für alle Parameter ungünstigere Eigenschaften als die halbrunde Rinne und wird deshalb meistens nur aus gestalterischen Gründen eingesetzt.

Dachrinnen werden stets mit einem Gefälle an die Traufe montiert, wobei die Kastenrinne stets ein größeres Gefälle bedingt als die halbrunde Dachrinne. Vorgehängte Rinnen schließt man immer mit einem einerseits in die Rinne hängenden, andererseits unter der Dachhaut liegenden Traufblech oder -streifen an das Dach an.

Unterspannbahnen unter der Dachdeckung müssen stets auf ein Traufblech münden, damit das auf ihnen abfließende Wasser ohne Durchnässung der Traufe in die Dachrinne gelangt. Über die Details zur Ausführung sei hier auf die entsprechenden Normen und die Dachdecker- bzw. Klempner-Handwerksregeln hingewiesen.[139] Dies gilt auch für die Erneuerung der Dachrinne selbst.

---

[139] DACHDECKERREGELN; Dachentwässerung nach DIN EN 612.

Die innen liegende Dachrinne wird aus technischen Gründen wie z. B. bei Shed-dachkonstruktionen, nach innen geneigten Dächern usw. und aus gestalterischen Wünschen z. B. bei Dachrändern oder bei Attiken usw. erforderlich. Da sich diese Rinnen, anders als die vorgehängten innerhalb der Dachkonstruktion befinden, ist der konstruktiven Ausbildung besondere Aufmerksamkeit zu schenken, um Schäden an der Traufe durch eindringendes, sich stauendes Regenwasser zu verhindern. Sie benötigen zwei voneinander unabhängige Abläufe. Oft hat man die Kastenrinne auf das Mauerwerk der Traufe aufgesetzt, um einen glatten Dachrand zu bekommen. Architekten haben im letzten Jahrhundert geglaubt, diese Dachrinnen aus Holzbrettern und in sie eingelegte Dachfolien, so genannte *Folienrinnen*, ohne Blecheinlage bauen zu können. Die Dachfolien waren aber dem Sonnenlicht ausgesetzt und versprödeten natürlich schnell, schließlich sind sie dadurch undicht geworden.

Metallrinnen benötigen bei ihrer Befestigung stets einen Dehnungsausgleich, damit die temperaturbedingten Längendehnungen aufgefangen werden. Deshalb darf der Klempner die Schiebenaht nicht vergessen, die nach den Regeln des Klempner-Handwerks ausgeführt wird.

Regenfallrohre werden sowohl in runder als auch in quadratischer Form ausgeführt. Sie gibt es in denselben Materialien wie die Dachrinnen. Die metallischen Rohre müssen leicht konisch ausgeführt werden, damit man sie ineinander stecken kann. Auch müssen sie eine Schiebenaht besitzen. Regenfallrohre werden mittels passender Rohrschellen an der Hauswand befestigt. Der Einbau einer Regenwasserklappe, mit deren Hilfe man das Regenwasser in eine Tonne oder Zisterne leiten kann, um damit den Garten zu gießen, wird heute häufig gefordert.

Im stoßgefährdetem Bereich über dem Erdboden muss das Regenfallrohr, bevor es an die Grundleitung angeschlossen wird, in einem ungefähr so hoch wie der Haussockel angebrachten Standrohr münden. Solche Standrohre gibt es in vielen Materialien wie Gußeisen, Kupfer, usw.. Fehlen sie, wird das Regenfallrohr eingebeult und reißt dabei auf. Viele Feuchteschäden werden gar durch fehlende Anschlüsse der Regenfallrohre an Grundleitungen verursacht. Das auf den Außenbelag auftreffende Regenwasser durchnässt den Haussockel, Wasser dringt in ihn ein und erzeugt neben den Feuchteschäden häufig auch Salzausblühungen (siehe Kapitel 5.1 und MAIER 2002).

Ungepflegte Dachrinnen aus verzinktem Blech rosten mit der Zeit sehr stark. Der Rost perforiert das Blech und lässt die Rinne und das Fallrohr undicht werden. Wird die Dachrinne nicht gereinigt, wächst Gras in ihr. Dadurch kann das Regenwasser nicht mehr abfließen, es staut sich und durchnässt den Traufenbereich der Hauswand (siehe Abbildungen 126 und 152).

225

9.1.6 Aufzüge

Miets- bzw. Geschäftshäuser in der Altstadt sind oftmals mehr als vier Geschosse hoch. Das ausgebaute Dachgeschoss ist dann nurmehr mühsam über die Treppe zu erreichen. Ein elektrischer Personenaufzug bietet sich als Alternative zum Treppensteigen an. Als günstiger Einbauort für einen solchen Aufzug bietet sich der Bereich des bisherigen Aborts an, der bei alten Häusern zumeist neben der Treppe sitzt (s. Abb. 279). Wurde dieser Bereich allerdings bei der Wohnraumplanung bereits erneut als WC oder Bad genutzt, kann der Aufzug nur noch hinten an das Treppenhaus angebaut werden.

Wenn sich der Aufzug im alten Abort-Bereich verwirklichen lässt, also das Platzangebot solcher alten Aborte ausreichend groß ist, ergibt sich dennoch folgende Problematik: Die Außenwände der einzelnen Stockwerke eines alten Hauses sind nach oben abgestuft dick. Um gleiche Mauerstärken wie in den oberen Geschossen zu erreichen, müssen die unteren entweder bis in den Keller hinunter abgestemmt werden, oder die Wände der oberen Stockwerke beigemauert werden. Letzteres lässt sich sehr gut mit Porenbetonsteinen ausführen, da der Aufzug ohnedies an eingebrachten Betonringankern befestigt werden muss. Zur Festlegung der Befestigungspunkte sollte der Architekt einen Tragwerksplaner hinzuziehen und sich nicht allein auf die Aufzugsfirma verlassen.

Soll das ausgebaute Dachgeschoss einen separaten Einstieg in den Aufzug bekommen, wird der Aufzugkopf bis über die Dachfläche hinausragen. Er ist jetzt wie ein Kaminkopf einzuhausen, d. h. seine über das Dach ragenden Wände müssen, wie in Kapitel 9.1.2 dargestellt, regensicher eingehaust werden. Sein Dach wird als Betonplatte ausgeführt und als wärmegedämmtes Flachdach mit Kunststoff- oder Bitumenbahnen gedeckt und an den Kanten mit Blech verwahrt. Auch seine über das Dach ragenden Wände müssen ausreichend wärmegedämmt werden, um Tauwasser zu vermeiden. Oben auf dem Aufzugdach muss zumeist eine Belüftungsöffnung angebracht werden, die wie eine Lichtkuppel in die Flachdachdeckung eingeflanscht wird.

Die einzelnen Stockwerksausstiege des Aufzugs werden an die Halbgeschosse der alten Treppenhäuser angepasst. Es muss also in das Treppenpodest jeweils ein sauberer Aus- und Einstieg eingefügt werden. Dazu ist oftmals ein zusätzlicher Wechsel in die Podestbalken einzubauen. Dies erfordert anschließend einen neuen Podestbodenbelag.

Im Keller bringt man die Technikräume für den Aufzug unter. Auch diese benötigen entsprechende Lüftungen samt Entlüftungskanälen, die dann durch die Kelleraussenwand geführt werden müssen. Die Technikraumtür muss eine wenigstens 20 cm hohe Schwelle bekommen. Der Raum selbst muss trocken gehalten, d. h. gegen eindringende Feuchte geschützt werden. Dies geschieht am besten im Zusammenhang mit der Kellertrockenlegung (siehe Maier 2002, S. 168–202).

226

Reicht der Platz an der Haupttreppe innerhalb des Hauses nicht für das Anbringen eines Personenaufzugs aus, kann der Aufzug auch hinten am Treppenhaus angebracht werden. Dies bringt aber erhebliche Nachteile mit sich, dann es muss ein gänzlich neuer Bauteil über alle Stockwerke hinweg *ex fundamentis* errichtet werden. Das führt zu erheblichen Mehrkosten. Sein Dach wird man am besten mit dem Treppenhausdach verbinden. Dies bedeutet einen Eingriff in den vorhandenen Dachstuhl. Der oberste Austritt des Aufzugs ist in diesem Fall stets die halbe Treppe, d. h. der Bewohner der Dachgeschosswohnung muss immer eine halbe Treppe nach oben steigen.

Das größte Problem im Zusammenhang mit einem angebauten Aufzugschacht stellt zumeist die Abstandsregelung der Landesbauordnungen (siehe Kapitel 6) dar. Dadurch, dass der Aufzugschacht das Gebäude nach hinten um wenigstens 2,00 m erweitert, muss auch die Abstandsfläche um dieses Maß nach hinten gemessen werden. Da in Altstadtbereichen die Grundstücksgrößen häufig zum vorhandenen Gebäude passend zugeschnitten sind, wird mit der neuen Abstandsfläche die Grundstücksgrenze nach hinten überschritten. Der Eigentümer des Nachbargrundstücks muss nun darum ersucht werden, dieser Belastung seiner Grundstücksfläche zuzustimmen. Er muss also überdenken, ob eine solche, aus einer Abstandsflächenübernahme resultierende Belastung seine eigenen zukünftigen Umbauvorhaben beeinträchtigt. Im Zweifelsfalle wird er darum seine Unterschrift verweigern. Damit ist der Aufzuganbau unmöglich geworden.

9.2 Dachstühle und Dachbalkendecken

In alten Dachstühlen können hauptsächlich Schäden beobachtet werden, die durch fehlende Teile oder durch eindringende Feuchte verursacht worden sind.

Grundsätzlich gilt die Reparaturregel:
Holz wird durch gleichartiges Holz erneuert! Alle Reparaturempfehlungen, die Kunststoffe anraten, sollte man schleunigst vergessen oder doch wenigstens genau auf ihre bauaufsichtsrechtliche Zulassung hin überprüfen. Weiterhin gilt: Vorsicht vor Eisenteilen in der Dachkonstruktion im Bereich des Taupunktes!

9.2.1 Fehlende Kopf- und Fußbänder

Die zur Queraussteifung der Sparren im Dachstuhl notwendigen Binder – meistens wird der jeweils fünfte Sparren durch einen Binder verstärkt – aber auch die Pfosten müssen stets auch eine Längsaussteifung besitzen. Eine solche Längsaussteifung wird in älteren Dachstühlen durch Andreaskreuze oder in jüngeren durch Kopf- bzw. Fußbänder sicher gestellt. Außerdem nagelt man zu

Abb. 167:
Bad Windsheim,
Freilandmuseum.
Fehlende Holzteile
wie Kopfbänder
werden durch neu-
es Holz ergänzt und
bleiben in der Farb-
behandlung heller
als das Originalholz.

diesem Zweck lange Bretter, so genannte *Windrispen*, diagonal über mehrere Sparren. Bei sehr großen Dachstühlen kann die Längs- und Queraussteifung auch aus Windrispen aus Flachstahl gefertigt sein.[140] Fehlen solche Aussteifungen, wird sich der Dachstuhl notwendig schief stellen und Schubkräfte auf die Außenmauern übertragen.

Zur Instandsetzung wird man die fehlenden Holzteile durch neue ersetzen oder an ihrer Stelle Spanndrähte einbauen. Neue Holzteile sollten immer mit Hilfe zimmermannsgemäßer Konstruktionen wie Verblattung und Zapfenverbindung kraftschlüssig eingesetzt werden. Um ein neues Querholz in einen Pfosten ein-

---

[140] WENDEHORST, S. 888, Bild 64 a) Anschluss einer Windrispe aus Holz unter einem Sparren, b) Anschluss eines Flachstahl-Zugbandes (Lochblech) auf einem Sparren, c) Anschluss eines Flachstahl-Zugbandes (Lochblech) an einem Sparrenfußpunkt.

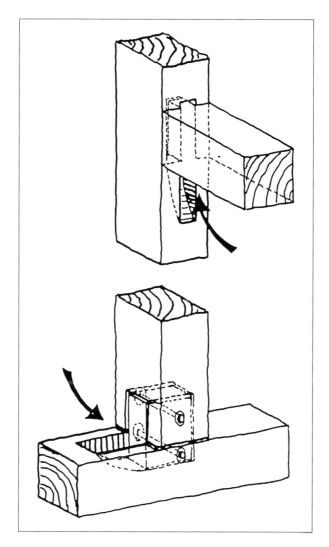

Abb. 168:
Reparaturverbin-
dungen von Dach-
hölzern: Ein Riegel
wird in einen Stän-
der eingezapft =
Jagdzapfen. Neuer
Pfosten wird in die
Schwelle gezapft =
Falscher Zapfen.

zufügen, kann man z. B. einen so genannten *Jagdzapfen* anfertigen, bei dem sich der Querholzzapfen von unten in das Zapfenloch im Pfosten einschieben lässt. Selbst Zimmerleute neigen jedoch der Einfachheit halber dazu, die kraftschlüssigen Verbindungen nicht mehr durch Verblattung oder Zapfen herzustellen, sondern durch beiderseits angenagelte, verzinkte Eisenlochbleche. Eiserne Laschen sind jedoch in Bereichen nahe an der Dachaußenhaut wegen Schwitzwasserbildung für das Holz äußerst gefährlich. Deshalb sollte ihnen dort wenigstens ein vorkomprimiertes Dichtungsband untergelegt werden. Ganz sicher vor Vermulmung des Holzes an dieser Stelle kann man jedoch nur dann sein, wenn man die Eisenlochbleche ganz weglässt.

Abb. 169:
Drempelwand mit
Fachwerk erneuert.
Als Holzverbindung
wurde ein Eisen-
lochblech verwen-
det. Tauwasser am
Blech ist nicht zu
verhindern!

9.2.2 Gestörte Anschlüsse und Verbindungen von Hölzern

Alle Dachstuhlhölzer sind auf vermulmte Holznägel, Zapfen, leere Zapfenlöcher, etc. zu untersuchen. Fehlen sie oder sind sie nicht mehr kraftschlüssig, müssen alle auf zimmermannsgemäße Art wiederhergestellt werden. Nur in solchen Fällen, in denen auch das Zapfenloch vermulmt ist, kann man zu beidseitig aufgenagelten oder verdübelten Holzbrettern oder Laschen aus verzinkten Eisenblechen greifen.

Abb. 170:
Wiederherstellen
von vermulmten
Holzteilen einer
Holzbalkendecke.

9.2.3 Eingriffe in Sparren, Pfetten oder Zangenhölzer

Eingriffe in Konstruktionshölzer des Dachstuhls, wie etwa Schwächung durch Aus- bzw. Abschneiden der Balken, fehlende Auswechslungen der Sparren bei Erstellung neuer, mehr als ein Sparrenfeld breiter Dachfenster oder Gauben und anderer nachträglicher Öffnungen im Dach, lassen den Dachstuhl instabil werden. Eine Auswechslung des Sparrens ist immer dann notwendig, wenn ein neues Bauteil wie ein Dachflächenfenster, ein Ausgang zu einem Dachbalkon oder ein neuer Kamin eingebaut werden soll. Der dem neuen Bauteil im Wege stehende Sparren wird durch einen Querbalken, der links und rechts am nächsten Sparren eingezapft ist, ausgewechselt, d. h. er wird von diesem kraftschlüssig aufgefangen. Jetzt kann das neue Bauteil ohne von den oft enormen Schubkräften des Sparrens beeinträchtigt zu sein, durch das Dach geführt werden.

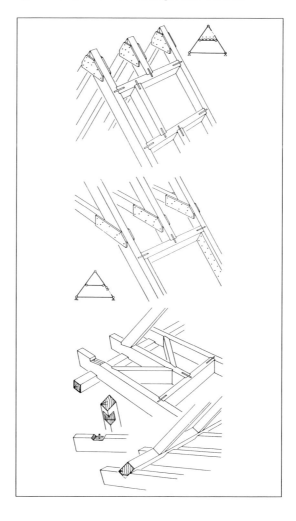

Abb. 171:
Auswechslung von Sparren und Deckenbalken.

9.2.4 Beschädigte Stützen oder Pfosten

Pfosten von Pfettendächern dürfen niemals einfach so auf den Balken der Dachbalkendecke stehen, sondern benötigen stets eine darunter gelegte Schwelle, welche die Dachlasten über mehrere Deckenfelder verteilt.

Der Zimmermann wechselt die infolge Feuchte vermulmten Pfosten- oder Stützenfüße gegen neue Holzbalken aus. Als neue, kraftschlüssige Verbindung zwischen der Schwelle und dem neuen Pfostenstück kann der Zimmermann einen so genannten *Falschen Zapfen* einfügen. Dazu schneidet er eine passende Aussparung sowohl in das untere, liegende als auch in das Fußende des oberen, stehenden Holzes. Dann fügt er beide Hölzer aufeinander, indem er ein in beide Aussparungen genau passendes Stück Holz einsetzt. Um der Verbindung die benötigte Spannung zu geben, können zusätzlich noch Keile in die Aussparung am Fußende des Pfostens eingetrieben werden (siehe Abb. 168).

Ein gesundes Pfostenstück und ein neues Ergänzungsholz anstelle des kranken, abgeschnittenen Pfostenendes werden miteinander knickfest verbunden, indem man beide an ihrem Ende doppelt so lang, wie der Pfosten dick ist, in der Hälfte des Pfosten-Querschnitts aussägt. Dadurch entsteht zunächst ein gerades Blatt, das aber an seinem Ende jeweils abgeschrägt wird. Um in den Blattsassen sich bildende Feuchte abfließen zu lassen, schneidet man die Schräge gratförmig zu. Beide Blätter werden mit starken eisernen Bolzen oder Holzdübeln miteinander verbunden.

Abb. 172:
Reparierte Stuhlsäule durch Anstücken eines gesunden Holzstücks an den schadhaften Pfosten mit Hilfe eines geraden Blattes.

Infolge der fehlenden, konstruktiven Teile des Dachstuhls tritt zumeist nach einiger Zeit die Schiefstellung der Fachwerkgiebel ein. Oft kann die festgestellte Schiefe eines solchen Giebels durchaus so bleiben, ohne sie zu reparieren, denn der Dachstuhl kann eine neue stabile Lage gefunden haben. In diesem Falle genügt eine neue, äußerliche, lotrecht ausgerichtete, ortsübliche Giebelverkleidung aus Brettern, Schindeln, Ziegeln oder Schiefer sowie eine innere aus Gipskartonplatten oder Nut- und Federbrettern.

Die Schiefstellung lässt sich aber auch ziemlich einfach beseitigen, indem man den Dachstuhl mit starken stählernen Spannseilen und Winden wieder gerade zieht. Dazu muss aber das Dach zuvor komplett abgedeckt, alle Aussteifungen heraus genommen und der Fachwerkgiebel von seinen Ausfachungen befreit werden. Wenn dann alle Sparren gerade gerückt worden sind, werden alle Aussteifungen, Windrispen, Binder und Pfosten fachgerecht wieder eingebaut. Es entsteht gleichsam mit dem alten Dachholz ein neues Dach.

9.2.5 Beschädigte Traufen und Dachgesimse

Ein besonderes Problem werfen die von tierischen oder pflanzlichen Holzschädlingen (siehe Kapitel 4.2 und 4.3) oder von Feuchte zerstörten Fußpunkte von Sparren, liegenden Stuhlsäulen und Fußpfetten von Pfettendächern sowie Bindern von Kehlbalkendächern auf. Solche Fußpunkte bestehen bei kleineren Kehlbalkendächern aus Versatz und eingezapftem Sparren bzw. Kehlbalken. Sie lassen sich durch schräg nach innen auf Sparren, Stuhlsäulen und Balken genagelte Laschen reparieren. Ist der Traufenfuß zu sehr zerstört, helfen verbolzte Zangen.

Manchmal werden auch Stahlschuhe empfohlen, die den Fuß des Sparrens oder der liegenden Stuhlsäule aufnehmen. Dabei entsteht stets Schwitzwasser, das sich zunächst im Eisenschuh sammelt und dann den Sparren erneut vermulmt. Löcher im Schuh, die das Wasser abfließen lassen sollen, werden es in die darunter liegenden Holzbalken oder in das Mauerwerk der Traufe einleiten, was diese Bauteile zerstört. Selbst wenn es gelingt, das Kondensat in die Dachrinne einzuführen, werden dennoch auf die Dauer Schäden entstehen, da solche Löcher schnell verschmutzen und dann verstopfen. Kurzum – Hände weg von eisernen Schuhen im Traufenbereich!

In den letzten Jahrzehnten brachte die Industrie zur Wiederherstellung zerstörter Holzverbindungen im Traufenbereich das BETA-Verfahren als reine BE-

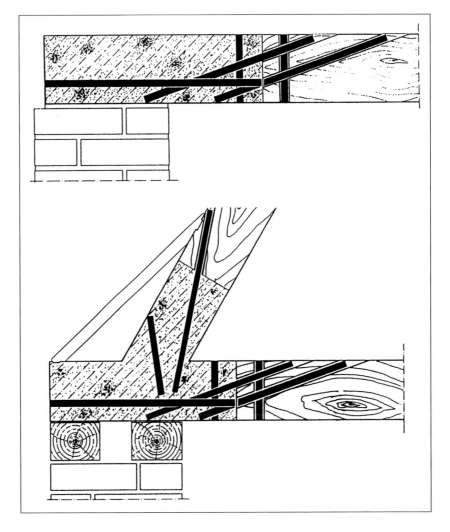

Abb. 174:
Reparierte Traufe mit Hilfe des BETA-Verfahrens: oben angestückter Dachbalken, unten neuer Traufenpunkt eines Kehlbalkendaches.

TA-Prothese oder in der Ausführung Holz-an-Holz mit entsprechender GFK-Armierung aus glasfaserverstärkten Kunststoffen auf. Der Hersteller hält gleichwertige, erprobte und geprüfte Systeme für zulässig. Dabei wird der Anschlusspunkt Sparren und Dachbalken gänzlich aus Epoxidharz nachgebildet und durch diese Prothese ersetzt. Das Epoxidharz wird dabei flüssig in eine Schalung aus GFK-Kunststoff eingebracht, mit Edelstahl bzw. GFK-Kunststoffen armiert und schließlich erstarrt es. Es hat sich aber bald herausgestellt, dass auch hier das Schwitzwasser in der Fuge zwischen Kunststoffpräparat und altem Sparren- bzw. Dachbalkenholz dazu führen kann, dass das gesunde Holz durch diese Kondensatfeuchte vermulmt, d. h. die neue Reparaturkonstruktion führt zur Zerstörung gesunden alten Holzes. Will man das BETA-Verfahren dennoch anwenden, muss man besonders darauf achten, dass die Schalung, in die der zunächst hochviskose Kunststoff eingebracht wird, keine Spalten oder Risse aufweist und die Anschlussstelle zwischen Schalung und Holzbalken, durch die flüssiges Epoxidharz in die darunter liegende Stuckdecke oder Deckenmalerei eindringen kann, komplett abgedichtet ist. Wenn dies nicht der Fall ist, treten in diesen Decken irreparable Schäden auf. Wertvolle Malerei und/oder Stuck sind dann für immer zerstört.

Kranzgesimse an den Traufen können aus Holzbrettern oder aus verputzten Back- bzw. aus Natursteinen bestehen. Ende des 19. Jahrhunderts kamen auch Mischformen häufig vor. Deshalb muss das Steingesims ausgebessert bzw. neu verputzt werden. Das Holzgesims verlangt nach neuen Brettern anstelle der verfaulten. Häufig sind die Profilierungen der Holzgesimse mit Hilfe von auskragenden Schablonen ausgeführt worden. Diese Schablonen gilt es vor der Reparatur sicherzustellen und dort, wo sie fehlen, vom Zimmermann nachbauen zu lassen. Die profilierten Stein- und Putzgesimse muss man mit Reprofilierungsmörtel instand setzen (siehe MAIER 2002 S. 267–268).

9.2.6 Reparatur von Dachbalkendecken

Mauerlatten sowie Balkenköpfe der Dachbalkendecke sind ebenso häufig geschädigt wie die Traufenfüße der Sparren. Sie sind infolge eingedrungener Feuchtigkeit vermulmt und oft von pflanzlichen oder tierischen Holzschädlingen befallen (siehe Kapitel 4.2 und 4.3). Für die Reparatur von Deckenbalken und Mauerlatten gibt es viele handwerkliche Möglichkeiten[141], von denen allerdings einige, in diversen Fachbüchern empfohlene höchst zweifelhafte Lösungen darstellen. Hier sei folgende Bewertung gegeben:

---

[141] GERNER 1998, Abbildung: Die verschiedenen Möglichkeiten zur Sanierung zerstörter Balkenköpfe; GERNER 2002 beschreibt diese in Leistungspositionen S. 89–92.

Empfehlenswerte Lösungen:

☐ Abschneiden des vermulmten Balkenendes und Einzapfen des verkürzten Balkens in ein Querholz, einen Wechsel zwischen zwei gesunden Nachbarbalken. Dies ist auch beim Einbau eines sehr breiten Dachflächenfensters erforderlich.

☐ Einlegen eines gesunden Balkens in das Feld zwischen zwei geschädigte Balken

☐ Ersetzen des kaputten Balkenendes durch ein gesundes Balkenstück und mit Hilfe eines senkrecht angeordneten, sechsfache Balkenhöhe langen, geraden Blattes kraftschlüssig verbinden. Die beiden Blattenden werden mit drei starken Stahlschrauben verbolzt. Besser noch, das gerade Blatt wird an beiden Enden schräg eingeschnitten.

☐ Ersetzen des kaputten Balkenendes durch ein gesundes Balkenstück und mittels seitlich angebolzten Holzzangen kraftschlüssig verbinden

Abb. 175:
Die in das Steildach einzubauenden liegenden Dachflächenfenster sind breiter als die vorhandenen Sparren des Unterdachs. Um neue Sparren einbauen zu können, benötigt man einen Wechsel. Problematisch sind die hier dazu eingesetzten Eisenbleche als Holzverbindungsmittel.

Lösungen nur in einem nicht ausgebauten Dachgeschoss:

☐ Anschuhen des kaputten Balkenendes mit einem Holz, das auf dem zu reparierenden Balken liegt und kraftschlüssig verbolzt wird.

☐ Anhängen des vermulmten Balkens an zwei gesunde Nachbarbalken mittels eines querliegenden Balkens über diesen.

Abb. 176:
Verstärken eines Dachbalkens durch seitlich angebolzte Balkenstücke, Sicht von oben.

Abb. 177:
Verstärken eines Dachbalkens durch seitlich angebolzte Balkenstücke, Sicht von unten.

Lösungen, wenn sich das neue Holz im Raum unter dem Dachgeschoss schadlos einfügen lässt:

☐ Anschuhen des kaputten Balkenendes mit einem Holz unter dem abgeschnittenen Balken

☐ Abtragen der Balkenlast auf eine darunter gemauerte, steinerne Konsole
Abtragen der Last auf eine vorgesetzte Mauerlatte

☐ Die gesamte Dachbalkenlage wird mit ihren verkürzten Enden auf einen Fachwerkbock oder eine Vormauerung vor der Außenwand aufgelegt.

Abb. 178:
Die vermulmten Balkenenden wurden abgeschnitten, die Dachbalkenlage im Zwerchhaus mit ihren verkürzten Enden auf einen Fachwerkbock aufgelegt.

Bedenkliche Lösungen:

☐ Anschuhen mittels seitlich angebolzten U-Eisen. Wärmebrücke! Im Traufenbereich Schwitzwasserbildung!

☐ Anschuhen mit einem U-Stahlprofil unter dem Balken. Wärmebrücke! Im Traufenbereich Schwitzwasserbildung!

☐ Auswechseln des gesamten Balkens bzw. der ganzen Mauerlatte. Dies führt zum kompletten Verlust des Originalbalkens. In der Denkmalpflege verpöntes Verfahren!

Abb. 179:
Anblatten eines
U-Stahlprofils an
den Holzbalken.

Abb. 180:
Schottersmühle.
Auswechseln des
zerstörten Decken-
balkens durch einen
ganz neuen.

Nur bei genauer Einhaltung der Herstellerrichtlinien zu empfehlende Lösungen:

☐ Chemischer Holzersatz des geschädigten Balkenendes mit Armierung mit Glasfiberstäben – BETA-Verfahren – Anschuhen mittels eines stumpfen Stoßes, Verklebung der Stoßstelle und Armierung mit Glasfiberstäben. (siehe Abb. 174)

10   Konstruktionen beim Dachausbau

10.1   Wärmedämmen im Dach

Nachdem nunmehr die alte Dachkonstruktion wieder Kräfte übernehmen kann und die Dachbalkendecke eine neue Verkehrslast aus der Nutzung als Wohnung zu tragen vermag, ist das Dachwerk für den Ausbau zum Dachgeschoss bereit. Als erste Ausbaumaßnahme wird eine Wärmedämmung in das Dach und an die Giebelmauern einzubauen sein, denn die Dächer mit ihren Giebel- bzw. Drempelmauern bilden ohne ausreichende Dämmung in der Tat keine Raumschale, hinter der eine behagliche Atmosphäre eingerichtet werden kann.

Anordnung einer Wärmedämmung im Dach:
1. Wärmedämmung zwischen den Sparren = Zwischensparrendämmung.
2. Wärmedämmung unterhalb der Sparren = Untersparrendämmung.
3. Wärmedämmung über den Sparren = Aufdachdämmung.

Es sind jedoch auch Kombinationen der Anordnungen möglich, insbesondere die Kombination aus Dämmung (1) zwischen und Dämmung (2) unter den Sparren.

10.1.1   Wärmedämmstoffe

Für die Wärmedämmung im Dachgeschoss gibt es im Handel viele Wärmedämmstoffe, die hier insbesondere unter dem Aspekt ihrer ökologischen und hygienischen Verträglichkeit vorgestellt werden sollen.[142] Grundsätzlich sollte man nur Dämmstoffe verwenden, die eine baurechtliche Zulassung haben. Andernfalls kann der Bauherr Ärger mit den Aufsichtsbehörden und der Versicherung bekommen. Ein zusätzlicher Qualitätshinweis ist die Güteüberwachung durch eine Materialprüfungsanstalt.

Seit die Energieeinsparverordnung EnEV in Kraft trat, haben Dämmstoffe im baulichen Geschehen erheblich an Bedeutung gewonnen. Wärmedämmstoffe können in unterschiedlichen Lieferformen (als Platten, Filze oder Matten, Schüttungen oder loses Material zum Einblasen), Anwendungstypen, Abmaßen, in verschiedener Steifigkeit und Wärmeleitfähigkeit geliefert werden. Für den Dachgeschossausbau ist zunächst der Anwendungstyp entscheidend:

---

[142] Siehe dazu auch die Ausführungen der Schadstoffberatung Tübingen, Raumluft- und Materialanalysen, Tübingen. Dieses Institut hat sich vor allem mit den Krebs erregenden Faserdämmstoffen befasst.

Typkurz-zeichen	Verwendung im Bauwerk
W	Wärmedämmstoffe, nicht druckbelastbar, z. B. für Wände, Decken, Dächer
WL	Wärmedämmstoffe, nicht druckbelastbar, z. B. für Dämmungen zwischen Sparren und Balkenlagen
WD	Wärmedämmstoffe, druckbelastbar, z. B. für Dämmung unter druckverteilenden Böden, ohne Trittschallanforderungen, und in Dächern unter der Dachhaut (Aufsparrendämmung)
WV	Wärmedämmstoffe, beanspruchbar auf Abreiß- und Scherbeanspruchung, z. B. für angesetzte Vorsatzschalen ohne Unterkonstruktion.
WS	Wärmedämmstoffe mit besonderer Formbeständigkeit
Faserdämmstoffe W, WL, WD und WV können auch für Schallschutzzwecke verwendet werden.	

Tabelle 7:
Anwendungstypen der Wärmedämmstoffe

Die Anwendungstypen können, allerdings nur bei den Fasserdämmstoffen, auch unterschiedlich eingesetzt werden: solche des Anwendungstyps W kann man auch wie WL, solche des Anwendungstyps WD auch wie W,WL und WV sowie schließlich solche des Anwendungstyps WV wie W und WL verwenden.

10.1.1.1 Künstliche Mineralfasern KMF

Zur Gruppe der künstlichen Mineralfasern (KMF) gehören nach DIN 18165-1 Steinfasern, Glasfasern, Keramikfasern und Schlackefasern. Sie werden zu Wolle verarbeitet, also zu Steinwolle, Glaswolle, etc., die dann zu handelsüblichen Dämmplatten bzw. -matten der Wärmeleitfähigkeitsgruppen WLG 035 bis 050 verarbeitet werden.

Die Steinwolle entsteht durch Schmelzen verschiedener Gesteinsarten, dem ein Zerfaserungsprozess angeschlossen wird. Die zu rund 60 % aus Altglas bestehende Glaswolle erhält unter Zugabe von Kunstharzen Formbeständigkeit. Die Wärmeleitfähigkeit λ, zentrales Kriterium für Produkte zur Wärmedämmung, beträgt hier 0,035–0,050 W/(m · K). Glaswolle wird in die Brennbarkeitsklasse A – nicht brennbar oder mindestens schwer entflammbar – eingestuft.

Die Rohstoffe der KMF werden geschmolzen und in Schleuder- oder Blasverfahren durch dünne Düsen gepresst. Die unzähligen, kleinen Fasern werden mit Bindemitteln (z. B. Phenol-Formaldehydharzen) vermischt, so dass beim Verarbeiten zu Dämmmatten der Faserbruch verhindert und durch das Zusammenkleben ein Auseinanderfallen der Platten unterbunden wird. Bei den fertigen Dämmmatten beträgt der Anteil an Mineralfasern ca. 90 %, während der Rest aus Kunstharzbindemitteln und aliphatischen Mineralölen besteht.

Abb. 181:
Die Mineralwolle
wird in Rollen gelie-
fert und im Dach
gelagert.

Vor etwa zwanzig Jahren gerieten die Hersteller von Mineralwolle in große Not, da ihre Dämmstoffe nach vielen Jahren der Marktbewährung auf einmal in die Liste der gesundheitsschädlichen Baustoffe aufgenommen und als Krebs erzeugend eingestuft wurden. Nachdem feststand, dass die Krebs erzeugende Wirkung von Asbest auf die langgestreckte Partikelgestalt (Faser) zurückzuführen ist (siehe Kapitel 8.3 Asbest), gerieten auch andere faserförmige Materialien in Verdacht, Krebs zu erzeugen. KMF bestimmter Geometrie (Durchmesser < 1 µm) wurden daher 1980 in der MAK-Liste in Gruppe III B (begründeter Verdacht auf Krebs erzeugendes Potential) eingestuft. 1994 hat der Ausschuss für Gefahrstoffe eine Empfehlung für die offizielle Einstufung im Gefahrstoffrecht unterbreitet. Danach soll für alle KMF eine Bewertung auf der Grundlage eines aus der chemischen Zusammensetzung abgeleiteten Kanzerogenitätsindex KI vorgenommen werden. Die Abstufungen reichen von Kategorie 2 (KI < 30; Krebs erzeugend im Tierversuch) über Kategorie 3 (KI 30 bis 40; krebsverdächtig) bis zu keine Einstufung in eine Kategorie (KI > 40).

Der Kanzerogenitätsindex KI ist allerdings nicht unumstritten. Kritiker wenden ein, dass er nicht die Biolöslichkeit selbst, sondern indirekt über die chemische Zusammensetzung lediglich als deren Indikator das kanzerogene Potential der jeweiligen Faser beschreibt. Vorhandene alte KMF-Dämmstoffe sind für den Bewohner ungefährlich, wenn die Dämmung fachgerecht durchgeführt wurde, wenn keine Spalten und Ritzen in der Wand sind und die Dampf bremsende

Folie nicht beschädigt ist. Es ist also nicht unbedingt sinnvoll, in Altbauten die mineralischen Dämmschichten herauszureißen, denn dabei werden viele Krebs erregende Fasern freigesetzt. Dagegen sollten Räume, in denen Mineralfaser-Dämmstoffe nicht mit Folie abgedichtet wurden und die Fasern offen liegen, durch wind- und luftdichtes Einhausen mit PE-Folien oder, wenn das nicht möglich ist, durch totales Entfernen saniert werden.

Solange es noch keine verbindliche Einstufung für Dämmstoff-Fasern durch die Europäische Union gibt, sind die Hersteller und Importeure nach den Regelungen des deutschen Gefahrstoffrechts verpflichtet, im Hinblick auf Gefahren und Risiken ihre Produkte selbst einzustufen und gegebenenfalls zu kennzeichnen (§ 13 ChemG[143]). Sie haben zusätzlich die Bekanntmachungen des Bundesarbeitsministeriums (BMA), insbesondere die Technischen Regeln für Gefahrstoffe (TRGS) zu beachten. *„Es bestehen hinreichende Anhaltspunkte zu der begründeten Annahme, dass die Exposition eines Menschen gegenüber Glaswollfasern und Steinwollfasern Krebs erzeugen kann."*[144]

Außer der Krebs erzeugenden Wirkung können bedingt durch Faserstruktur und Zusatzstoffe (Bindemittel) eine Reihe weiterer gesundheitlicher Auswirkungen beim Umgang mit KMF auftreten, insbesondere Reizungen von Haut und Schleimhäuten, aber auch der oberen Atemwege und der Augen. Die Reizungen und eventuellen Entzündungen sind eine mechanische Reaktion auf scharfe, abgebrochene Faserenden. Sie sind keine allergische Reaktion und klingen gewöhnlich bald nach Beendigung der Einwirkung auf die Haut oder Schleimhäute wieder ab. Die feinen Stichverletzungen der Haut können das Eindringen von Krankheitserregern und damit das Entstehen von Entzündungen fördern.

Formaldehyd aus dem eingesetzten Kunstharz wird nur bei frisch hergestellten KMF-Dämmstoffen in erheblichem Maße emittiert. Danach nehmen die Formaldehyd-Konzentrationen rasch ab und stabilisieren sich nach einigen Tagen auf einem Niveau (Ausgleichskonzentration) von 0,02–0,05 ppm. Untersuchungen zeigen, dass sich die Formaldehydabgabe weiter vermindert. Mittelfristig, d. h. über drei bis sechs Monate war durch den Alterungseffekt eine Abnahme der Emissionswerte um mehr als 50 % gegeben, d. h. auf Werte zwischen 0,01 und 0,03 ppm. KMF-Dämmstoffe sind daher an der Raumluftbelastung durch Formaldehyd nur untergeordnet beteiligt. Phenol war in Untersuchungen nicht nachweisbar; sonstige leichtflüchtige organische Verbindungen (so genannte VOCs) ließen sich erst bei Temperaturen über 90 °C nachweisen.

---

[143] Gesetz zum Schutz vor gefährlichen Stoffen – ChemG – Chemikaliengesetz. Fassung vom 20. Juni 2002 (BGBl. Teil I Nr. 40 vom 27.06.2002).

[144] Gemeinsame Stellungnahme einer Arbeitsgruppe aus verschiedenen Verbänden anlässlich des VDI/DIN-Kolloquiums *Faserförmige Stäube* 9/1993 in Fulda.

Durch eine gezielte Modifikation der chemischen Zusammensetzung von KMF lassen sich inzwischen Dämmstoffe mit deutlich geringerer Krebs erzeugender Potenz und besserer Biolöslichkeit als herkömmliche Mineralfasern herstellen. Einmal im menschlichen Körper, sollen sie sich viel schneller auflösen und so das Zellgewebe nicht mehr schädigen können.[145]

Künstliche Mineralfasern KMF sind gleichwohl als Dämm-Matten sehr gut zum Dachgeschossausbau geeignet, lassen sie sich doch sowohl zwischen die Sparren, als auch unter den Sparren einbauen. Sie sind außerdem nichtbrennbare Baustoffe der Brandklasse A (siehe Kapitel 10.1.1.2, Tabelle 8). Als Dämmplatten kann man sie auch auf den Sparren einsetzen. Natürlich eignen sie sich auch für Fachwerkwände und an den Außenwänden als Wärmedämm-Verbundsystem (WDVS) sowie als Kerndämmung zwischen zwei Mauerwerksschalen und als Füllstoffe in leichten Trennwänden aus Gipskartonplatten. Wegen ihrer Wirtschaftlichkeit beherrschen sie trotz der hier aufgezeigten Nachteile nach wie vor den Baumarkt.

Abb. 182:
Zwischensparren-
dämmung aus Holz-
wolle-Leichtbauplat-
ten und Klemmfilz.

Umgang mit Dämmstoffen aus künstlichen Mineralfasern KMF
Es ist sehr zu empfehlen, beim Verarbeiten von Dämmmaterial aus künstlichen Mineralfasern KMF Atemschutzmasken anzulegen. Auch sollte eine entsprechende Arbeitskleidung getragen werden, damit so wenig ungeschützte, bloße Hautflächen wie möglich mit den Fasern in Kontakt kommen können.

---

[145] HEISS, DAB 10/02, S. 76.

Randleistenmatten

Die Industrie bietet seit vielen Jahren Mineralfasermatten mit einseitiger Kaschierung durch eine Aluminiumfolie an, die so genannten *Randleistenmatten*. Ihre Alukaschierung steht beiderseits über die Matte über, mit diesem Überstand wird sie an den Sparren mit Hilfe von Nägeln oder Klammern befestigt. Die Randleistenmatten werden in Breiten geliefert, die jeweils in einem Modus von 5 cm abgestuft sind. Sie werden in der Regel als Sparren-Zwischendämmung eingesetzt und wegen ihrer einfachen Verlegeart in den Baumärkten für den Heimwerker angeboten. Sie erfüllten die Anforderungen der früheren Verordnungen zum Wärmeschutz noch einigermaßen gut, für die Postulate der EnEV sind sie jedoch weniger geeignet, obwohl sie wegen ihrer Aluminiumfolie einen sehr hohen s_d-Wert aufweisen und eigentlich eine ideale Dampfsperre wären.

Beim Verwenden solcher Randleistenmatten für die Zwischensparrendämmung können aber gerade im Altbau, wo die Abstände der Sparren meistens variieren oder schief verlaufen, Fehlstellen entstehen, da die Abstände sich nicht mit dem Breitenmodus der Matten in Übereinstimmung bringen lassen. Entweder ist die Randleistenmatte zu breit und staucht sich oder sie ist zu schmal und hinterlässt an den Rändern leere Zwischenräume, also Wärmebrücken. An solchen Stellen, wo etwa ein Sparren nur einen kleinen Abstand von der Wand aufweist, kann man die Randleistenmatten kaum einpassen. Es entsteht also wiederum eine Wärmebrücke.

Randleistenmatten mit unterseitiger Alukaschierung haben folgende Nachteile:

- Fehlstellen, also Wärmebrücken, werden von der überstehenden Kaschierung verdeckt und können nur schwer oder gar nicht geortet werden.
- Randleistenmatten, die an senkrechte Flächen angebracht wurden, haben sich als nicht genügend reißfest erwiesen. Infolgedessen hat sich die Mineralfasermatte von der Alufolie gelöst und ist abgesackt.
- Beim Verlegen durch Heimwerker entstehen viele ungewollte Löcher und Risse in der Alufolie, die sich nur schwerlich winddicht verkleben lassen.
- Winddichtigkeit im Bereich der Überlappung auf dem Sparren sowie bei den Anschlussstellen an Fenster oder Wände ist nicht leicht herzustellen. Die im Handel erhältlichen Klebebänder sind für Alukaschierungen nur bedingt geeignet. Die Alufolie stellt rechnerisch eine Dampfsperre, aber keine Windsperre dar.

Bei Zwischensparrendämmung sollten anstelle von Randleistenmatten *Klemmfilz* oder *Dämmkeile* aus Steinwolle verwendet werden. Solche Mineralfasermatten lassen sich zuschneiden und stramm zwischen die Sparren einpassen. Faserdämmstoffe des Anwendungstyps W, nicht druckbelastbar, oder WD/WV, druckbelastbar, sollten anstelle von solchen des Typs WL verwendet werden,[146] da diese eine höhere Biegesteifigkeit und Formstabilität aufweisen.

Außerdem sind zweilagige Dämmschichten, bestehend aus einer Zwischensparren- und einer Untersparrenlage, sehr zu empfehlen, da Wärmebrücken in der Zwischensparrendämmung oder solche, die durch die hölzernen Sparren selbst gebildet werden, durch die Untersparrendämmung unwirksam gemacht werden können. Man darf nicht vergessen, dass der hölzerne Sparren eine durch die Dachkonstruktion bedingte Wärmebrücke darstellt. Sie ist umso stärker wirksam, je dicker einerseits der Sparren und andererseits die Zwischensparrendämmung gewählt werden. Bauphysikalisch sind selbstverständlich schmale und hohe Sparren vorteilhafter, einmal, weil sich zwischen diese eine entsprechend dicke Wärmedämmung einbringen lässt, zum anderen, weil das schmale Sparrenholz eine kleinere Wärmebrücke darstellt.

10.1.1.2 Nachwachsende Dämmstoffe

Zu diesen Dämmstoffen aus nachwachsenden Rohstoffen zählen Baumwolle, Flachs, Stroh, Schilf, Kokos, Kork, Holzfasern, Zellulose und Schafwolle. Der Einsatz *nachwachsender* Dämmstoffe ist jedoch nur dann empfehlenswert, wenn die Rohstoffe ökologisch erzeugt, d. h. nicht mit Pestiziden behandelt wurden, was aber oft erforderlich ist, wenn man eine solche Wärmedämmung ungezieferfrei bzw. frei von Pilzbefall halten will. Um die Zulassung als Baustoff zu bekommen, müssen bei den meisten naturnahen Produkten oder solchen aus nachwachsenden Rohstoffen (siehe Tabelle 8) Brandschutzmittel zugeführt werden, weil sie alle sehr leicht brennen. Das geschieht in vielen Fällen mit Boraten, eigentlich unproblematischen Borsalzen. Allerdings, wenn Kinder die borhaltigen Produkte in die Finger bekommen, sind sie keineswegs unschädlich. Für Säuglinge, die Borsalz verschlucken, kann bereits eine geringe Dosis von 1 bis 3 Gramm tödlich sein. Da derartige Substanzen außerdem wassergefährdend sein können, kommt dieser weitere Nachteil erst bei einer späteren Entsorgung naturschädigend zum Tragen. Das beigefügte Etikett sollte also sehr sorgfältig gelesen werden, denn diese Stoffe sind nicht von vornherein ungefährlich. Dennoch haben *nachwachsende* Dämmstoffe viele Vorteile: Sie sind zum Teil bereits Recyclingprodukte z. B. die Zellulose-Dämmstoffe aus Altpapier-Recycling, sind mit dem *Blauen Engel* gekennzeichnet und lassen sich gut wiederverwerten. Sie sind nicht mit Formaldehydharzen verklebt. Da sie mit einer Schalung verbaut werden, bieten sie eine hohe Sicherheit. Ihr Dämmwert ist so gut wie der von Mineralfasern.

---

[146] Anwendungstypen von mineralischen Faserdämmstoffen nach DIN 18165, siehe Tabelle 7.

Als Dämmung zwischen den Sparren sind biologisch erzeugte Materialien wie Zellulose, Wolle, Flachs, Baumwolle und Hobelspäne gut geeignet, vorausgesetzt, Ungeziefer wie Mäuse oder Motten können dauerhaft aus ihnen ferngehalten werden. Ebenso gut sind Holz- und Kokosfasern als Matten oder Platten, als lose Schüttung sind sie nur eingeschränkt geeignet. Sie werden dabei lose in die Sparrenzwischenräume eingeblasen. Deshalb können sie durch Erschütterungen z.B. verursacht durch den Straßenverkehr, im Laufe der Zeit verdichtet werden und sich allmählich setzen, so dass Hohlräume in der Dämmung, also Wärmebrücken, entstehen. Eine Aufdachdämmung kann sehr gut mit Holzfaserdämmplatten nach DIN 68755, oder mit Korkplatten nach DIN 18161-1 ausgeführt werden.

Für die Giebelwände sind Korkplatten und Schilfmatten als Dämmung durchaus geeignet. Oft werden Holzwolleleichtbauplatten nach DIN 1101, Plattendicke ≥ 25 mm, der Wärmeleitfähigkeitsgruppe 065 bis 090 als vorgehängte Fassade eingesetzt. Eine Konstruktion aus Holzwolleleichtbauplatten HWL als zweite Fassade, hinter die z.B. Zellulose eingebracht wird, ist allerdings nur mit Einschränkung zu empfehlen. Auf die HWL-Platten sollte man immer eine Beschichtung z.B. aus mineralischen Putzen o.Ä. aufbringen. Für die Kerndämmung zwischen zwei Mauerschalen, z.B. der Giebelmauern beim Satteldach, sind Schüttungen aus Perlite, die aus expandiertem Vulkangestein hergestellt werden, expandierter Glimmerschiefer und Korkschrot gut geeignet. Als Wärmedämmung bei Holzständer- oder Holzrahmenbauweise oder Fachwerk der Giebel- bzw. Drempelwände sind alle weichen Dämmstoffe, die auch zwischen den Dachsparren empfohlen werden, gut geeignet. Als Füllstoffe für leichte

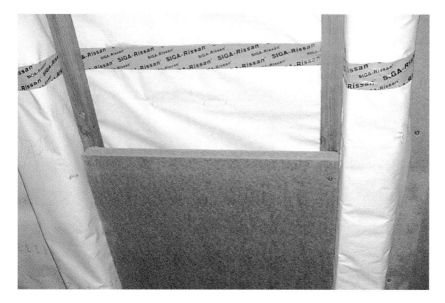

Abb. 183:
Holzfaserdämmplatte zwischen den Sparren auf einer seitlich an den Sparren angenagelten Lattung. Dadurch entsteht eine Belüftungsebene zwischen Unterspannbahn und Wärmedämmung.

Dämmstoff	Rohdichte [kg/m³]	Wärmeleitfähigkeit λ_R*[W/mK]	Schadstoffabgabe bei der Nutzung	Schadstoffabgabe entlang der Produktlebenslinie	Primärenergieinhalt	Baustoffklasse: A = nicht brennbar; B = brennbar
Blähglimmer-Schüttung (Vermiculit)	70–150	0,07	nein	nein	mittel	A
Blähperlit-Schüttung	90	0,05	nein	nein	mittel	A
Blähton-Schüttung	300	0,16	nein	nein	mittel	A
Cellulose-Schüttung (Recycling)	50	0,045	nein	nein[1]	sehr gering	B
Holzfaserweichplatten	130–270	0,05	nein	nein[1]	sehr gering	B
Holzwolle-Leichtbauplatten	360	0,09	nein	nein	gering	B
Kokosfasermatten bzw. -platten	75–125	0,045	nein	nein	gering	B
Kork	120–200	0,045	nein[3]	nein[3]	gering	B
Mineralwolleplatten (Glas, Steinwolle)	80	0,04	möglich[2]	ja[1],[2]	mittel	A
Polystyrol-Platten	30–60	0,03	ja[4]	ja[4]	hoch	B
Polyurethan-Platten	30	0,025	möglich[5]	ja[5]	hoch	B
Schafwolle	20–120	0,04	nein[7]	nein[7]	gering	B
Schaumglas-Platten	130	0,05	nein[6]	nein	mittel	A
Schilfrohr-Platten	k.A.	0,06	nein	nein	gering	B
Strohplatten	500	0,11	nein	nein	gering	B

[1] = Ggf. Atemschutz bei der Verarbeitung zum Schutz gegen Faserfreisetzung erforderlich.

[2] = Fasern kritischer Geometrie sind im Tierversuch Krebs erzeugend. Faserfreisetzung ggf. möglich.

[3] = Bei schlechten Qualitäten bzw. bei Verwendung von Chemikalien Emissionen möglich.

[4] = Bei Gebrauch Abgabe von Styrol möglich. Bei der Herstellung und im Brandfall Freisetzung giftiger Chemikalien bzw. Gase.

[5] = Bei Gebrauch Abgabe von Reaktionsprodukten der Isocyanate nicht auszuschließen. Bei der Herstellung und im Brandfall Freisetzung giftiger Chemikalien.

[6] = Bei Verletzung der Poren Freisetzung von Schwefelwasserstoff.

[7] = Pestizidrückstände möglich. Verwendung von Mottenschutzmitteln möglich.

* Index R = nach Norm ermittelter Rechenwert

Trennwände sind Zellulose und Holzweichfasern, eingeschränkt auch Schafwolle und ähnliche Materialien gut geeignet, obwohl ihre leichte Brennbarkeit und ihre Bevorzugung durch Ungeziefer gründlich mitbedacht werden muss.

Schließlich sind für den Fußboden im ausgebauten Dach Schüttungen aus Vermiculit, Perlite oder Ähnlichem schon ab 20 mm Schüttungshöhe hervorragend einsetzbar. Zwischen die Dachbalken können anstelle des alten verschmutzten Materials sehr gut Schüttungen aus Blähton oder Leichtestriche, bestehend aus Blähton und Zement eingebracht werden. Es können aber auch Mineralfaser- oder Kokosmatten eingesetzt werden (siehe Kapitel 11).

Interessant ist eine Übersicht über die gängigen Wärmedämmstoffe, bei der man in Abhängigkeit von Rohdichte und Wärmeleitfähigkeit ihre ökologische Verträglichkeit vergleichen kann.

Bei diesem Vergleich werden Parameter wie die Schadstoffabgabe bei der Nutzung, entlang der Produktlebenslinie und der Primärenergiegehalt nebeneinander gestellt. Als weitere Vergleichsgröße wird die Brennbarkeit angegeben. Dadurch ist ein Gesamturteil über die Umweltverträglichkeit dieser Wärmedämmstoffe möglich, obwohl die oftmals außerdem erforderliche Behandlung mit Pestiziden die Beurteilung noch entscheidend verändern kann.

Die Tabelle 8 gibt jedoch nicht die ganze Wahrheit wieder. Deshalb muss noch ein Wort zu den so genannten *ökologischen* Dämmstoffen angefügt werden. Wir haben deren Behandlung mit Boraten und Pestiziden erwähnt. Aber auch der Behauptung, diese Materialien seien besonders umweltschonend, muss in vielen Fällen widersprochen werden. Vor allem Zellulosedämmstoffe sind reichlich mit Salzen imprägniert. Sie enthalten rund 20 % Borax und Borsäuren, die sich auch in der leeren Verpackung als Salze ansammeln. Wir wissen nicht, ob diese Salze ihre brandschützende Wirkung mit der Zeit verlieren. Langzeitstudien, die Erkenntnisse über die dauerhafte brandschützende Wirkung der Borate nachweisen, sind bislang nicht bekannt geworden. Auch Hersteller von Baumwolle-, Kokos- und Schafwolledämmstoffen greifen zu den Borax-Verbindungen, wenn auch in geringerer Konzentration. Außerdem verwenden sie für ihre Dämmmatten Stützfasern aus Kunststoff, die mit einem Anteil von ca. 20 % dafür sorgen, dass die Naturfasern nicht zusammensacken. Dabei handelt es sich also ausgerechnet um jene Fasern, die ökologisch bewusste Bauherren vermeiden wollen und dafür erhebliche Mehrkosten in Kauf nehmen.

Man sollte schon genau prüfen, ob überall da, wo Öko aufgedruckt ist, auch tatsächlich Umweltfreundlichkeit herrscht. Da wären zum Beispiel die sehr langen Lieferwege zu bemängeln, die manche natürliche Dämmstoffe hinter sich haben und die sehr viel Energie für den Transport verbrauchen. Schafwolle etwa stammt zumeist aus Neuseeland, die Kokosfasern werden aus Indien oder Indonesien geliefert. Kork kommt aus Portugal oder Spanien. Infolge des Baumwollebedarfes entstanden riesige Monokulturen, die erhebliche Mengen an Pestiziden verbrauchen. Diese Pestizide werden in der Tat mit den Naturfasern mitgeliefert und als Dämmung in unser Dachgeschoss eingebaut. Allergien bei den Bewohnern sind daher keine Seltenheit. Selbst Dämmstoffe aus Schilf haben ihre Schattenseite, denn sie werden im Donaudelta geschnitten, wo in den Schilfgebieten viele Vogelarten, auch solche, die vom Aussterben bedroht sind, brüten.

10.1.1.3 Schaumkunststoffe

Die chemische Industrie hat eine Anzahl von Kunststoffen entwickelt, die als Schaumkunststoffe nach DIN 18159-1 und DIN 18164-1 als bewährter Schutz gegen Wärmeabfluss zum Einsatz gelangen. Hier sollen nur die für den Dachgeschossausbau infrage kommenden Platten aus PUR – Hartschaum der Wärmeleitfähigkeitsgruppe WLG 035/040, noch häufiger Polystyrol PS – Hartschaum (Markenname Styropor oder Styrodur) der WLG 035/040 und Polystyrol PS – Partikelschaum der WLG 035/040 sowie Polystyrol PS – Extruderschaum WLG 030/035/040 genannt werden. Bei Styropor handelt es sich um einen geschlossenzelligen Schaumstoff, der als Partikel- oder Extruderschaum auf die Baustelle kommt. Er ist schwer bis normal entflammbar (siehe Kapitel 10.1.1.2, Tabelle 8).

Das bei der Herstellung von Polystyrol als Ausgangsstoff verwendete **Styrol**, das aus Benzol und Ethylen hergestellt wird, hat bei einer Konzentration $MAK_{Österreich}$ von 170 mg/m^3, $MAK_{Deutschland}$ von 85 mg/m^3 eine Umwelt schädigende Wirkung. Diese Wirkung tritt am Bau insbesondere dann ein, wenn das Gebäude einem Brand zum Opfer fällt, denn dieser Baustoff ist brennbar und entwickelt im Brandfalle giftige Gase.

Polystyrol (PS) ist ein Schaumkunststoff, der entweder als „Partikelschaum" oder als „Extruderschaum" hergestellt und verwendet wird. Geregelt werden Schaumkunststoffe in der DIN 18164. Beide Produkte können als Wärmedämmstoffe der Anwendungstypen (siehe Kapitel 10.1.1, Tabelle 7) (W) nicht druckbelastbar, (WD) druckbelastbar und (WS) druckbelastbar mit besonderer Formbeständigkeit eingesetzt werden. Als Trittschalldämmstoff unter Estrichen ist jedoch nur der PS-Partikelschaum einsetzbar.

Polyurethan (PUR) ist ein Schaumkunststoff, der durch eine chemische Reaktion hergestellt wird. Geregelt werden Schaumkunststoffe in der DIN 18164. PUR wird als nicht druckbelasteter (W) und druckbelasteter Wärmedämmstoff (WD) in Wänden oder druckverteilenden Böden eingesetzt bzw. als Wärmedämmstoff, der besonders druckbelastbar ist und eine hohe Formbeständigkeit besitzt (WS). Auch dieser Baustoff ist brennbar.

Das vorwiegend aus Quarzsand bestehende Produkt Schaumglas wird hauptsächlich im Kellerbereich oder im Flachdach verwendet (siehe Kapitel 10.1.1.2, Tabelle 8) und hat als Baustoff der Brandklasse A den Vorteil, dass es nicht brennbar ist. Mit Schaumglas kann man daher sehr einfach Flachdächer mit einer erhöhten Feuerwiderstandsklasse errichten.

Platten aus wärmedämmenden Schaumkunststoffen lassen sich gleichsam universal sowohl als Zwischen-, als auch als Aufdach- oder Unterdachdämmung einsetzen. Die Platten lassen sich zudem leicht zuschneiden, so dass bei entsprechend sorgfältiger handwerklicher Ausführung, insbesondere bei zweilagiger, fugendeckender Verlegung, keine Wärmebrücken entstehen. Als druckbelastbare Platten WD werden sie sehr häufig für eine wirtschaftliche Wärmedämmung unter einem Zementestrich eingesetzt.

10.1.2 Dämmung des Steildachs

Folgende Normen sind hauptsächlich zu beachten:

DIN EN 13 829 - *Wärmetechnisches Verhalten von Gebäuden - Luftdurchlässigkeit von Gebäuden,*

DIN EN ISO 13 788 - *Wärme- und feuchtetechnisches Verhalten von Bauteilen und Bauelementen - Raumseitige Oberflächentemperatur zur Vermeidung kritischer Oberflächenfeuchte und Tauwasserbildung im Bauteilinneren - Berechnungsverfahren*

DIN EN ISO 10 211-Teil 1 und 2 - *Wärmebrücken im Hochbau* und

DIN 4108 - *Wärmedämmung im Hochbau*

mit allen ihren Teilen.

10.1.2.1 Die Zwischensparrendämmung

Im Altbau wird zum Dachgeschossausbau vornehmlich die Zwischensparrendämmung, manchmal in Verbindung mit der Untersparrendämmung, angewandt. Für die Zwischensparrendämmung haben sich Wärmedämmungen aus Mineralfaserdämmatten - wie oben ausgeführt - als Klemmfilz oder Dämmkeile bewährt. Auch Mineraldämmplatten, Holzfaserplatten oder Polystyrol – PS-Hartschaumplatten lassen sich in geeignete Formen schneiden und zwischen die Sparren einpassen. Natürlich kann man auch lose Fasern aus Schafwolle[147] o. Ä. in den Sparrenzwischenraum einblasen, vorausgesetzt, eine entsprechend dichte Schalung zwischen den Sparren ist vorhanden. Hier stellt sich, wie bereits erörtert, zusätzlich die Frage nach der Ökologie des Dämmmaterials. Problema-

---

[147] Schafwolle muss zuvor imprägniert werden, um Mäusen und anderem Ungeziefer keine Heimstatt zu bieten.

Abb. 184:
Winddichte Wärme-
dämmung: Stein-
wollematten zwi-
schen die Sparren
geklemmt, darunter
PE-Folie als Dampf-
bremse, unter die-
ser die Metalltraver-
sen für die
Trockenbauplatten.

Abb. 184:
Winddichte Wärme-
dämmung: Stein-
wollematten zwi-
schen die Sparren
geklemmt, darunter
PE-Folie als Dampf-
bremse, unter die-
ser die Metalltraver-
sen für die
Trockenbauplatten.

Abb. 185:
Schema Zwischen-
sparrendämmung
als nicht belüftetes
Warmdach.

1. Dachhaut
2. Konterlattung
3. Unterdach, statt
Bretter eine diffu-
sionsoffene Unter-
spannbahn
4. Wärmedämmung
5. Sparren
6. Dampfbremse
7. Unterbau für
Trockenbauplatten
8. Trockenbauplatten.

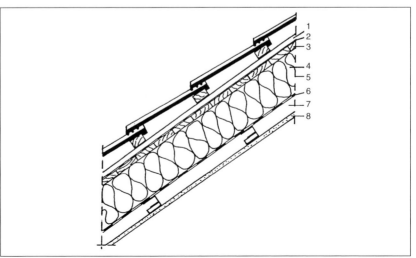

tisch zeigt sich allerdings – wie oben bereits ausgeführt – die Verwendung von alukaschierten Randleistenmatten. Um die Anforderungen der EnEV zu erfüllen, werden zum Erreichen des U-Wertes von 0,30 W/m² · K mindestens 140 mm Dämmschichtdicke einer Wärmdämmung der Wärmeleitgruppe 040 benötigt. Bei Energiesparhäusern kann die Dämmdicke auf 200 mm und mehr ansteigen.

Eine Zwischensparrendämmung kann als *Kaltdach* oder als *Warmdach* angeordnet werden. Beim **Kaltdach** werden beispielsweise folgende Bauteilschichten untereinander errichtet:

1. Die Dachhaut z. B. aus Tonziegeln auf Latten 24/48 mm
2. Konterlattung 24/48 mm als erste Belüftungsebene
3. Unterdach aus Rauspundbrettern 24 mm mit aufgenagelter Dachpappe bzw. nicht durchhängend angeordneter Unterspannbahn
4. Mineralfasermatte (Klemmfilz) 140 mm im Abstand von mind. 4 cm von der Unterspannbahn bzw. vom Unterdach als zweite Belüftungsebene
5. Sparren 80/180 mm
6. Dampfbremse z. B. PE-Folie mit $s_d \geq 10$ m, zugleich winddicht verklebt
7. Latten als Träger für Trockenbauplatten aus Gips oder für eine Holzschalung
8. Trockenbauplatten oder Holzschalung.

Beim **Warmdach** wird auf die zweite Belüftungsebene verzichtet, die Wärmedämmung (4) füllt den Zwischenraum zwischen zwei Sparren komplett aus, lässt also keinen Abstand mehr. Das Warmdach wird heute in Verbindung mit diffusionsoffenen Unterspannbahnen sehr häufig ausgeführt. Es ermöglicht vor allem das Einblasen von losen Dämmstoffen. Aber Vorsicht: Es darf nicht in Verbindung mit Metalldeckungen konstruiert werden, denn hier kann es ohne Belüftung zu starkem Tauwasserausfall kommen.

Eine zusätzliche Anforderung der EnEV ist die Luft- und Winddichtigkeit. Um sie zu erreichen, muss die Dampfbremse entsprechend winddicht abgeklebt werden. Doppelte Sicherheit bietet eine Konstruktion, bei der sowohl eine winddicht verklebte Dampfbremse als auch eine ebenso winddicht verspachtelte Innenverkleidung der Dachschräge ausgebildet wird. Bevor die Dampfbremse beplankt wird, sollte man sie durch einen Architekten oder Sachverständigen abnehmen und das Ergebnis schriftlich dokumentieren lassen. Eine Dampfsperre anstelle der Dampfbremse würde, wie die Tabelle 2 zeigt, die Wasserdampfdiffusion zwar gänzlich verhindern, kann aber zu unerwünschter Schimmelbildung beitragen. Denn Dampfsperren lassen überhaupt keinen Wasserdampf durch, während die Dampfbremsen Wasserdampf in einem konstruktionsverträglichen Maße durchlassen.

Eine Innenbekleidung der Dachschräge mit einer Profilholzschalung stellt wegen des hohen Fugenanteils und des Schwindens des Holzes selbstverständlich keine winddichte Schale dar. Bei einer solchen Ausführung muss entweder

die Dampfbremse winddicht verklebt sein oder eine windsperrende Beplankung unter der Holzschalung angeordnet werden.[148] Dafür eignen sich Platten aus Gipskarton, aus Holzwolleweichfasern oder Nut-Feder-Spanplatten mit vollständig verspachtelten Fugen. Die Anschlüsse an angrenzende Bauteile wie Wände oder Kamine bereiten deshalb Schwierigkeiten, weil das Dachstuhlholz sich unter dem Einfluss von Kräften, wie Wind, Schneelast, Schwinden und Quellen, ständig bewegt. Deshalb müssen die Anschlüsse dauerhaft elastisch abgedichtet werden. Geeignet dafür sind z. B. vorkomprimierte Dichtungsbänder, eingesetzte Kunststoffprofile, Anschlussklebebänder und Acryldichtstoffe.

Eine Dampfbremse wird zugleich winddicht sein, wenn die einzelnen Folienbahnen sich an ihren Stößen mindestens 10 cm überlappen, die Überlappungen zusätzlich mit einem doppelseitigen Klebeband verklebt und der Folienstoß mit einer Anpresslatte abgedichtet wird. Aufwendiger ist eine Verlegung der Dampfbremse innerhalb einer doppelten Beplankung der Innenschale. Die zweite Beplankung sorgt dann für den erforderlichen Anpressdruck der Dampfbremsenstöße. Grundsätzlich darf im Bereich einer Dampfbremse, die winddicht sein soll, kein Loch, etwa für eine Steckdose, eingebracht werden. Zweckmäßigerweise führt man die Dampfbremse bzw. -sperre samt der Beplankung an der Dachschräge bis zum Fußpunkt des Dachstuhls hinunter und baut davor einen Kabelkanal oder eine Abseite ein, in der dann die nötigen Steckdosen einschließlich der erforderlichen Kabel angebracht werden können. In der Abseite

---

[148] SEIDLER, S. 58 zeichnet jeweils drei Lösungsvorschläge einmal bei einer Innenschale aus Holz-Profilbrettern, zum anderen aus Gipsbauplatten.

Abb. 187:
Die Elektrokabel
dringen durch die
Dampfbremse. Hier
wird die Dampf-
diffusion Schäden
hervorrufen.

Luftdichtes Verkleben des Übergangs Mauerwerk – Dampfbremse.
Das Anschlussklebeband ist meistens eine Kombination aus PES-Vlies und latexbeschichteter Glasfaser-Putzarmierung und silikonisiertes Papier. Übergänge verschiedener Materialuntergründe gefährden die Luftdichtheit eines Baukörpers. Wird die Dampfbremse direkt an das rohe Mauerwerk angeschlossen, existiert bis heute eine nicht klar definierte Schnittstelle zum Gewerk Putzer/Stukkateur. Daraus können mangelhafte Anschlüsse mit nachhaltigen Schäden folgen. Ein Anschlussband schließt diese Lücke und verbindet sicher und luftdicht Mauerwerk und Beton mit Dampfbremsen, Holzwerkstoffplatten, Fenstern und Türen, Durchdringungen von Balken und Trägern.
Verarbeitung:
A. Mit Wandputz
Das Anschlussband wird mit Klebepunkten am Mauerwerk „angeheftet". Das Trennpapier auf dem Anschlussklebeband wird entfernt und die Dampfbremse auf dem Klebestreifen angeschlossen. Der Gipser/Stukkateur bettet das Armierungsgelege in seinen Putz ein. Die Dampfbremse ist jetzt dauerhaft luftdicht an das Mauerwerk angeschlossen.
B. Ohne Wandputz
Das Dichtungsband wird immer zuerst an das angrenzende starre Bauteil geklebt, dann wird die Dampf bremsende Folie über das Dichtband geführt und mit einer Dachlatte angepresst. Die Latte wird selbstverständlich an das starre Bauteil angedübelt, damit sie nicht etwa die Bewegungen des Dachstuhlholzes mitmacht.

können auch die erforderlichen Rohre für Wasser, Heizung und Warmwasser verlegt werden. Eine andere Möglichkeit für das Anbringen von Steckdosen und der dazu benötigten Kabel ist die Verlegung eines separaten Installationsschachtes vor der Dampfbremse. Durchdringende Bauteile, wie Antennen oder Lüftungsrohre, müssen in die Dampfbremse luftdicht eingeklebt werden.

Anschlüsse der Innenbeplankung von Dachschrägen an Massivbauteile wie gemauerte Wände oder Kamine können zweckmäßigerweise auch durch Einbringen von Acryldichtungsmasse hergestellt werden.

Beispiel A: Wärmedämmung bei einem vorhandenen, intakten, steil geneigten Ziegeldach

Ein altes Ziegeldach ist noch in gutem Zustand. Weil es erhalten werden soll, muss für den nachträglichen Dachausbau eine Zwischensparrendämmung gewählt werden. Dazu wird von innen unter die Dachziegel eine Unterspannbahn eingebaut. Die Unterspannbahn kann auch durch ein Unterdach, bestehend aus einer wasserabweisend imprägnierten (hydrophobierten) Holzfaserdämmplatte ersetzt werden. Außerdem wäre, falls die Tiefe des Sparrenzwischenraums es erlaubt, eine unter der Dachhaut eingebaute Hinterlüftung als zweite Belüftungsebene vorteilhaft. Diese zwischen Unterspannbahn und Wärmedämmung sitzende Hinterlüftung bringt jedoch manchmal kaum überwindbare, handwerkliche Schwierigkeiten mit sich. Wenn z. B. ein hölzernes oder steinernes Traufgesims vorhanden ist, sollte besser eine Volldämmung ohne Hinterlüftung gewählt werden, denn sonst müsste womöglich der vielleicht sogar denkmalwerte Gesimsbalken durchbohrt werden.

In den meisten Fällen reichen jedoch die Höhen der alten Sparren nicht aus, um die aus der EnEV errechnete Mindestdicke der Dämmung von 200 mm einzuhalten. Hier hilft jedoch das Aufbringen eines weiteren Kantholzes auf dem Sparren, um die benötigte Dämmtiefe zu erzeugen.

Folgende Arbeiten waren an der Schottersmühle in der Fränkischen Schweiz erforderlich:

1. Imprägnierte Dachlatten 24/48 mm liefern und unter den Dachziegeln seitlich an den Sparren mit den Maßen 10/14 cm entlang mit verzinkten Nägeln flachkant annageln.

2. Unten an die Latten in jedem Sparrenfeld wasserabweisend imprägnierte Holzfaserdämmplatten mit verzinkten Nägeln annageln. Dadurch entsteht ein dachlattenbreiter (48 mm) Belüftungsraum zwischen Dachziegeln und Unterdach. Eine zweite Belüftungsebene ist in diesem Falle jedoch nicht mehr möglich und auch nicht erforderlich. Anstelle der Holzfaserdämmplatten kann eine Unterspannbahn zusammen mit den Latten an die Sparren geheftet werden. Die hochdiffusionsoffene Unterspannbahn muss nicht unbe-

Abb. 188:
Die Unterspann-
bahn wurde über
die Sparrenfelder
durchgezogen und
festgeklammert, da
eine zweite Belüf-
tungsebene nicht
möglich war.

dingt für jedes Sparrenfeld genau zugeschnitten werden, sondern kann durchaus auch unter den Sparren hinweggezogen werden.

3. Aufnageln oder -schrauben eines zusätzlichen Kantholzes 8/10 cm auf den Sparren, um für die benötigte Wärmedämmung einen ausreichend tiefen Sparrenzwischenraum zu schaffen.

4. Liefern einer Wärmedämmung d = 100 mm aus Klemmfilz, WLG 035, und möglichst press, also ohne Spalten und offene Stellen, zunächst zwischen den Sparren anbringen. Auf diese Zwischensparrendämmung wird eine zweite Matte aus Klemmfilz d = 100 mm zwischen die zusätzlichen montier-ten Kanthölzer eingebaut. Die Wärmedämmung ist von der Traufe bis zum First durchzuziehen. Unten an der Traufe muss die Zuluft durch Einbau von Lüfterziegeln in die alte Dachhaut und oben am First die Abluft der Hinter-lüftung durch einen neuen Trockenfirst gewährleistet sein. Exponierte Lüf-terziegel oben hätten nur ein zusätzliches Einfallstor für Flugschnee und windgetriebenes Regenwasser bedeutet, wogegen solche im Bereich der Traufe weniger gefährdet sind, vor allem, wenn man sie unterhalb des Schneefangs anbringen kann. Außerdem besaß dieses Dach ein hölzernes Traufgesims, das zur Hinterlüftung mit Öffnungen hätte versehen werden müssen, ein sehr aufwendiges und unwirtschaftliches Verfahren, das zudem Konflikte mit der Denkmalpflege ausgelöst hätte.

5. Wärmedämmung mit einer zu liefernden Dampfbremse aus einer handelsüb-lichen PE – Folie mit einem s_d-Wert ≥ 10 m in handwerklich sorgfältiger Aus-führung luftdicht abkleben. Besonders auf die Anschlüsse an die Trocken-bauwände des Kniestocks achten!

Abb. 189:
Das große Mühlen-
dach besitzt
Lüftungsziegel im
Traufen- und im
Firstbereich. Die
Zahl der Lüftungs-
ziegel im Traufbe-
reich wurde nach
dem Dachausbau
verdoppelt.

Abb. 190:
Wegen des barocken
hölzernen Trauf-
gesimses war eine
Belüftung über die
Traufe nicht möglich.

258

Abb. 191:
Im Bereich der Abseite wurde die Dampfbremse nicht winddicht abgeklebt.

6. Auch die vorhandenen Gauben müssen mit der Wärmedämmung auf Metallständern und der Dampfbremse eingehaust werden. Dazu gehören auch die Fensterlaibungen und ein Stück Wand eines Zwerchhauses.

Abb. 192:
Besonders sorgfältig müssen die Dachgaubenanschlüsse an die innere Dachdecke ausgeführt werden.

7. Liefern und Anbringen von Gipskartonplatten auf Latten und Konterlatten entsprechend der Brandschutzanforderung F 30 B. Die Platten sollen waagerecht verlaufen und als Untergrund für einen Anstrich sorgfältig verspachtelt werden.

Abb. 193:
Feuerhemmende
Ausführung der
Decke unter dem
Dachgeschoss.

8. Im Bad- bzw. WC-Bereich sind Feuchtraumplatten zu verwenden.

Beispiel B: Wärmedämmung bei einem vorhandenen, intakten Schieferdach

Um technisch einwandfreie Lösungen für die Wärmedämmung an einem alten Schieferdach anbieten zu können, benötigt man zunächst eine Aussage über die Dachneigung. Eine Dachneigung unter 25 Grad ist für Schieferdeckung ungeeignet. Es gilt: Je steiler desto besser. Als Stand der Technik gelten die Fachregeln des Deutschen Schieferhandwerks *Regeln für Deckungen mit Schiefer*, neueste Ausgabe und die europäische Schiefernorm EN 12 326 Teil 1 und 2. Zunächst ist zu klären, ob die vorhandene Schieferdeckung diesen Regeln wenigstens annähernd entspricht.

Ein wärmegedämmtes Schieferdach benötigt immer eine ausreichende Hinterlüftung. Wenn die Hinterlüftungsquerschnitte im Traufenbereich und am First den Mindestquerschnitten der DIN 4108-3 entsprechen, sollte die Belüftung für das Dach ausreichen, um die Holzkonstruktion trocken zu halten. **Eine Belüftung durch die Schieferdeckung hindurch ist blanke Illusion.** (vgl. Kapitel 3.1.3)

Abb. 194:
Am steilen unteren Dach ist die Schieferdeckung auf einem bitumengedeckten Unterdach problemlos möglich.

Abb. 195:
Die Schieferdeckung wird am Mansardenbalken mit einem Kupferblechstreifen regensicher verwahrt.

Die Dachhaut aus Schiefer ist immer auf ein Unterdach aufzunageln. Dieses besteht aus einer Rauspundschalung und einer Bitumenpappe auf ihr. Damit sollte es gelingen, unter den Schiefer eindringendes Regenwasser aufzufangen und in die Dachrinne abzuleiten. Die vorhandene Bitumenpappe auf der Brettschalung muss ohne Beschädigung sein. Ein Schieferdeckermeister sollte diesen Sachverhalt genau prüfen und für die Dichtheit der Pappe Gewährleistung geben. Man kann aber auch selbst den Dachraum bzw. Speicher darauf hin unter-

Abb. 196:
Als Innenverkleidung wurde eine Trockenbauplattenkonstruktion gewählt. Selbstverständlich wurde über den Gipsplatten eine winddichte Dampfbremse angeordnet.

suchen, ob Wasserflecken an der Unterseite der Bretterschalung eindringende Nässe anzeigen (siehe Kapitel 7).

Innen sollte eine Volldämmung mit der erforderlichen Dampfbremse sorgfältig aufgebracht werden. Die Dampfbremse muss winddicht verklebt werden. Es handelt sich dabei um die bereits mehrfach dargestellte Konstruktion, die bei handwerklich einwandfreier Arbeit ein Eindringen von Wasserdampf in die Wärmedämmung sicher auf ein statthaftes Maß verringert.[149]

Innen genügt bei Einhaltung der erforderlichen Lattenabstände normalerweise eine gut verspachtelte Gipskartonplattenschicht. Dabei wird die Brandschutzanforderung F 30 B eingehalten. Nur bei erhöhtem Brandschutz, z. B. F 90, müssen mehrere bzw. wesentlich dickere Brandschutzplatten nach Herstellervorschrift eingebaut werden.

Beispiel C: Eine alte Wärmedämmung samt vorhandenem Innenputz soll erhalten werden.

Ein vor Jahren bereits ausgebautes Dachgeschoss besitzt einen schadlosen Innenputz und eine wenn auch viel zu schwache Wärmedämmung. Die Dachhaut allerdings ist derart schadhaft, dass sie erneuert werden muss.

---

[149] Wenn eine im Handel erhältliche Luftdichtheitsschicht verwendet werden soll, lässt man sich eine Werksgarantie dafür geben.

Folgende Arbeiten sind in aller Regel dazu erforderlich:

☐ Abnehmen des alten Daches, z. B. Dachziegel samt Dachlatten

☐ Das ganze Dach muss abgedeckt werden, deshalb ist ein sicherer Regenschutz, z. B. eine große Abdeckplane auf einem Gerüstdach vorzusehen.

☐ Einbau einer Dampfbremse in die Sparren-Zwischenräume mit einem s_d-Wert von mind. ≥ 10,0 m quer zum Sparren. Die PE-Folie oder das gleichwertige Material wird mit Hilfe von Dachlatten an den Seitenwänden der Sparren derart fixiert, dass die Dampfbremse gleichsam eine Wanne bildet. Die vorgeschriebenen Überlappungen der einzelnen Folienbahnen sind einzuhalten. An der Traufe mündet die Folie auf dem Traufblech.

☐ In die Sparren-Zwischenräume wird der Dämmstoff in der erforderlichen Dicke eingebracht, z. B. formstabile Mineralfaser- oder Holzfaserdämmplatten in zwei Lagen.

☐ Darauf wird eine diffusionsoffene Unterspannbahn mit einem s_d-Wert ≤ 0,02 m, wiederum quer zum Sparren, aufgenagelt. Sie wird durch eine Konterlattung fest an den Sparren angepresst. Im Bereich der Nägel muss ein Nageldichtband eingebaut werden.

Es handelt sich um eine zeitaufwendige Vorgehensweise, die vor allem die Gefahr des Einregnens in das Dach und in das Dachstuhlholz befürchten lässt.

Eine bessere, allerdings erheblich teuerere Lösung scheint daher zu sein, die Dampfbremse längs zum Sparren in jedes Sparrenfeld einzeln einzubauen. Die Dampfbremse kann mit handelsüblichen Klebemitteln seitlich an den Sparren

Abb. 197:
Die Wärmedämmung wurde im Bereich des Spitzbodens wie im verputzten Dachgeschoss ebenfalls von oben eingebracht. Sie musste mit Windrispen und Latten gegen Durchfallen gesichert werden.

angeklebt werden. Dadurch kann nach Herstellerangabe auf die normal übliche Anpresslatte verzichtet werden. Nach Einbau der Wärmedämmung wird jetzt auch die Unterspannbahn in Sparrenrichtung aufgebracht und mit einem Nageldichtband unter der Konterlattung als regensicheres Unterdach ausgeführt. Die Stöße der Unterspannbahn werden im Sparrenbereich schlaufenförmig ausgebildet.

Bei dieser Konstruktion sind Feuchteschäden infolge eindringenden Regens nicht zu befürchten, da das Dach nicht zur Gänze, sondern Sparrenfeld für Sparrenfeld abgedeckt wird. Benutzt man plattenförmigen Wärmedämmstoff, so braucht man die Dampfbremse im Sparrenfeld nur mehr auf dem Sparren anzunageln, die Wärmedämmplatten halten die Dampfbremse automatisch in der richtigen wannenförmigen Position. Zudem genügen im Überlappungsbereich einseitige Klebebänder.

Statt einer Unterspannbahn kann auch eine Rauspundschalung mit Bitumendachbahnen auf die Sparren aufgenagelt werden. Auch eine Hinterlüftung in der zweiten Belüftungsebene lässt sich bei dieser Konstruktion herstellen. Die Alternative zu dieser Vorgehensweise ist die Aufdachdämmung.

10.1.2.2 Unterdachdämmung

Allein schon deshalb, weil die Unterdachdämmung den ausgebauten Raum im Dachgeschoss erheblich vermindert, wird diese Dämmart sehr selten allein angewandt. In Verbindung mit der Dämmung zwischen den Sparren, wenn z. B. die dickere Dämmung, z. B. 16 cm dick, zwischen den Sparren liegt und die dünnere Dämmschicht, z. B. 4 cm dick, unter den Sparren angebracht ist, ist der Raumverlust vernachlässigbar bzw. zumindest hinnehmbar, wie es auch unser Ausbaubeispiel A gezeigt hat.

Häufig findet man Dachausbauten mit Bimsstein-Gipsdielen, verputztem Schilfrohr, dünnen Leichtbauplatten, mangelhaft verlegten Randleistenmatten aus Faserdämmstoffen, defekten oder fehlenden Dampfbremsen und Luftdichtheitsschichten in Verbindung mit Profilbrettern. In diesen Fällen ergibt sich die Sanierungsmöglichkeit aus der Kombination einer alten Zwischensparren- mit einer neuen Untersparrendämmung.

Zur Erhöhung der Dämmwirkung der Konstruktion werden eine starke Lattung oder Kanthölzer als Sparrenaufdopplung, meist 6/8 cm, aber auch dicker, auf der Unterseite des Sparrens angebracht. Da alte Sparren zumeist verformt sind, muss das neue Kantholz in seiner Höhenlage auf dem Sparren ausgerichtet werden. Die zweite Dämmstoffauflage wird dann zwischen diesen Hölzern eingebracht. Der alte Dämmstoff kann an seinem Platz verbleiben. Ebenso die Dampfbremse oder -sperre, wenn raumseitig eine neue wind- und luftdichte Dampfbremse oder -sperre angeordnet wird.

10.1.2.3 Aufdachdämmung

Beim Neubau werden häufig Aufdachdämmungen angewendet, wofür die Baustoffindustrie eine Fülle von Materialien anbietet, z. B. vorgeformte Styroporschalen für Dachziegel, Mineralfaserplatten, Kokosplatten, Schaumglasplatten und vieles andere mehr. Um Dämmungen für Energiesparhäuser zu erreichen, schlagen die Hersteller von **Porenbeton** beispielsweise folgendes vor:

Standardkonstruktionen aus Porenbeton, mit denen KfW[150]-Energiesparhäuser 60 wirtschaftlich ausgeführt werden können.
z. B. **Dach:** U-Wert ca. 0,30 W/(m² · K) 250 mm Dachplatten aus Porenbeton P 4,4-0,60120 140 mm Dämmung, z. B. Mineraldämmplatten
Giebelwand: U-Wert ca. 0,20-0,25 W/(m² · K) 365 mm Porenbeton – Planblöcke W PPW2-0,35 oder
175 mm Mauerwerk aus Porenbeton PPW4-0,55 160 mm Dämmung, z. B. Mineraldämmplatten.

Für die Aufdachdämmung eignen sich außer Porenbeton selbstverständlich auch besonders gut Holzfaserdämmplatten. Da es sich bei der Aufdachdämmung um eine hauptsächlich beim Neubau angewandte Technik handelt, sei hier auf die entsprechenden Firmenbroschüren und Internetdarstellungen verwiesen.

10.1.2.4 Wärmedämmung auf senkrechten Außenwänden im Dachgeschoss

Beim Ausbau des Kniestocks und der Giebel-, Gauben-, Zwerchhaus- oder Treppenhauswände mit Trockenbauplatten gemäß DIN 18181 – *Gipskartonplatten im Hochbau* empfiehlt sich grundsätzlich folgender, bewährter Wandaufbau:
- Auf die vorhandene, zumeist sehr dünne, alte Giebel- bzw. Drempelwand wird innen eine Wärmedämmung aus Mineralfasermatten der Wärmeleitfähigkeitsgruppe 035 bzw. 040 nach EnEV – *Anforderungen an den Bestand* aufgebracht. Um einen U-Wert von 0,40 W/m² · K zu erreichen, wird empfohlen, eine Schichtdicke von mindestens 140 mm zu wählen.[151] Es sollten keine Hohlräume zwischen Wand und Wärmedämmung entstehen, denn Hohlräume sind auch an senkrechten Wänden nicht beherrschbar und füllen sich leicht mit Tauwasser. Bei besonders unruhigen Oberflächen alter Wände

---

[150] KfW = Kreditanstalt für Wiederaufbau, Palmengartenstr. 5-9, 60 325 Frankfurt/Main.

[151] Die Schichtdicke des Dämmstoffes sollte besser nach EnEV bauteilbezogen berechnet oder nach dem Bilanz-Verfahren im Bestand – 40 % Regel ermittelt werden.

Abb. 198:
Wenn wie hier die
Giebelwand ver-
schiedene Vor-
sprünge aufweist,
müssen diese sorg-
fältig mit Trocken-
bau ummantelt
werden.

Abb. 199:
Schottersmühle.
Der alte Zwerch-
hausgiebel bestand
nur aus einer Bret-
terwand.

empfiehlt sich ein Ausgleichsputz oder in besonders gravierenden Fällen, wenn beispielsweise der Giebel selbst nur aus einer Bretterwand besteht, eine Vormauerung aus Porenbetonsteinen, die dann zugleich selbst die Wärmedämmung darstellt.

- Dann werden zum jeweiligen Dämmstoff passende Unterkonstruktionen für Gipskartonplatten errichtet. Es kann sowohl eine Latten- als auch eine Metallkonstruktion an der Wand befestigt werden.

266

– Da es sich um eine Innendämmung und um keine belüftete Wandkonstruktion handelt, sollte auf die Wärmedämmung in der Regel eine dampfdichte PE-Spezial-Folie als Dampfsperre mit einem s_d-Wert ≥ 100 m aufgebracht werden.[152] Diese muss dicht an die Umgebungswände anschließen, um eine Luftströmung seitlich an der Wärmedämmung vorbei zu verhindern. Das geschieht mit den dafür vorgesehenen Klebebändern. Eine solche Luftströmung wird, wie bereits dargestellt, außer störende Zugererscheinungen zu produzieren, vor allem Feuchte in das Bauteil und in die Wärmedämmung hinein transportieren. Dies führt zwangsläufig zu Schäden. Eine außenseitige Beplankung oder ein hinterlüfteter Wetterschutz ermöglicht es, den s_d-Wert der gesamten Wand auf ≥ 10 m zu reduzieren. Bei einer Hintermauerung der Außenwände mit Porenbetonsteinen ist eine solche Folie nach Angabe der Hersteller nicht erforderlich.

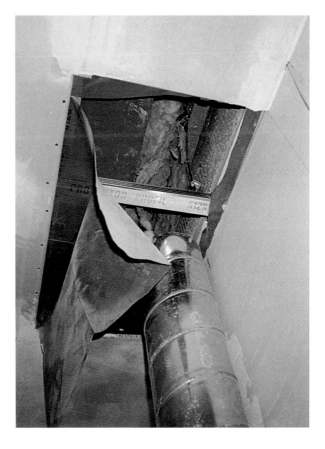

Abb. 200:
Ein Lüftungsrohr muss winddicht in die Dachdecke eingeklebt werden.

---

[152] WENDEHORST, S. 167: Bauteile, für die nach DIN 4108-3 kein rechnerischer Nachweis des Tauwasserausfalles infolge von Wasserdampfdiffusion erforderlich ist.

– Auf die Latten bzw. Metallkonstruktion werden die Gipskartonplatten entweder mit Schnellbauschrauben geschraubt, geklammert oder genagelt. Es sind immer möglichst ganze Platten zu verwenden, die dann fugenversetzt angebracht werden. Beim nachträglichen Dachgeschossausbau müssen die Platten wegen der wechselnden bzw. schrägen Wandhöhen öfter zugeschnitten werden als in einem Neubau. Ein entsprechender Verschnitt ist bei der Materialbestellung bzw. beim Preis einzukalkulieren.

Beherrscht der Handwerker die hier vorgetragenen Grundüberlegungen zu einer nachträglichen Wärmedämmung, so ist er auf die individuellen Anschlussdetails gut vorbereitet. Werden auch diese gut durchdacht und weitgehend normgerecht ausgeführt, sollte die Wärmedämmung durchaus ohne Schäden gelingen.

Grundsätzlich gilt: Am Altbau greifen moderne DIN-Normen selten. Die Konstruktionen können oftmals nur DIN analog sein. Steht das Gebäude unter Denkmalschutz, sind besondere, individuelle Lösungen gefragt, für die natürlich keine Gewährleistung gegeben werden kann. **Dies muss dem Bauherrn deutlich, also für Laien verständlich, gesagt und schriftlich angezeigt werden.** Wenn der Bauherr dennoch auf Gewährleistung nicht verzichten will, muss die alte Dachhaut, ob Ziegel, Betondachsteine, Schiefer oder Blech, sorgfältig abgebaut und ein gänzlich neues Dach aufgebaut werden. Jetzt greifen aber alle Technischen Regeln und Deutsche DIN- wie Europäische EN-Normen umfassend und der Handwerker muss für sein Werk volle Gewährleistung geben.

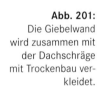

Abb. 201:
Die Giebelwand wird zusammen mit der Dachschräge mit Trockenbau verkleidet.

10.1.3 Wärmedämmung des Flachdachs

Der Zentralverband des Deutschen Dachdecker-Handwerks definiert ein Flachdach folgendermaßen: *Unter einem Flachdach bzw. flach geneigten Dach wird ein mehrschichtiges Dach mit einer Neigung von unter 22° (0-40,4%) verstanden. Flachdächer von 0-5° (9,1%) sind abzudichten, flach geneigte Dächer von 5-22° (9,1-40,4%) sind zu decken. In besonderen Fällen (Innenentwässerung) oder bei Gefahr des Rückstaus sind Dächer bis zu 8° (14%) ebenfalls abzudichten.*

Betrachten wir zunächst das gefällelose Flachdach. Es ist völlig planeben, also auch mit der aufgebrachten Abdichtung ohne jegliches Gefälle ausgeführt. Es muss Randerhöhungen besitzen, damit eine Wanne entsteht. Das Regenwasser wird mit Hilfe von Einläufen und Dachgullys abgeführt, die an jeder Stelle des Daches angebracht werden können und sich daher nach der Lage der Abflussrohre im Gebäude ausrichten lassen. Flachdächer ohne Gefälle sind immer Sonderkonstruktionen, die ohne schriftliche Vereinbarung mit dem Bauherrn eo ipso einen Mangel darstellen. Diese Flachdächer werden selten eingesetzt.

Auf den mehrgeschossigen Mietswohnhäusern und auf großen Villen wurde bereits Ende des 19. Jahrhunderts das Oberdach als leicht geneigtes Flachdach ausgeführt. Am häufigsten tritt bei solchen Dächern und ebenso in der modernen Baupraxis das Flachdach mit bis zu 3% Dachneigung auf. Damit bleibt Regenwasser nicht mehr auf der Dachfläche stehen, sondern kann gezielt in die Flachdachabläufe eingeleitet bzw. auf das Unterdach abgeleitet werden. Das Gefälle kann entweder durch einen Gefälleestrich auf der Rohdecke oder mittels einer Gefälle bildenden Wärmedämmung erzeugt werden. Das Funktionieren sol-

Abb. 202: Frankenberg/Sachsen. Plattenbau mit Flachdach.

cher Flachdächer ist hauptsächlich davon abhängig, dass die Einläufe für das Regenwasser tatsächlich an der jeweils tiefsten Stelle des Daches liegen. Bei vielen solchen Flachdächern ist zu beobachten, dass durch handwerklich unsauberes Arbeiten, die tiefste Stelle geradewegs neben dem Einlauf liegt und es zu Pfützenbildung kommt.

Flachdächer können als nicht durchlüftete Warmdächer oder als durchlüftete Kaltdächer ausgeführt werden. Das Kaltdach besteht aus zwei Schalen: aus der

Abb. 203:
Flachdach mit Bitumendeckung. Die hell verfärbten Stellen der Bitumenbahn zeigen die Stellen an, wo sich bei Regen Pfützen bilden. Diese liegen deutlich neben den Dachgullys.

Abb. 204:
Die Dachbahnen sind nicht ordentlich verklebt. An solchen Stellen wird Regen- oder Schneewasser eindringen.

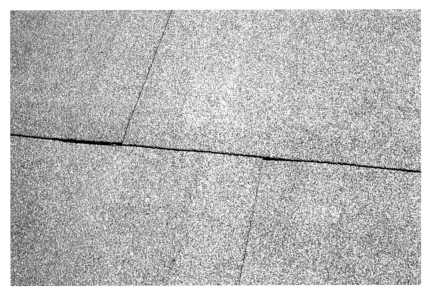

oberen, die nur dem Regenschutz dient, und der unteren, die als Tragkonstruktion auch die Wärmedämmung trägt. Die Durchlüftung der Kaltdächer muss allerdings sichergestellt werden, was bei Altbauten besonders in dicht besiedelten Altstadtkernen nicht immer einfach ist. Die Tragkonstruktion der Warmdächer wird nach außen durchgängig mit einer Abklebung und Wärmedämmung gegen Wärme und Kälte geschützt.

Ein Flachdach besteht zunächst aus einer tragenden Schale aus Holz, Beton oder Stahl. Diese muss ausreichend stabil, biegesteif und an der Oberfläche glatt sein, um dauerhaft den Wetter- und Wärmeschutz zu tragen. Dachdurchbrüche wie Lichtkuppeln, Einläufe, Antennenmaste, Vorrichtungen für die Entlüftung und Dachaufbauten wie Kamine und Brandwände dürfen sich nie nahe an den Dachrändern, Attiken oder wegen möglicherweise auftretender Bewegungen der Tragkonstruktion erforderlichen Dehnfugen oder Anschlussstellen befinden, weil sie sich dort nicht absolut gegen eindringendes Wasser abdichten lassen. In solchen Bereichen ist unseres Erachtens ein Mindestabstand von 50 cm einzuhalten. Als Fehlerquellen haben sich neben den Anschlüssen an aufgehende Wände und durchdringende Rohre auch mangelhaft ausgebildete Dachränder herausgestellt. Die Höhe einer regensicheren Aufkantung der Dachdichtung muss mindestens 15 cm betragen.

Der erste Mangel bei der Errichtung eines Flachdaches entsteht oft schon deshalb, weil der Untergrund für die Abdichtung nicht besenrein, fettfrei und trocken ist. Der Untergrund muss in geeigneter Weise vorbehandelt werden. Über Fugen und an solchen Stellen, wo ein Materialwechsel auftritt, sind Schlepp-

Abb. 205:
Unterkellerte
Terrasse:
Die Anschlüsse an
die vorhandenen
Terrassentüren waren erheblich zu niedrig geworden und
ließen sich letztendlich nur mit
davorgelegten Gitterrosten vor eindringendem Wasser
schützen.

streifen in einer Breite von 15 cm aufzukleben, die die folgenden Lagen der Abdichtung vor Verletzungen schützen.[153]

Als nächstes wird eine **Dampfdruckausgleichsschicht** aufgebracht. Sie stellt
sicher, dass die Feuchtigkeit, die trotz aller Vorsichtsmaßnahmen mit dem Wasserdampf von innen in die Dämmung einwandert, nach außen abgeführt werden
kann. Sie muss selbstverständlich an den Dachrändern und -durchbrüchen nach
außen hin geöffnet sein, wobei kein Wasser von außen eindringen darf. Ist das
Dach breiter als 10 m, müssen zusätzliche Entlüfter in diese Schicht eingebaut
werden.

Die Ausgleichsschicht hat aber noch eine zweite Aufgabe. Sie muss die Dachabdichtung vor Bewegungen der tragenden Schale, insbesondere wenn diese aus
Holz gefertigt ist, schützen und konsequent Dachabdichtung und Tragkonstruktion voneinander trennen. Dabei entsteht allerdings ein Konflikt mit der Sturm-
sicherheit. Aus diesem Grund haben die Abdichtungshersteller geeignete
Lochvliesbahnen und punktartig zu verklebende, grobbesandte Bitumenbahnen
entwickelt. Bei Dachflächen aus Holzschalung wird die Ausgleichsschicht am
besten aufgenagelt.

Die nunmehr folgende **Dampfsperre** übernimmt den Schutz der Wärmedämmung vor ausfallendem Wasser aus aufsteigendem Wasserdampf bei Erreichen
des Taupunktes. Dabei haben sich bituminöse Dampfsperrbahnen mit Metallträ-
gereinlagen von 0,1 bis 0,2 mm Dicke und Kunststoffbahnen aller Kunststofftyp-
pen bewährt (siehe Kapitel 5.1.2.3, Tabelle 2). Dampfsperren liegen immer oberhalb der Dampfdruckausgleichsschichten. Beim einschaligen Warmdach wird
sinnvollerweise oberhalb der Wärmedämmung eine zweite Dampfdruckausgleichsschicht eingebaut, um den Wasserdampfdruck auf die Abdichtungsebene
aufzufangen bzw. zu verringern. Die Feuchtigkeit, die trotz aller Dampfsperren
infolge undichter Verklebungen oder ähnlicher handwerklicher Fehler dennoch
eindringt, lässt sich mit dem Berechnungsverfahren nach Glaser wenigstens
theoretisch bestimmen.

Die erforderliche Wärmedämmung wird nach EnEV berechnet. Sie richtet sich
nach den gleichen Kriterien wie beim schräg geneigten Dach. Sie sollte in zwei
Lagen fugenlos und, um Wärmebrücken zu vermeiden, mit verdeckten Stößen
aufgebracht werden. Im Randbereich des Daches sollte sie zusätzlich mechanisch befestigt werden.

Außerdem muss sie eine ausreichende **Druckfestigkeit** besitzen. Normalerweise genügt auf dem Flachdach die einfache Trittfestigkeit der Wärmedämmung. Sie wird von den meisten handelsüblichen Dämmstoffen erreicht (siehe

---

[153] KLENTER, DAB 12/02, S. 44.

Kapitel 10.1.1, Tabelle 7). Statisch nachweisbare Druckfestigkeit besitzen nur Schaumglas oder gleichwertige Erzeugnisse. Die Biegefestigkeit für Dämmplatten wird nur beim Trapezblechdach gefordert. Vor allem dürfen die Dämmstoffe weder schwinden noch quellen. Bei Feuchtigkeitsaufnahme neigen vor allem Pflanzenfaserstoffe wie Weichholzfasern, etc. zum Quellen. Sie müssen deshalb absolut trocken gehalten bzw. hydrophob ausgebildet werden. Hartschäume dagegen neigen zum Schwinden, Polystyrol-Schäume bis zu 2 %. Auf diese Weise entstehen aber Spalten zwischen den Platten, die Wärmebrücken bilden. Außerdem kann an solchen Stellen die Abdichtung reißen. Deswegen muss darauf geachtet werden, dass solche Wärmedämmstoffe ausreichend lange abgelagert wurden.[154] Die Dämmstoffe müssen darüber hinaus der Brandklasse B1 = schwer entflammbar entsprechen.

Die Lage des Taupunktes beim Flachdach kann wegen der von der EnEV geforderten Mindest-Dämmdicke vernachlässigt werden, da als Folge davon der Taupunkt nie innerhalb der tragenden Konstruktion, sondern stets in der äußeren Wärmedämmungsebene liegen wird. Dort wird entstandenes Kondensat beim Kaltdach von der Belüftung mitgenommen und beim Warmdach über die zweite Dampfdruckausgleichsschicht abgeführt.

Die DIN 18195-2 beinhaltet die Anforderungen an die Abdichtungsstoffe eines Flachdachs. Sie weist den Bitumendachbahnen noch immer eine große Rolle zu, denn sie können langsame und gleichmäßige Bewegungen des Untergrundes, ohne dabei den Zusammenhalt zu verlieren, verkraften. Inzwischen werden immer häufiger Kunststoff-Dachbahnen eingesetzt, die allerdings nie unter Spannung verlegt werden dürfen. Dies kann zum Aufschälen der Nahtstellen führen. Für Klebungen auf Dächern, die der Witterung ausgesetzt sind, eignen sich nur spezielle, wetterfeste Kontaktkleber.

Bitumenabdichtungen mit ihren Abklebungen dürfen nie ungeschützt den Witterungseinflüssen ausgesetzt sein. Kunststoffbahnen sind ebenfalls je nach Typ mehr oder weniger anfällig gegen das Sonnenlicht. Obwohl einige Hersteller behaupten, ihre Kunststoffbahn käme ohne Oberflächenschutz aus, erhöht ein guter Strahlenschutz auf jeden Fall die Lebensdauer aller Kunststoffe. PVC-Bahnen benötigen jedenfalls stets einen Sonnenschutz, der auch die An- und Abschlüsse überdecken muss und zumeist aus einer mindestens 5 cm dicken, gewaschenen Grobkiespackung besteht. Dieser schwere Oberflächenschutz lässt sich allerdings bei Flachdächern mit einem Holztragewerk nicht anwenden. Deshalb kommt hier besser ein leichter Oberflächenschutz, bestehend aus einer mit grobem Schiefersplitt[155] oder Granulat beschichteten Polymerbitumenbahn, zum

---

[154] KLENTER, DAB 12/02, S. 45 empfiehlt vier bis acht Wochen.
[155] KLENTER, DAB 12/02, S. 46: Alle anderen sanden zu schnell ab.

Einsatz. Dabei muss aber auch darauf geachtet werden, dass Zinkdachrinnen wegen der abgespülten saueren Abbauprodukte des Bitumens einen Korrosionsschutzanstrich benötigen.

Fehler in der Flachdachabdichtung:
- Ungeschützte Bitumenbahnen bilden Runzeln infolge Teilchenwanderung. Kommen weitere Schadstoffe hinzu, werden die Dachbahnen durchbrochen. Die dadurch entstehende Netzrissbildung kann die ganze Abdichtung aufbrechen.
- Um Schmutzmulden in der Bitumenbahn herum bilden sich Tellerrisse. Wegen der Bewegungsunterschiede zwischen Mulde und Rand und wegen der durch Austrocknung feuchter Schmutzmulden bzw. Pfützen erzeugten erheblichen Reißkräfte wird die Bitumenbahn *aufgetellert*, was deren Zerstörung weiter fördert.
- Ein dauerhaft dichter Anschluss unterschiedlicher Materialien wie Attikableche und Bitumen- bzw. Kunststoffbahnen oder Kunststoffbahnen auf Holzuntergründen oder auf der Wärmedämmung ist wegen der dauerhaften, thermischen Bewegung kaum möglich. Solche Bereiche müssen laufend überprüft und gegebenenfalls gewartet werden.
- Ein Hinterlaufen der Flachdachränder durch Regen und Schnee ist wegen zu niedriger Aufkantung der Abdichtungsbahnen und fehlender Überhangbleche bzw. Klemmleisten häufig möglich.

10.2 Trockenbau

Trockenbau aus Gips- bzw. Gipsfaserplatten ist sehr gut geeignet, um in Neu- wie Altbauten leichte Trennwände und -decken einzuziehen sowie ein Dachge- schoss kostengünstig auszubauen. Für die Innenwände ist zunächst ein Profil- Ständerwerk aus Metallschienen erforderlich, auf das entsprechende Einfach- oder Mehrfachbeplankungen aufgebracht werden. Die Zwischenräume zwi- schen den beiden Beplankungsebenen werden mit Mineralfasermatten ausge- füllt. Diese Wände besitzen außerdem den Vorteil, dass man in sie Installations- leitungen als Leerrohrmontage verlegen kann.

Zu den bewährten Trockenbaustoffen zählen auch Holzwolle-Leichtbauplatten, teils in Form der reinen Holzwolleplatten, teils in Form solcher Platten mit ein- seitiger Beschichtung mit einem Dämmkörper z. B. aus Mineralfasern, teils als

Abb. 207:
Trockenbau muss auf ein exakt aus- gerichtetes Metall- gerüst aufgebracht werden. Damit wer- den die schiefen al- ten Wände begra- digt.

Sandwich-Element. Die Oberflächenstruktur solcher Platten ist vor einiger Zeit wesentlich verbessert worden, eine Qualitätssteigerung, die für dieses Bauelement schier einen Quantensprung bedeutet.

Seit drei Jahren arbeitet die Industrie an der Entwicklung von PCM-Technologien.[156] Es handelt sich dabei um Stoffe mit energetischer Speicherqualität, die eben nicht nur dämmen, sondern die gesammelte Energie unter definierten Bedingungen wieder abgeben, um sie so für das Raumklima nutzbar zu machen. Dieses passive Baumaterial wäre für Trockenbauwände im Dachgeschoss besonders gut geeignet. Durch den Einsatz dünnschichtiger Speicherelemente in den Zwischenräumen zwischen den Trockenbauplatten oder auf dem Schüttmaterial in den Balkenfeldern der Dachbalkendecke wäre es möglich, die Speichermasse eines Dachgeschosses so weit zu erhöhen, dass die Sonnenscheinspitze abgepuffert und die Wärme statt dessen zu späterer Stunde an den Dachraum abgegeben würde. Hieraus resultierte ein insgesamt behagliches Wohnklima bei gleichzeitig reduziertem Energieverbrauch. Dieses System befindet sich allerdings noch in der Entwicklung und wird zurzeit noch in Pilotprojekten erprobt.[157]

Der Einsatz von Trockenbau im Dachgeschoss ist besonders deswegen so vorteilhaft, weil dabei keine zusätzliche Feuchtigkeit in das Bauwerk eingetragen wird. Zudem erlaubt er eine flexible Gestaltung, die sich besonders im Altbau

Abb. 208:
Flexible Anpassung an die originalen, barocken Dachbinder.

[156] BRESCH, DAB 5/02, S. 68: PCM = Phase – Change – Material.
[157] BRESCH, DAB 5/02, S. 68.

bewährt hat. Trockenbauplatten lassen indessen Konstruktionen zu, mit denen die hohen Anforderungen sowohl der Energieeinsparverordnung (EnEV) als auch des Brandschutzes und des Schallschutzes zu erfüllen sind. Es ergeben sich darüber hinaus sehr gute gestalterische Lösungen. Dabei treten aber problematische Bereiche auf, die schnell zu Schäden führen können. Um dem vorzubeugen, müssen sachdienliche Vorüberlegungen angestellt werden.

10.2.1 Vorüberlegungen

Mit dem Öffnen der Handwerksordnung können heutzutage verschiedene Handwerker Trockenbauaufträge annehmen: Putz- und Stukkateurbetriebe genauso wie Malerfirmen, aber auch Rohbaufirmen und reine Trockenbaubetriebe. Im Rahmen des Generalunternehmertums wird der Trockenbau immer häufiger von angelernten Arbeitern aus allen Ländern ausgeführt. Die Trockenbauarbeiten in Deutschland haben daher häufig etwas mit dem biblischen *Turmbau zu Babel* zu tun: Es herrscht manchmal ein totales Sprachengewirr auf der Baustelle. Schon deshalb empfiehlt sich für die Trockenbauarbeiten der Fachbetrieb im Stukkateur- und Malergewerbe. Nur er kann die hohen Qualitätsanforderungen schon bei der Planung, aber vor allem während der Ausführung gewährleisten. Aber Vorsicht: Sogar renommierte Malerbetriebe setzen immer häufiger unqualifizierte Subunternehmer ein.

Trockenbauplatten auf Metall- oder Holzunterkonstruktionen können in allen Räumen eines Gebäudes eingesetzt werden, auch in Nassräumen. Die Hersteller haben die dafür geeigneten Gipsfaser Platten entsprechend grün eingefärbt. Mit ihrer Hilfe lassen sich Bäder, insbesondere Kleinstbäder, wie sie in ausgebauten Dachgeschossen oft untergebracht werden müssen, ansprechend gestalten, denn die Sanitärgegenstände werden an innerhalb der Wand sitzenden Metalltraversen befestigt, eine raumverbrauchende Vorwandinstallation ist also überflüssig. Doch der Teufel sitzt im Detail: Obwohl es für die Rohrleitungen und die Sanitärgegenstände passende Traversen zu ihrer Befestigung gibt, ist immer wieder zu beobachten, dass statt der vorschriftsmäßigen Tragkonstruktion aus verleimten Sperrholzbrettern nur einfache Bretter eingebaut werden. Diese Bretter sind nur mangelhaft gegen Schädlinge imprägniert und werden zudem beim Einbau auf der Baustelle passend zugeschnitten, wobei die Schnittstellen zumeist ohne Holzschutz bleiben. Wird hier nun eine Wasserleitung undicht oder bildet sich Kondensat, dann bietet das Holz den idealen Nährboden für Pilze und Ungeziefer aller Art oder es wird einfach verfaulen.

In Wohnbereichen lassen sich außerdem leicht Rund- oder Segmentbogen über Tür- oder Fensteröffnungen herstellen. Beliebt sind in Altbauten die abgehängten Trockenbaudecken. Sogar die Denkmalpflege hat an ihnen Gefallen gefunden, denn mit ihrer Hilfe ist es möglich, alte Stuckdecken, deren Instandsetzung

Abb. 209:
Unzulässiges imprägniertes Holzbrett anstelle einer Metalltraverse in der Vorwandinstallation. Das Brett wurde außerdem vor Ort zugesägt und hat deshalb seitlich keinen Holzschutz mehr. Es wäre auch ein mehrschichtiges, verleimtes Brett zulässig!

Abb. 210:
Imprägniertes Holzbrett anstelle einer Metalltraverse im Bad. Die beiden stümperhaft eingefügten Bretter weisen überhaupt keinen Holzschutz auf.

Abb. 211:
Der segmentbogige
Fenstersturz ließ
sich mit Trockenbau
seiner Bogenform
entsprechend ein-
hausen.

sehr teuer ist, unter einer Trockenbaudecke förmlich wegzuschließen und für die Nachwelt zu bewahren. Aber auch in Neubauten wird Trockenbau gerne zum Verdecken von Lüftungs- bzw. Kabelschächten eingesetzt. Die Hersteller haben für alle diese Fälle gut gestaltete Plattenoberflächen entwickelt. In mehrgeschossigen Bauten sind dabei natürlich die Anforderungen des Brandschutzes zu beachten.

Wichtigstes Postulat ist die bautechnisch richtige und intakte Ausführung der Unterkonstruktion, auf die der Trockenbau aufgebracht werden soll. Es muss sichergestellt sein, dass der Wasserdampfdurchgang durch das zu verkleidende Bauteil möglich und die Trockenheit nachhaltig sichergestellt ist. Es dürfen weder pflanzliche noch tierische Schädlinge unter der Trockenbaukonstruktion verbleiben. Weiterhin muss sichergestellt werden, dass alle Leitungen unter der Verkleidung zu Reparaturzwecken zugänglich sind. Dies gilt auch für die elektrische Ausstattung mit Leuchten, die in der Trockenbaudecke integriert sind.

Abb. 212:
Deckenleuchten in
die Trockenbaudecke
eingefügt.

Abb. 212:
Deckenleuchten in die Trockenbaudecke eingefügt.

10.2.2 Trockenbaudecken

Trockenbauarbeiten müssen fehlerfrei nach DIN 18181 ausgeführt wurden. In Abschnitt 6 der DIN 18181 heißt es: *„Gipskartonplatten und Bauteile aus anderen Baustoffen sind voneinander zu trennen."* Der erforderliche trennende Abstand zwischen der Wand und den Platten muss unbedingt eingehalten werden. Bei Befestigung auf Konterlatten muss der Wandputz deutlich höher als die waagerechten Gipskartonplatten geführt und dann mit einem Anschlussklebeband, das fachgerecht in den Putz einzubetten ist, ordentlich verklebt werden. Wenn diese Konstruktion nicht sauber ausgeführt wird, entsteht eine Fuge zwischen Wand und Platte, die durch das verschiedene Ausdehnungsverhalten der beiden Baustoffe abreißt.

Trockenbaudecken können direkt an statisch tragenden Decken aus Stahlbeton, etc., aber nicht an Querbalken des Dachstuhls angebracht werden. Am besten hängt man sie – wie oben bereits festgestellt – in jedem Falle ab. Gerade die Abhängung ermöglicht den gestalterischen Erfolg, wenn es gilt, notwendige Leitungen wie Gas-, Wasser-, Abwasser-, Strom- und Telefonleitungen zu verdecken. Besonders einfach lassen sich auch Kabeltrassen für eine EDV-Ausstattung geschickt verbergen. Dabei kann die Decke durch Integration von Leuchten, z. B. eine große Zahl von runden Einzelstrahlern als Sternenhimmel, optisch beeindrucken. Beim Einbau ist allerdings darauf zu achten, dass zuvor Haken für schwere Lüster, etc., Lüfter in Nassräumen, Brandmelder und andere technisch

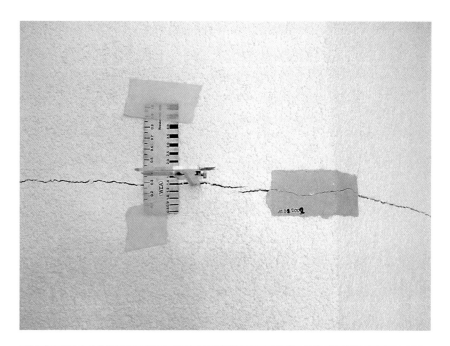

Abb. 213:
Das Mauerwerk ist in der Fuge durchgerissen. Die ebenfalls gerissene Gipsmarke über dem Riss zeigt an, dass der Riss noch immer dynamisch, also nicht zur Ruhe gekommen ist.

Abb. 214:
Das Mauerwerk ist abgerissen. Putz und Putzbewehrung hätten höher als die Trockenbaudecke geführt werden müssen.

notwendige Geräte an der Deckenkonstruktion selbst angebracht werden. Grundsätzlich müssen die Abdeckungen von technischen Leitungen für Reparaturzwecke leicht zu öffnen sein.

281

Abb. 215:
Ein Deckenlüster
kann nicht an der
Trockenbaudecke,
sondern muss di-
rekt an der Dach-
balkendecke befe-
stigt werden.

Abb. 215:
Ein Deckenlüster
kann nicht an der
Trockenbaudecke,
sondern muss di-
rekt an der Dach-
balkendecke befe-
stigt werden.

Aber Vorsicht: Das Abhängen von Trockenbaudecken kann einen Raum schnell entstellen. War zuvor eine angenehme Raumhöhe vorhanden und nur vereinzelt ein Unterzug sichtbar, sind nach Einbau der abgehängten Decke die Unterzüge zwar verschwunden, die Decke ist eben ausgeführt, aber mit den Fensterstürzen und der Raumhöhe ergeben sich jetzt Konflikte. Oft sind dann die Stürze so niedrig, dass Vorhänge nicht mehr angebracht werden können. Es muss also

Abb. 216:
Zu niedrige Trocken-
baudecke. Am Fen-
ster wird keine
Sturzfläche mehr
ausgebildet. Der
Raum ist außerdem
im Mittel nur 2,10 m
hoch.

gründlich überlegt werden, ob die Unterzüge immer zum Verschwinden gebracht werden müssen oder ob sie nicht durchaus sichtbar bleiben können. Auch im Wechselspiel von Deckenfläche und Unterzug können reizvolle Decken entstehen.

Die Abhängung der Decke darf zudem nicht für sich allein betrachtet werden. Es muss bedacht werden, dass zwischen Trockenbauplatten und der Dachbalkendecke ein Raum mit einem eigenen Mikroklima entsteht, das oft schwer beherrschbar ist. Bautechnische Laien vermuten, dass der infolge Abhängens niedrigere Raum weniger Heizkosten verursacht, weil das Volumen des Zimmers verkleinert wurde. Dies ist natürlich Unsinn, solange auf die Trockenbaudecke keine wirkungsvolle Wärmedämmschicht aufgelegt wurde. Das Problem stellt sich in der Tat ganz anders: Die Raumheizung heizt das oberhalb der Trockenbaudecke ungedämmt verbliebene Luftvolumen derart auf, dass dort tropische Verhältnisse entstehen. An zur Verstärkung der Decke eingebauten Eisenträgern bildet sich dann Kondenswasser, das zur Durchfeuchtung und infolge Rostbildung zur Verfleckung der Decke unter dem Dachgeschoss führt. Deshalb müssen in diesem Bereich ausschließlich nicht rostende Verbindungsmittel und mit einem Rostschutzanstrich versehene Eisenträger eingesetzt werden. Ist dies nicht der Fall, sollte grundsätzlich oben auf abgehängten Decken, besonders aber über Nassräumen, eine Wärmedämmung angebracht werden. Um die Lage zusätzlich zu entschärfen, sollten die Trockenbaudecken entsprechende Lüftungslöcher oder -elemente aufweisen.

Abb. 217:
Gegen Rost ungeschützte Eisenträger werden in der Decke Schwitzwasser erzeugen und selbst rosten, zumal auf der Decke ein Asphaltestrich aufgebracht wurde.

In Verbindung mit einem Asphaltestrich (siehe Kapitel 10.5.4) oder einer wasserdampfsperrenden Schicht im Boden eines Nassraums oberhalb der Trockenbaudecke wird dieser Abhängungsraum zur Wasserdampffalle. Infolgedessen fangen in diesem feucht-warmen Milieu die Holzbalken der Decken zu faulen an, Pilzsporen entwickeln sich zu veritablen Fruchtkörpern, Mikroben vermehren sich rasch und allerhand unerwünschte biologische Schädlinge finden einen reich gedeckten und warmen Nahrungsraum. Von hier aus können Allergien ausgehen. Wenn von außen ein noch so kleines Schlupfloch entsteht, können außerdem etwa Wespen und Ameisen diesen Raum bevorzugt zum Nestbau nutzen. Dies alles geschieht vollkommen unbeobachtet. Der Hausbesitzer bemerkt es zumeist erst, wenn es zu spät ist. Deshalb muss in solchen Bereichen immer eine Dampfbremse bzw. -sperre unter der Wärmedämmung eingebaut werden (siehe Kapitel 10.3).

Im Mehrgeschossbau ergibt sich aus der Forderung des Brandschutzes, Geschossdecken mit Material der Feuerwiderstandsklasse F 90 zu verkleiden, ein weiteres Problem. Um den geforderten Brandschutz zu erreichen, wird die Decke zumeist in einem Stück durchgezogen. Der Anschluss von Trennwänden an die tragende Deckenkonstruktion ist nun nicht mehr möglich. Die Wände sind, wenn sie ausschließlich oben an die F 90-Decke anstoßen, selbstverständlich nicht mehr ausreichend standsicher. Die Wände kommen beim Zuschlagen von Türen derart ins Wackeln, dass die Kaffeetassen auf den daran befestigten Regalen klappern. Vom Straßenverkehr verursachte Vibrationen übertragen sich auf das gesamte Gebäude und verursachen mit der Zeit den Verlust der Fe-

Abb. 218:
In einem Ferienhaus wurde unterhalb der Wärmedämmung keine Dampfbremse eingebracht. Nach Ausbau der verrotteten Dämmung wurde ein bereits weitgehend fortgeschrittener Pilzbefall sichtbar.

stigkeit der gesamten Wandkonstruktion, weil sich als Folge davon die Verschraubungen lösen. Brandschutzdecken müssen also im Bereich der Trennwände mit statisch sicheren Traversen ausgestattet sein, die mit der Geschossdecke fest verbunden sind. Dadurch erst ergibt sich die erforderliche Standsicherheit von Wand und Decke.

10.2.3 Trockenbauwände

Bei den Trockenbauwänden im Dachgeschoss sind Schallschutzanforderungen zu beachten. Insbesondere bei einseitiger Verkleidung einer vorhandenen Wohnungstrennwand durch eine Trockenbaukonstruktion muss sorgfältig auf den Schallschutz geachtet werden. Die Hersteller von Gipswandbauplatten können heute Wandsysteme im Standardbereich bei 100 mm Fertigwanddicke mit einem bewerteten Schalldämmmaß R_{wR} von 50–53 dB im Gegensatz zum herkömmlichen von 47 dB anbieten. Dieses Schalldämmmaß entspricht dem einer normalen, 24 cm dicken, beidseitig verputzten Wand aus Mauerziegeln und erfüllt fast alle Anforderungen der DIN 4109 an den Schallschutz in Gebäuden. Dazu gibt es die passenden Metallprofile und Hartgipsplatten. Bei Verdoppellung des Ständerwerks lässt sich ein Schalldämmmaß R_{wR} von bis zu 73 dB erreichen, das auch für Wohnungstrennwände vollkommen ausreicht.

Besonders schwierig beherrschbar sind – wie bereits erörtert – Trockenbauwände mit einer Wärmedämmung innen vor einer relativ dünnen Außenwand, z. B. vor einer Fachwerkgiebelwand. Die hier erforderliche Dampfsperre darf keinesfalls durchlöchert werden. Es ist darauf zu achten, dass diese sorgfältig

Abb. 219:
Dampfbremse vor der Giebelwand unten nicht abgeklebt. Die verwendete PE-Folie ist selbstverständlich keine Dampfsperre. Ein rechnerisch geführter Nachweis muss ihre Eignung erweisen.

winddicht abgeklebt und nicht durch Löcher etwa für die Elektrodosen und -schalter beschädigt wird. Außerdem ist eine Wasserdampfdurchgangsberechnung erforderlich. Selbstverständlich muss auf *geometrische* und andere Wärmebrücken geachtet werden.

Geometrische Wärmebrücken treten häufig infolge des Einbaus der so genannten *französischen* Fenster auf. Sie erzeugen schadensanfällige Bauteile, weil sie bis knapp über den Boden reichen. In ihrem Schwellenbereich entsteht meistens eine Wärmebrücke, weil sich dort Wärmedämmstoffe in ausreichender Dicke nur schwerlich unterbringen lassen. Um Feuchteschäden durch Tauwasser zu vermeiden, sollte man an solchen Stellen zusätzliche kleine Heizkörper anbringen, welche die Wand von innen her warm halten und den Taupunkt bis nahe an die Außenwandoberfläche verschieben.

Trockenbauwände sind gestalterisch günstig einsetzbar, weil auch sie zwar notwendige, aber doch störende Bauteile verdecken helfen. Hier gilt es aber die gleiche Sorgfalt bei der Ausführung zu beachten wie an den Decken bereits dargestellt. Besonders genau müssen die Anschlüsse an die Fenster der Giebel- bzw. Gaubenwände bedacht sein. Auch diese Anschlüsse müssen selbstverständlich winddicht ausgeführt werden.

Trockenbauplatten eignen sich auch zur Verkleidung von runden oder segmentbogigen Öffnungen in der Wand. Besonders gut lassen sich damit Altbaufenster und ihre schrägen Laibungen verkleiden.

Abb. 220:
Nicht richtig ausgeführter Anschluss an die Dachgeschossdecken-Innenecke. Es fehlt noch die Verklebung der Dampfbremse, PUR-Schaum ist nicht geeignet.

10.2.4 Trennwände aus Leichthochlochziegeln oder Porenbetonsteinen

Für Innenwände im Dachgeschoss haben sich auch Leichthochlochziegel nach DIN 105-2, die mit Leichtmörtel vermauert werden, und Porenbetonsteine bewährt. Dabei ist allerdings zu beachten, dass diese Innenwände keine Kräfte aus dem Dachstuhl aufnehmen können. Deshalb müssen sie in Bereichen von auflagernden Dachbalken mit Betonringankern ausgestattet werden, die die Lasten übernehmen und auf die Wand verteilen. Da aber Betonteile genauso wie Ziegel nach dem Einbau noch eine erheblich lange Zeit durch Schwinden ihre Volumina verkleinern, kann es trotz Betonringankern zu Rissbildung in den Wänden kommen. Solche Risse müssen dann nachträglich verschlossen werden.

Deshalb ist es häufig angebracht, an solchen Berührungspunkten Stahlstützen in die Wände einzubauen, welche die Kräfte aus dem Dachstuhl übernehmen können und sie nach unten auf die Geschossdecke übertragen. Dort ist ebenfalls

Abb. 221:
Ziegelinnenwände im ausgebauten Dachgeschoss.

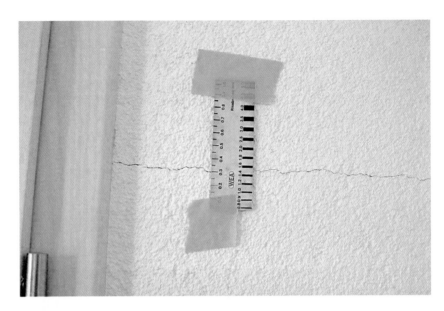

Abb. 223:
Stahlstützen über-
nehmen die Dach-
last. Es wird vermie-
den, dass der Druck
des Daches auf die
Zwischenwände ge-
langt.

eine Lastverteilungsschwelle einzubauen. Eine andere gute Lösung kann der Einbau von ausreichend langen Ziegeltonstürzen im Bereich solcher lastübertragenden Stellen sein.

10.3 Bäder im Dachgeschoss

Feuchträume wie Bäder gehören nach wie vor zu den problematischen Bereichen des ausgebauten Dachgeschosses. Dies gilt insbesondere, wenn die Nassräume aus Trockenbau errichtet werden, da hier feuchteempfindliche oder nicht genug feuchteresistente Baustoffe zum Einsatz gelangen. Außerdem befinden sich unter den Feuchträumen insbesondere beim Altbau hölzerne Dachbalkendecken und unter diesen wiederum die Bäder und Waschräume des nächst tieferen Stockwerks.

Bei Bädern auf Holzbalkendecken sollte eine Abdichtung gemäß DIN 18195-5 aus Bitumendichtungsbahnen aufgebaut werden. Eine davon abweichende Abdichtung entspricht dann dem Stand der Technik, wenn die Randbedingungen und Verarbeitungshinweise des Zentralverbands des Deutschen Baugewerbes erfüllt sind.[158] Auch der Informationsdienst Holz hat die Badabdichtung mit Kunststoffdichtungsmassen in Verbindung mit Fliesen befürwortet.[159]

Abb. 224:
Badwände müssen mit Feuchtraumplatten hergestellt werden. Außerdem benötigen innenliegende Bäder eine ausreichende Lüftung, hier in der Wand unter der Decke.

---

[158] BADABDICHTUNG – Randbedingungen und Verarbeitungshinweise.

[159] SEIDLER, S. 102. Außerdem hat inzwischen der Deutsche Normen-Ausschuss auf Dichtungsmassen in Bädern reagiert, siehe (Norm-Entwurf) DIN EN 14891, Ausgabe: 2004-05.

Abb. 225:
Im Bad wird ein
Trockenestrich auf
Schüttung einge-
bracht.

Abb. 226:
Der Trockenestrich
wird als schwim-
mender Estrich ver-
legt.

Abb. 227:
Badboden wird mit Kunststoff-Zement-Abdichtungsmasse abgedichtet.

Abb. 228:
Auf die Abdichtung wurde ein Fliesenbelag geklebt. Auf einen Bodenablauf wurde bei dem Kleinbad mit Zustimmung des Bauherrn verzichtet.

Abdichtungen in Bädern müssen auf jeden Fall an folgenden Raumbereichen angebracht werden:

- an der Duschwand
- im Fußbodenaufbau
- am Übergang von Fußboden und Wand
- am Anschluss der Abdichtung an der Türschwelle
- an den Wanddurchdringungen für Armaturen
- am Fußbodeneinlauf.

Falls die Abdichtungen nicht angeordnet werden, treten mit großer Wahrscheinlichkeit Schäden auf, die an Stockflecken, Verfärbungen der Fugen, Rissen, Verwölbungen oder Abplatzungen der Fliesen oder Durchfeuchtung der Platten zu erkennen sind. Kommen zum Verzicht auf eine fachgerechte Abdichtung noch grobe Ausführungsfehler hinzu, kann es zur Verrottung der Holzbalken der Decke und natürlich auch zu Schwammbefall kommen.

Nach wie vor ist die Notwendigkeit eines Fußbodeneinlaufs in Bädern von Wohnungen umstritten. In der DIN 1986-1 heißt es: *Bäder in Wohnungen sollen einen Bodenablauf erhalten.* Ein Bodenablauf ist also erforderlich, von der Norm darf nur in begründeten Fällen abgewichen werden. Der Normenausschuss der DIN 18195 hat auf Anfrage entschieden, dass der Einbau von Fußbodeneinläufen in häuslichen Badezimmern in der Regel erforderlich sei, weil eine dauerhaft wirksame Abführung des auf die Abdichtung einwirkenden Wassers sichergestellt werden muss.

Andererseits hat sich in der Praxis herausgestellt, dass bei normal genutzten Bädern in Dachgeschosswohnungen gemäß DIN 18195-5 eine geringe Beanspruchung durch Feuchte vorliegt. Diese Beanspruchung tritt zudem nicht ständig auf. Deshalb kann ein Verzicht auf die von der DIN 18195-5 vorgesehene Abdichtung mit Bitumen-Schweißbahnen und auf einen Bodenablauf durchaus sinnvoll sein, denn dies senkt die Kosten nicht unerheblich. Auf jeden Fall muss dem Bauherrn diese Entscheidung transparent gemacht werden und er muss seine Zustimmung schriftlich erteilen, damit im Schadensfall Regressansprüche gegenüber dem Planer nicht geltend gemacht werden können.

Für die Abdichtung von Bädern in Dachgeschossen stehen folgende Möglichkeiten zur Verfügung:

- Bitumen-Schweißbahnen, heiß verklebt
- Abdichtungsmatten aus Kunststoff
- Kunststoff-Zement-Kombinationen, d. h. wässrig ungefüllte* Dispersionen von Kunststoffen, die mit Zement oder Zementmörteln versetzt wurden

□ Reaktionsharze wie Epoxidharze oder Polyurethanharze, d. h. flüssige bzw. pastöse gefüllte und ungefüllte Kunststoffe, die durch chemische Reaktionen erhärten

□ Kunstharzdispersionen, d. h. viskose, wässrige Dispersionen, gefüllt* oder ungefüllt*, auch in Kombination mit Bitumen, die durch Trocknen erhärten.

* gefüllt = mit Füllstoffen angereicherte Dispersion

An die Abdichtungsstoffe werden durch ein Prüfzeugnis nachzuweisende Anforderungen gestellt.[160] Die Abdichtungsstoffe werden durch Spachteln, Rollen, Streichen oder Spritzen auf normgerechte Gipskartonplatten aufgetragen. In den Eckbereichen werden sie durch eine Glasvlieseinlage verstärkt. Im Fußbodenbereich können sie auch auf Trockenestrich aus Gipsfaserplatten aufgebracht werden. Holzwerkstoffe sind als Untergrund jedenfalls nicht geeignet. Die Abdichtungsmassen müssen an den Duschwänden wenigstens bis zum Duschkopf hochgezogen werden und auch immer die Unterputzarmatur abdichten. Die Fugen zwischen den Bauteilen, in den Wandecken und die Anschlüsse an den Fußboden sollte man mit einem fungizid eingestellten Sanitärsilikon in Anlehnung an DIN 18 540 ausfüllen.

Auf die Möglichkeit zum Einbau von Kunststoff-Matten als Abdichtungsmaterial sei außerdem hier hingewiesen. Sie haben sich unserer Erfahrung nach besonders gut bewährt (siehe Kapitel 10.5.3). Auch sie werden auf Trockenbauwände und – fußböden aufgeklebt.

10.4 Dachterrassen

Die durch extreme Witterungsverhältnisse und durch die Nutzung stark beanspruchte Dachterrasse ist sowohl in ihrem konstruktiven Aufbau als auch an ihren Rändern sehr schadensanfällig. Die Problematik verschärft sich noch, wenn eine Holzbalkendecke als Tragwerk für eine Dachterrasse benutzt wird. Deshalb müssen die Ränder stabil befestigt werden, z. B. mit Kupferblech.

Um temporär größere Niederschlagsmengen abzuführen, sind vor allem leistungsfähige, verzögerungsfrei entwässernde Drainageschichten erforderlich. Deshalb sind diejenigen am besten geeignet, die bei dem zumeist üblichen Gefälle von 1,5 % über ein hohes Wasserableitvermögen verfügen. Für Beläge auf Dachterrassen werden häufig gewaschener Kies, Riesel und Splitt als Drainschicht empfohlen. Andere unter Belägen im Außenbereich verlegte Drainsysteme wie Noppenbahnen, profilierte Kunststoff-Folien, einkornartige Drainmörtel

---

[160] SEIDLER, S. 111.

Abb. 229:
Dachterrasse,
Gefälleestrich.
Randausbildung mit
Kupferblech.

Abb. 230:
Dachterrasse, Ge-
fälleestrich. An-
schluss an die
Schiebetür des Win-
tergartens und
Randausbildung mit
Kupferblech. Die er-
forderliche Schwelle
von wenigstens
15 cm Höhe wurde
nicht erreicht. Den-
noch ist dieser Tür-
anschluss bis heute
schadlos.

Abb. 231:
Dachterrasse, Gefälleestrich. Anschluss an die Wintergarten-Schiebetür mit Deckung aus zwei Lagen Bitumendachbahn.

sowie profilierte Gummischrotmatten werden im Handel angeboten und haben sich bei fachgerechter handwerklich sauberer Ausführung durchaus bewährt. Diese Drainschichten decken zusammen etwa 70–80 % des Marktes ab.

Das Wasserableitvermögen von Drainschichten wird nach EN ISO 12 958 *Bestimmung des Wasserableitvermögens in der Ebene* gemessen. Dabei erreichten die wohl am häufigsten eingesetzten Drainschichten, die Kies- und Splittschichten, überraschend schlechte Werte. Obwohl die Kies- und Splittschichten unter den Plattenbelägen mit offenen Fugen und in Verbindung mit Drainrosten fachgerecht eingebaut wurden, verschlechtert sich dennoch je nach Menge des Schmutzeintrags durch Laub, Blüten und andere organische Stoffe die Entwässerungsleistung ständig bis zum völligen Versagen. Derartig unberechenbare Drainschichten sollten deshalb auf jeden Fall mit einem zusätzlichen geeigneten Drainsystem ausgestattet werden. Damit es zu keinem Zeitpunkt zu einem Rückstau kommen kann, muss die Drainschicht ein Wasserableitungsvermögen ≥ 1,0 l/m/s aufweisen. Diese Anforderung können auf Dauer nur Flächendrainagen z. B. aus Kunststoff-Drainmatten erfüllen.

Aufgestelzte Beläge sind heute durchaus umstritten. Werden zum einen ihre Vorteile, die in ihrer guten Schalldämmung und in ihren niedrigen Kosten bestehen, geschätzt, so werden zum anderen ihre Nachteile gefürchtet.

Nachteile von aufgestelzten Belägen

☐ Hohe Punktlasten, die auf die Abdichtung drücken. Stelzenlager mit zu kleiner Auflagerfläche können zu Einstanzungen in der Abdichtung führen. Ungeeignete Bitumendachbahnen, z.B. Dachbahnen mit Glasvlieseinlagen, besitzen ein zu geringes Dehnungsvermögen. Die Wärmedämmung, die zumeist unter der Abdichtung liegt, muss selbstverständlich für eine Druckbelastung geeignet sein, also dem Plattentyp WD (siehe Kapitel 10.1.1, Tabelle 7) entsprechen. Außerdem darf die Wärmedämmung nicht einlagig mit stumpfen Stößen verlegt werden, da sich sonst im Bereich der Plattenstöße sehr schnell Fugen bilden, die zu Rissen in der Abdichtung führen.

☐ Starke Versottung durch organische Stoffe, die über die offenen Fugen auf die Abdichtung gelangen und den Wasserabfluss behindern.

☐ Hygienische Probleme infolge von Faulprozessen von organischen Stoffen verbunden mit lästiger Geruchsbildung. Außerdem nistet sich Ungeziefer ein.

☐ ihre sehr häufig instabile, aus Platten bestehende Oberfläche. Aufgestelzt verlegte Beläge verrutschen in den Randbereichen der Dachterrasse sehr oft.

☐ Außerdem kippeln sie beim Betreten der Plattenecken. Manchmal entstehen später wegen der Instabilität der Konstruktion Höhenversätze im Fugenbereich. Beläge mit diesen Eigenschaften sind für Gehbehinderte oder Rollstuhlfahrer wenig geeignet, denn sie müssen mit erhöhter Unfallgefahr rechnen.

Bei Dachterrassen werden neben handwerklichen Verarbeitungsmängeln auch planerische Fehler gemacht. So ist beispielsweise stehendes Wasser und Pfützenbildung ein Indiz für unzureichendes Gefälle, das mindestens 1,5 % Neigung aufweisen muss. Im Bereich der Überlappung der Abdichtungsbahnen und an den Stelzenlagern kann durch stehendes Wasser die Abdichtung durch Auswaschungen an der Oberfläche sowie durch Frostdehnung überbeansprucht werden, was zu Undichtigkeiten führen kann.

Am Dachrand sollte das Geländer nicht durch die Dichtungsbahn stoßen, weil sowohl das ungleiche thermische Ausdehnungsverhalten von Metall und Bitumen als auch die mechanische Beanspruchung, die durch Anlehnen an das Geländer entsteht, die dauerhafte Abdichtung verhindert. Die Geländerstäbe sollten deshalb besser unterhalb der Dachdichtung seitlich im aufgehenden Mauerwerk befestigt werden.

Ein besonderes Problem bilden die Terrassentür-Anschlüsse. Dort muss die Abdichtung nach DIN 18195 unbedingt 15 cm über die Oberkante der Abdichtungsfläche geführt werden. Noch sicherer ist die Abdichtung, wenn sie 15 cm über Oberkante Terrassenbelag geführt wird. (siehe dazu auch Abb. 230) Auf diese Problematik wird weiter unten noch gesondert eingegangen.

Abb. 232:
Balkongeländer mit
baukonstruktiv rich-
tiger Befestigung
seitlich an der Bal-
konplatte.

Abb. 233:
Dachterrassenge-
länder. Die Gelän-
derpfosten sind
derart ausgeführt,
dass sie senkrecht
durch die Abdich-
tung befestigt wer-
den müssen.

Auch der Anschluss der Abdichtung an das aufgehende Mauerwerk muss fachgerecht ausgeführt werden, indem man die Dichtungsbahnen in Abständen von 15–20 cm fest verschraubt bzw. mit einer Klemmleiste an das Mauerwerk dübelt. Dadurch wird ein Abrutschen verhindert. Bei Terrassentüren ist besonders darauf zu achten, dass die Entwässerungsöffnungen des Rahmenprofils durch die Abdichtung nicht überklebt werden.

Wenn man eine **aufgestelzte oder eine Kiesbettkonstruktion** für den Belagaufbau trotz aller möglichen Mängel aus Kostengründen wählt, muss auf Folgendes geachtet werden:

- Eine elastische Bettung kann geringe Bewegungen des Untergrundes sowie thermische Spannungen in einem gewissen Rahmen aufnehmen.
- Das Fehlerrisiko ist überschaubar, wenn die Unterlage planeben ist und keine Dellen oder Vertiefungen aufweist, in denen sich Pfützen bilden können.
- Mit Stelzenauflagern ist eine gute Schalldämmung zu erreichen. Ein Verbesserungsmaß von 19–32 dB ist z. B. bei CR-Stelzlagern möglich.[161]

Auch bei der Wärmedämmung der Dachterrasse hat man die Wahl zwischen einer belüfteten oder einer unbelüfteten Konstruktion. Wegen der erforderlichen Aufbauhöhe, die durch eine Luftschicht von mind. 5 cm, besser 15 cm erzwungen wird, und wegen des geringen Höhenunterschieds zwischen Lufteintritts- und Luftaustrittsöffnung ist eine belüftete Konstruktion nicht zu empfehlen.

Konstruktion mit Stelzenauflager oder Kiesbett

Es ist unter Berücksichtigung der oben genannten Bedenken folgender Aufbau sinnvoll:

1. Nutzschicht aus Platten mit offenen Fugen, wobei die Fugen durch häufiges Reinigen sauber gehalten werden müssen.
2. Bettungsschicht aus gewaschenem Kies oder Splitt bzw. Aufständerung
3. Trennschicht zwischen Kiesschicht und Abdichtung
4. Abdichtung aus Bitumendachbahnen oder Dachfolien
5. Dampfdruckausgleichsschicht
6. Wärmedämmung
7. Dampfsperre
8. Ausgleichsschicht
9. Unterlage im Gefälle
10. Holzbalkendecke

---

[161] SEIDLER, S. 90.

Zu 1.:

Die Nutzschicht kann aus Natur- oder Betonwerksteinplatten oder aus tiefdruck-imprägnierten Holzrosten bestehen. Die Steinplatten sollten ein Mindestmaß von 40 x 40 x 4 cm nicht unter- und ein Höchstmaß von 60 x 60 x 6 cm nicht über-schreiten. Selbst solch große Platten können allerdings, wenn ein Mensch genau auf die Plattenecke tritt, ihr Kippeln nicht ausschließen. Bei noch größeren Plat-ten wird die Punktlast im Stelzenlager zu hoch, was zu den bereits genannten, schädlichen Eindrücken in die Abdichtung führt. Außerdem ist das Verlegen von derart schweren Platten nur mit großem Kraftaufwand möglich. Die offenen Fugen sollten eine Breite von max. 5-8 mm besitzen, denn in größere Fugen können Laub und andere organische Stoffe allzu leicht eingeweht werden.

Zu 2.:

Das Kiesbett sollte aus gewaschenem, verdichtetem Rundkies (Riesel Ø 16-32 mm) in einer Stärke von mind. 5 cm bestehen. Problematisch bleibt die Korn-größe des Kiesbetts allemal: es sollte ein Ausgleich zwischen der Lagerfähigkeit der Nutzschicht und der Sickerfähig für das abzuleitende Wasser gefunden wer-den. Im Randbereich muss auf jeden Fall eine große Körnung gewählt werden, um das Ausspülen des Kiesbetts oder die Windverwehung zu kleiner Körner zu verhindern.

Stelzenlager müssen über eine ausreichend große Aufstandsfläche, wenigstens 150 cm^2, und über eine Stelzenhöhe von mind. 25 mm verfügen. Sollen die Stän-der direkt auf die Abdichtung gestellt werden, muss eine zusätzliche Unterlage

Abb. 234:
Waschbetonplatten mit offenen Fugen im Kiesbett verlegt.

aus einer Bitumenbahn zu deren Schutz untergelegt werden. Stelzenlager müssen kleinere Höhenunterschiede und Schiefstellungen korrigieren können.[162] Schließlich soll noch auf die Auflager aus Mörtelbatzen in PE-Folien hingewiesen werden. Diese Auflagerungsart hat gravierende Nachteile, vor allem weil nach dem Erhärten des Mörtels ein Ausrichten des Plattenbelags nicht mehr möglich ist. Außerdem ist mit Mörtelbatzen auch bei größter handwerklicher Geschicklichkeit kaum ein gleichmäßiges Fugenbild zu erreichen.

Zu 3.:
Zwischen das Kiesbett oder die Stelzenlager und die Abdichtung sollte man eine Trennschicht aus einer Bautenschutzmatte oder mindestens zwei Lagen PE-Folie verlegen, um die Reibung zwischen Kies und Abdichtung zu vermindern oder um das Einstanzen der Stelzen zu verhindern.

Zu 4.:
Zur Abdichtung einer Dachterrasse können dieselben Bitumenschweißbahnen z. B. mit Einlage aus Polyestervlies, 5 mm dick, verwendet werden, wie sie sich auf dem Flachdach bewährt haben. Es sind jedoch stets zwei Lagen erforderlich. Selbstverständlich sind Kunststoff-Dachbahnen durchaus genauso geeignet.

---

[162] SEIDLER, S. 92 empfiehlt den Calenberger Elefantenfuß als Stelzenlager. Inzwischen haben fast alle Hersteller für diese Anforderungen technisch saubere Lösungen gefunden.

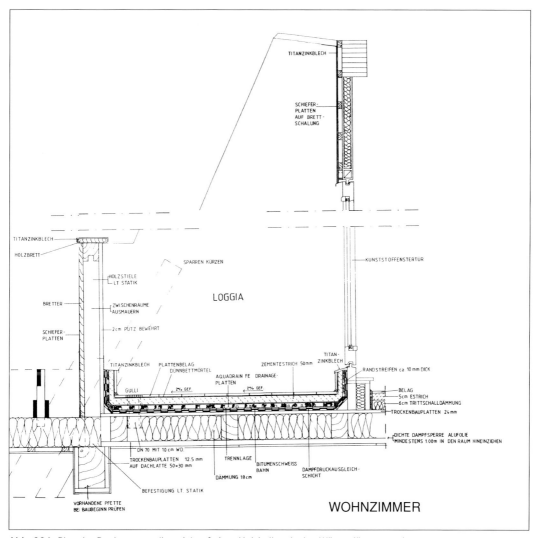

TITANZINKBLECH

SCHIEFER-
PLATTEN
AUF BRETT-
SCHALUNG

TITANZINKBLECH

HOLZBRETT

SPARREN KÜRZEN

KUNSTSTOFFENSTERTÜR

HOLZSTIELE
LT. STATIK

LOGGIA

BRETTER

ZWISCHENRÄUME
AUSMAUERN

SCHIEFER-
PLATTEN

2cm PUTZ BEWEHRT

TITAN-
ZINKBLECH

TITANZINKBLECH   PLATTENBELAG
DÜNNBETTMÖRTEL

ZEMENTESTRICH 50mm

RANDSTREIFEN ca. 10 mm DICK

AQUADRAIN FE DRAINAGE-
PLATTEN

GULLI

2% GEF.   2% GEF.

BELAG
5cm ESTRICH
6cm TRITTSCHALLDÄMMUNG
TROCKENBAUPLATTEN 24 mm

DICHTE DAMPFSPERRE ALUFOLIE
MINDESTENS 1.00m IN DEN RAUM HINEINZIEHEN

DN 70 MIT 10 cm WD.

TROCKENBAUPLATTEN 12.5 mm
AUF DACHLATTE 50×30 mm

TRENNLAGE

BITUMENSCHWEISS
BAHN

DAMPFDRUCKAUSGLEICH-
SCHICHT

DÄMMUNG 18 cm

BEFESTIGUNG LT. STATIK

VORHANDENE PFETTE
BEI BAUBEGINN PRÜFEN

WOHNZIMMER

Abb. 236 Plan der Dachterrasse (Loggia) auf einer Holzbalkendecke. Wärmedämmung als Zwischenbalkendämmung unter der Abdichtung.

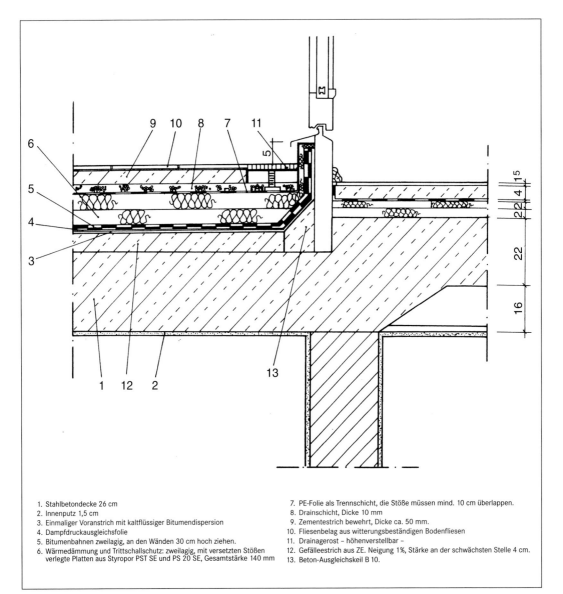

1. Stahlbetondecke 26 cm
2. Innenputz 1,5 cm
3. Einmaliger Voranstrich mit kaltflüssiger Bitumendispersion
4. Dampfdruckausgleichsfolie
5. Bitumenbahnen zweilagig, an den Wänden 30 cm hoch ziehen.
6. Wärmedämmung und Trittschallschutz: zweilagig, mit versetzten Stößen verlegte Platten aus Styropor PST SE und PS 20 SE, Gesamtstärke 140 mm

7. PE-Folie als Trennschicht, die Stöße müssen mind. 10 cm überlappen.
8. Drainschicht, Dicke 10 mm
9. Zementestrich bewehrt, Dicke ca. 50 mm.
10. Fliesenbelag aus witterungsbeständigen Bodenfliesen
11. Drainagerost – höhenverstellbar –
12. Gefälleestrich aus ZE. Neigung 1%, Stärke an der schwächsten Stelle 4 cm.
13. Beton-Ausgleichskeil B 10.

Abb. 237: Anschlussdetail Dachterrasse (auf Betondecke) an die Wohnung. Wärmedämmung und Trittschallschutz liegen auf der Abdichtung.

Wird die Abdichtung direkt auf großflächige Platten, z. B. auf Spanplatten, Porenbetonplatten, u. a., oder auf eine Brettschalung verlegt, muss die Dichtungsbahn über den Auflagerstößen der Platten auf einer Breite von wenigstens 20 cm unverklebt bleiben. Andernfalls muss ein Schleppstreifen angeordnet werden.

Die Abdichtung muss an angrenzende Bauteile wie Wände, Kamine, etc. wenigstens 15 cm hoch über die Oberkante des Belags geführt werden. Damit entsteht an den Dachterrassentüren eine hohe Schwelle, die man allerdings mit Hilfe von Sonderkonstruktionen, die unten noch erörtert werden, vermeiden kann.

Zu 5.:

Da die Abdichtung meistens auf der Wärmedämmung angeordnet wird, muss unter ihr eine Dampfdruckausgleichsschicht vorgesehen werden, um eingeschlossene Feuchte ohne Blasenbildung auszugleichen. Außerdem kann sich die Abdichtung auf den möglicherweise schwindenden Wärmedämmplatten zwängungsgfrei bewegen.

Zu 6.:

Wenn die Abdichtung direkt auf der Wärmedämmung liegt, kommen nach DIN 18164-1 nur Dämmstoffe vom Typ WD zur Anwendung. Dabei sollte man Dämmplatten mit einem Haken- oder Stufenfalz bevorzugen, um ein Wandern der Wärmedämmung zu vermeiden. Im Randbereich muss die Wärmedämmung zur Lagesicherung zudem punktweise verklebt werden.

Abb. 238:
Da die Abdichtung direkt auf der Wärmedämmung liegt, kommt nur ein Wärmedämmstoff vom Typ WD zur Anwendung.

Ein niedrigerer Dachterrassenaufbau ist immer dann möglich, wenn man die Wärmedämmung unterhalb der Brettschalung zwischen die Deckenbalken einbauen kann. Dazu muss die vorhandene alte Schüttung entfernt werden. Außerdem treten dabei wiederum Schallschutzprobleme auf (siehe Kapitel 11).

Zu 7.:
Als Dampfsperre kann eine Bitumen-Dampfsperrbahn mit Aluminiumeinlage, $s_d \geq 100$ m verlegt werden. Die Dampfsperre muss wie die Abdichtung am Rand 15 cm über die Oberkante des Belags geführt werden.

Zu 8.:
Die hier anzuordnende Ausgleichsschicht, z. B. eine Lochglasvlies-Bitumenbahn, soll geringfügige Schwind- und Spannungsrisse in der Unterlage überbrücken und mögliche Rauigkeiten der Unterlage z. B. einer Brettschalung, auffangen.

Zu 9.:
Die Unterlage für den Dachterrassenaufbau besteht entweder aus einer Schalung aus Rauspundbrettern, aus Holzspanplatten V 100 G oder aus Faserzement- oder Leichtbetonplatten. Sehr oft wird eine Dachterrasse auf einer Betondecke errichtet, dann ist die Unterlage zumeist ein Zementestrich.[163] In jedem Fall muss die Unterlage statisch nachgewiesen werden.

Zu 10.:
Das Tragwerk besteht bei Altbauten in den meisten Fällen aus Holzbalken der letzten Geschossdecke. Sie können wegen erfolgter Reparatur seitlich durch Stahl- oder Holzlaschen verstärkt worden sein. Auf dem Tragwerk muss ein Gefälle von wenigstens 1,5 bis höchstens 3 % hergestellt werden. Ein Gefälle von mehr als 3 % erhöht die Gefahr des Abrutschens der Abdichtung sowie des Wanderns der Wärmedämmung. Das Gefälle kann längs zum Deckenbalken durch seitlich an die Balken angenagelte Holzbohlen oder quer zum Deckenbalken durch einen Gefällekeil auf der Rauspundschalung, z. B. aus Schaumglas, erzeugt werden. Wenn die Holzbalken der Decke ohnehin freigelegt oder wenn sie gänzlich neu eingebaut werden müssen, so kann man auch die Balken selbst bereits im Gefälle von 1,5 % verlegen. Dies setzt allerdings eine untergehängte Decke voraus.
Dachterrassentüren müssen nach DIN 18 195 *Bauwerksabdichtungen* - Stand August 2000, Teil 5 eine Mindestanschlusshöhe für die Abdichtung von 15 cm

---

[163] wie etwa in Heroldsbach, siehe Abb. 229–231.

einhalten. Wird ein Drainrost vor die Türe gebaut, kann die Mindestabschluss-höhe auf 5 cm verringert werden (s. Abb. 237). Dies ist mit den Anforderungen an barrierefreies Bauen für Behinderte nicht in Einklang zu bringen. Wegen der restriktiven Anforderungen der DIN an Türanschlüsse sind schwellenfreie Dachterrassentüren immer noch die Ausnahme.

Schwellenfreie Dachterrassentüren lassen sich in Verbindung mit einem Drainagerost und einer Flächendrainage durchfeuchtungssicher herstellen. Dafür gibt es heutzutage höhenverstellbare und schräg einbaubare Drainroste. Folgende Postulate müssen dabei erfüllt werden:[164]

- Im Schwellenbereich darf das Wasser nicht hinter die Abdichtung laufen können.
- Das Durchdringen von Oberflächenwasser und Spritz- bzw. Niederschlags-wasser am Spalt zwischen Türblatt und Fußboden bzw. Schwellenprofil muss sicher verhindert werden.
- Baukonstruktiv möglichst weitgehender Schutz des niveaugleichen Schwel-lenbereichs vor Niederschlagswasser.

10.5 Fußbodenbeläge und Estriche auf Dachbalkendecken

Anlässlich eines Dachgeschossausbaus in alten Gebäuden muss zumeist die vorhandene Konstruktion der Dachbalkendecken den heutigen bautechnischen Anforderungen angepasst werden. In erster Linie wird eine geeignete Lastver-teilungsplatte benötigt, auf die problemlos jeder Bodenbelag aufgebracht wer-den kann. Sie muss zur Aufstellung von Möbeln geeignet sein, d. h. keine Ein-drücke von Möbelfüßen hinterlassen. Außerdem wird ein hoher Anspruch an den Trittschallschutz, an die Wärmedämmung und den Brandschutz gestellt. *„Die gesamte Fußbodenkonstruktion sollte am besten nicht mehr als 3 cm auftra-gen und so gut wie nichts wiegen.“*[165] Gleichwohl muss sie selbstverständlich alle genannten Anforderungen erfüllen.

10.5.1 Waagerechter Fußboden bei stark durchgebogener Dachbalkendecke

Eine zweite Schwierigkeit kommt manchmal bei alten Dachbalkendecken auf den Planer zu: Die Dachbalken haben sich über das erlaubte Maß von l/300 durchgebogen. Jetzt muss eine der in Kapitel 8.1.9 und Kapitel 9.2.6 beschriebe-nen Konstruktionen zur Verstärkung der Balken angewandt werden. Darüber

---

[164] OSWALD/KLEIN/WILMES, S. 35
[165] UNGER, DAB 12/02, S. 52.

hinaus muss auf die tragfähig wiederhergestellte Balkendecke eine waagerechte Ebene aufgebracht werden, um einen ebenso waagerechten Fußboden darauflegen zu können. Dies geschieht bei geringen Durchbiegungen ≤ 4 cm mit Hilfe von Perlite- oder Blähtonschüttungen, bei größeren Durchbiegungen mit Hilfe von beidseitig an die Dachbalken angenagelten, starken Rauspundbrettern. Der Zimmermann spannt zu diesem Zweck Schnüre, die zuvor mit einer Schlauchwaage oder einem Laser-Nivelliergerät waagerecht eingemessen wurden. Sind die Dachbalken zu sehr verformt, werden in die alten Balkenfelder neue Deckenbalken gelegt, die nunmehr unabhängig von den alten Balken eine neue waagerechte Deckenebene bilden.

Auf diese werden als Unterkonstruktion für den neuen Fußboden wiederum Rauspundbretter genagelt oder Spanplatten V 100 verlegt. Die Spanplatten haben Nut- und Federanschlüsse, die ordentlich verleimt werden sollten.

Dieser Aufbau bringt eine sehr hohe Deckenhöhe mit sich. Es ist dann nicht auszuschließen, dass die neue Fußbodenhöhe zum Treppenhaus hin eine Schwelle benötigt. Andererseits können vorhanden Treppenhaustüren wegen zu geringer Sturzhöhe nicht mehr verwendet werden. Auch die Höhe der aussteifenden Dachbalken oder Zangenhölzer kann infolgedessen wesentlich zu niedrig sein. Sie müssen ausgebaut und entsprechend höher wieder eingesetzt werden, um die im Dachgeschoss erforderliche Raumhöhe zu erreichen.

Abb. 239:
Durch seitliches Annageln von Brettern wurden die durchgebogenen Balken begradigt, dazwischen zur Hohlraumdämpfung Klemmfilz eingelegt und obenauf eine neue Bodenebene aus Brettern ausgebildet.

Abb. 240:
Trockenbauplatten
auf Schüttung.

10.5.2 Spanplatten auf Schüttungen

Wenn die Durchbiegung gering ist, können als Fußbodenaufbau Spanplatten auf Schüttungen eingesetzt werden. Das dabei zusätzlich aufgebrachte Gewicht ist ebenfalls sehr gering. Diese Konstruktion kann im günstigsten Fall auf die alten Fußbodendielen etwa 6 cm auftragen. Werden die alten Dielen entfernt, wird die Konstruktionshöhe so gering ausfallen, dass man sogar vorhandene alte Dachraum-Eingangstüren erhalten kann.

Das Brandverhalten der Decke wird jedoch nicht nennenswert verbessert. Die notwendige Diffusionsoffenheit ist dann gegeben, wenn geeignete Schütt- und Abdeckungsmaterialien mit niedrigen s_d-Werten verwendet werden. Die Spanplatten reagieren jedoch meistens empfindlich auf schwankende Luftfeuchte, sie können sich dann verwerfen, vor allem wenn die Verarbeitungsregeln nicht genau beachtet wurden. Bei richtiger Ausführung können alle Standardböden darauf gelegt werden.

Das Trittschallverhalten der Bodenkonstruktion aus Spanplatten ist problematisch, denn die geforderten Schalldämm-Werte der DIN 4109 werden nicht leicht erreicht. Jedenfalls muss an der Wand immer ein schalldämmender Randstreifen eingesetzt werden. Fliesen, die auf Spanplatten verklebt wurden, sind als Nassraumfußboden sehr problematisch.

Bei Verdichtung der Schüttmasse etwa durch Erschütterung infolge des Straßenverkehrs kann es zu Wanderungen der Schüttung kommen. Die Folge davon wird sein, dass die Ränder der Spanplatten aufschüsseln, was sich durch Schiefstellung der Möbel bemerkbar macht.

10.5.3 Trockenestrichplatten auf Schüttungen

In Bädern und WC's werden statt Spanplatten nässeunempfindliche Platten aus Trockenestrich eingebracht. Mit diesen Platten wächst die Konstruktion des Fußbodens in ihrer Gesamthöhe ein wenig höher an als die Spanplattenversion. Auch das Gewicht pro Quadratmeter steigt. Das Brandverhalten verbessert sich geringfügig. Dabei muss auch auf die Baustelleneinrichtung geachtet werden,

Abb. 241: Wenn die Handwerker die Trockenestrichschüttung in Säcken derart auf die alten Holzbalkendecken stapeln, dann erbringen die Decken den Nachweis ihrer Standsicherheit. Diese Lagerung ist sehr gefährlich, denn die Holzbalken können natürlich auch brechen!

denn zu hohe Materialstapel können eine Altbaudecke überbelasten, ihre Balken können brechen.

Es können alle Standardbeläge auf Trockenestrich gelegt werden. Auch für Fliesen ist dieser Untergrund gut geeignet. Allerdings müssen dann zuvor noch Abdichtungen aufgebracht werden.

Bei diesem System werden die von der Norm geforderten Schalldämmwerte jedoch nicht erreicht, aber doch verbessert. Um Körperschall zu vermeiden, empfiehlt es sich, die einzelnen Sanitärgegenstände auf zusätzlich gedämmte Podeste oder auf Gummiunterlagsscheiben zu stellen.

Dabei ist darauf zu achten, dass in der Schüttung liegende Heizleitungen sorgfältig verlegt wurden. Bilden diese sich windende Rohrschlangen, so sind sie wärmetechnisch nicht mehr beherrschbar und führen zu Wärmestaus unter dem Trockenestrich. Außerdem weiß im Nachhinein keiner mehr, wo die Leitungen liegen. Beschädigungen durch nachträgliches Anbohren der Leitungen sind dann nicht mehr auszuschließen. Die Heiz- und Warmwasserleitungen müssen immer an den Wänden entlang und parallel verlegt werden. Stichleitungen müssen immer im rechten Winkel dazu angeordnet werden. Dort wo Heizleitungen einander überqueren, entsteht ein zusätzlicher Höhenbedarf, der sich als Wärmebrücke bauschädlich bemerkbar machen wird. Die Leitungen sind vor dem Verlegen des Trockenestrichs stets ausreichend, d. h. nach EnEV, wärmezudämmen.[166] Wenn das nicht geschieht, kann später das Verlegen von Parketten sowie anderer Beläge auf dem Trockenestrich wegen der partiellen Temperaturunterschiede zum Problem werden.

Vor dem Verlegen von Trockenestrichen muss vor allem auch die Frage der Kanaltrassen im Boden geklärt werden. Kabelkanäle für EDV oder Elektrik lassen sich nämlich in Trockenbauböden ganz bequem unterbringen. Dies muss auf jeden Fall immer im Zusammenhang mit dem späteren Bodenbelag gesehen werden. Hier können durch fehlende gestalterische Überlegungen sowohl Mehrkosten durch zusätzlich erforderlichen Zuschnitt des Belags als auch erhebliche, wenn nicht sogar unerträgliche Beeinträchtigungen der Raumgestalt entstehen. Ein weiteres gestalterisches Problem ist die durch den zusätzlich eingebrachten Trockenestrich erforderliche neue Bodenhöhe. Der alte Fußboden muss dabei oft bis zu 12 cm aufgedoppelt werden. D.h. Anschlüsse an Treppen funktionieren nicht mehr, die neue Bodenhöhe erzwingt eine zusätzliche Podeststufe; Fensterbrüstungen sind nun nicht mehr hoch genug, es müssen eventuell Stahlstäbe außen vor das Fenster gesetzt werden, um die nach den Landesbauordnungen vorgeschriebene Brüstungshöhe einzuhalten, oder Fußböden in Nassräumen

---

[166] EnEV § 12 Abs. 5, Anhang 5, Tabelle 1: Wärmedämmung von Wärmeverteilungs- und Warmwasserleitungen.

Abb. 243:
Die Heizungsrohre
wurden über einem
Bodenabsatz
geknickt. Bauschä-
den sind vor-
programmiert.

bereiten erhebliche gestalterische Schwierigkeiten, weil sie höher werden als die ihrer Nebenräume und deshalb eine Schwelle an der Tür erzwingen. Insbesondere im Altbau entstehen solche hohen Schwellen, die wie Stolperfallen wirken. Dies lässt sich nur vermeiden, wenn der alte Dielenboden und die in den Balkendecken liegende alte Schüttung entfernt und dann ein gänzlich neuer Bodenaufbau eingebracht wird. Gerade in diesem sensiblen Bereich werden sehr häufig gestalterische Fehler gemacht, die infolge einer solchen Instandsetzung das Dachgeschoss direkt verunstalten können.

Abb. 244:
Die alte Türe musste gekürzt werden, damit für eine neue Bodenhöhe Platz geschaffen wurde. Durch die neue Bodenhöhe entstand diese unangenehme Schwelle.

10.5.4 Gussasphaltestrich

Lastverteilungsplatten aus Gussasphalt wurden von jeher gerne für Altbauten verwendet, bei denen die Aufbauhöhe meist entsprechend gering sein musste. Tatsächlich kann der Aufbau, allein auf den Estrich bezogen, auf ca. 2 cm reduziert werden, wobei dann das Gewicht pro m² relativ gering ist.[167] Das ist natürlich hinfällig, wenn Unebenheiten auf dem Untergrund ausgeglichen werden sollen. Solch ausgleichendes Verziehen des Asphaltestrichs ist zudem sehr problematisch. Besser ist es, die Unebenheiten durch andere Materialien, z. B. durch Trittschalldämmplatten, auszugleichen.

---

[167] UNGER, DAB 12/02, S. 52. SCHOLZ/HIESE, S. 413, Tafel 7.27 weist darauf hin, dass bei Gussasphaltestrich von nur 20 mm Dicke die Trittschalldämmung darunter max. 30 mm dick sein darf.

Abb. 245:
Die alte Holzbalken-
decke blieb mitsamt
ihrer Deckenfüllung
erhalten. Auf sie
wurde Asphalt-
estrich verlegt.

Abb. 246:
Asphaltestrich im
linken Bereich der
Wohnung.

Gussasphalt reagiert bei Erwärmung in warmen Sommern und umso mehr in
Brandfällen auf Punktlasten. Es kann zu Eindrücken von Möbelfüßen kommen.
Über seine Dampfdichtheit haben wir vorne bei den Trockenbaudecken bereits
berichtet. Besonders wenn im letzten Stockwerk unter dem Dachgeschoss Bäder
oder andere Nassräume liegen, sollte man besser auf Gussasphaltestrich im
Dachgeschoss verzichten oder zumindest deren ausreichende Lüftung sicherstellen.

Gussasphalt wird mit einer Verarbeitungstemperatur von bis zu 250 °C einge-baut. Es können übermäßig hohe Raumtemperaturen entstehen. Deshalb sind die Räume während des Einbaues sehr gut zu belüften, damit es nicht zu Wär-mespannungen etwa am Fensterglas kommt. Bei fachgerechter Abstreuung des Gussasphaltestrichs und bei Einbau einer schalldämmenden Randleiste an den Wänden entlang können alle Standardbeläge aufgebracht werden. Ein gewissen-hafter Fußbodenverleger wird immer vor Einbau seines Fußbodens auf Guss-asphaltestrich eine Temperaturmessung der Estrichoberfläche durchführen, um z. B. verschiedene Temperaturzonen infolge falsch unter dem Estrich verlegter Heizungsrohre zu erkennen und daraus resultierende Schäden zu vermeiden. Durch sein plastisches Verhalten verbessert der Gussasphaltestrich den Tritt-schall der Decke nennenswert. Um jedoch die erhöhten Schallschutzanforde-rungen erreichen zu können, fehlt ihm das erforderliche Flächengewicht. Des-halb sollte in die Balkenzwischenräume einer Dachbalkendecke eine entsprechend schwere Sandschüttung oder ein Leichtbeton eingebracht werden.

10.5.5 Calciumsulfat-Fließestrich

Fließestriche werden immer öfter auch im Altbau und auf Holzbalkendecken eingesetzt. Gegenüber konventionellen Estricharten kann man in günstigen Fäl-len etwa 5 mm Estrichstärke einsparen, also mit einer etwas geringeren Auf-baustärke eine etwas geringere Aufbauhöhe erzielen. Nach erfolgter Oberflä-chenbearbeitung wie Anschleifen, Grundieren und Spachteln können alle Standardbodenbeläge aufgebracht werden.

Das Brandverhalten des Fließestrichs ist außerdem ungefähr genauso günstig wie das des Zementestrichs.

Das Anwendungsproblem auf Holzbalkendecken liegt aber darin, dass dieser Estrich fließend, also sehr nass, eingebaut wird. Daher benötigt er beim Einbau eine dicht verschweißte Unterlagsbahn, um die Holzbalken vor Durchfeuchtung zu schützen. Das verhindert wie beim Gussasphaltestrich die Dampfdiffusion und kann vor allem über Bädern und Nassräumen im Geschoss darunter zu Schimmelbildung und anderen Feuchteschäden führen. Dazu kommt, dass dieser Estrich wie alle Gipsbaustoffe auf Feuchte stark reagiert, also nicht resistent genug ist. Wenn man Bäder in die Dachgeschosswohnungen einbauen will, muss also eine wirksame Dichtungsschicht z. B. aus Folien zwischen dem Fließestrich und den Bodenfliesen eingebaut werden.

Ein weiterer Schwachpunkt entsteht als Folge der verringerten Auflast beim Trittschallverhalten des Fließestrichs. Er weist einen ungünstigeren Schalldämmwert auf als Zementestrich. In den meisten Fällen kommt man nicht umhin, stärker dimensionierte Schalldämmplatten unter den Estrich zu legen als sie bei einem Zementestrich nötig wären. Der Vorteil der geringeren Aufbauhöhe wird dadurch meistens aufgehoben.

Der Einbau solch nassen Materials in den Altbau hat aber noch weitere unangenehme Folgen. Das verdunstende Wasser des Fließestrichs wird als Wasserdampf in der Luft in alle angrenzende Bauteile wie Mauerwerk, Dachstuhl und Wärmedämmung transportiert und durchfeuchtet diese, zumal er nicht durch Zugluft, also bei geöffneten Dachfenstern, rasch ausgetrocknet werden darf. Es treten infolgedessen alle nur denkbaren Schäden in den feucht gewordenen Bauteilen auf. Eine Zwangstrocknung nach Abbinden des Fließestrichs kann ebenfalls zu Schäden führen. Es ist daher nicht empfehlenswert, beim nachträglichen Dachgeschossausbau insbesondere im Altbau Fließestriche im großen Stile einzusetzen. Beim Bau des Schlossbergmuseums in Chemnitz wurde Fließestrich in großen Mengen eingesetzt. Es haben sich die genannten, erheblichen Mängel ergeben. Auch beim Dachgeschossausbau in Neubauten wird die Feuchtebilanz negativ beeinflusst, d. h. zum Wasser, das Beton, Mauermörtel und Wandputz zum Abbinden benötigen, tritt mit dem Fließestrich weiteres Wasser hinzu, das die Austrocknungszeiten des Gebäudes deutlich verlängert.

10.5.6 Steinholzestrich

Der Magnesia- oder Steinholzestrich wurde früher auf Dachbalkendecken am häufigsten verwendet. Dabei werden zunächst auf die Bretterböden über den Holzbalken Dachpappen aufgenagelt. Wenn mit Dampfdiffusion zu rechnen ist, muss die Dichtungsbahn die Qualität einer Dampfsperre, z. B. einer Bitumenabdichtungsbahn, aufweisen, denn Steinholzestrich ist nicht wasserresistent.

Das Brandverhalten des Steinholzestrichs ist ungefähr genauso günstig wie das des Zementestrichs.

Der Magnesia-Estrich erfordert beim Verlegen handwerkliches Geschick und große Erfahrung. Diese Voraussetzungen fehlen heutzutage bei den ausführenden Firmen. Dieser Umstand, die schlechte Trittschalldämmung und die fehlende Wasserresistenz sind die Gründe, warum dieser Estrich heute kaum mehr angeboten wird.

10.5.7 Zementestrich

Der im Neubau am häufigsten eingesetzte schwimmende Zementestrich ist zugleich der mit der größten Einbauhöhe. Bei der meistens eingesetzten Festigkeitsklasse ZE 30 muss die Mindestdicke des Estrichs 45 mm betragen. Das Gewicht beträgt dann 90 kg/m².[168] Auf Holzbalkendecken treten wegen der möglichen Durchbiegung Spannungen im Estrich auf, die es notwendig machen, den Zementestrich mit Kunststoff- oder Stahlfasern zu bewehren. Beim Einbau des feuchten Materials genügen einfache Pappen oder Teerpapier als Trennschicht zur Trittschalldämmung. Eine Dampfsperre ist nicht erforderlich, da Zementestrich ausreichend feuchteresistent ist. Der Zementestrich darf wegen der Schalldämmung niemals mit angrenzenden Bauteilen verbunden werden. Er benötigt wie übrigens alle schwimmend verlegten Estriche und Bodenplatten Randstreifen aus Mineralfasermatten, die immer wesentlich höher sein müssen als die Estrichoberfläche. Sie werden nachträglich vorsichtig abgeschnitten.[169] Styroporplatten sind wegen ihrer geringen Elastizität und ebenso geringen Eindrückbarkeit in der Fläche als Randstreifen nicht zu empfehlen.

Gemeinsam mit dem Fließestrich und dem Steinholzestrich wird der Zementestrich der höchsten Feuerwiderstandsklasse F 90 A zugeordnet.

Der Zementestrich muss nach dem Einbau wenigstens sieben Tage lang feucht gehalten werden. Je länger er feucht gehalten wird, desto besser ist sein Schwindverhalten. Während dieser Zeit darf er keiner Zugluft ausgesetzt werden, z. B. durch geöffnete Dachfenster. Wenn der Zementestrich auf Schalldämmstoffen niedriger dynamischer Steifigkeit, z. B. auf zwei Lagen Mineralfaserplatten, aufgebracht wird, weist er einen guten Schallschutzwert auf. Es können alle Standard-Fußbodenbeläge ohne große Vorarbeiten aufgelegt werden.

Aufgrund der günstigen Kosten wird der Zementestrich auch beim nachträglichen Dachgeschossausbau immer eine Rolle spielen, obwohl sein Einsatz fachgerecht durchdacht werden muss. Selbst beim Neubau ist der Zementestrich

---

[168] UNGER, DAB 12/02, S. 54.

[169] Bei unvorsichtigem Abschneiden werden die Randstreifen leicht ganz herausgerissen, die jetzt leere Randfuge füllt sich mit Schmutz – die Schallbrücke ist geschaffen.

nicht unproblematisch, neigt er doch bei zu starkem Wasserentzug infolge zu raschem Austrocknen nach dem Einbau zum Schwinden und in den Raumecken zum Aufschüsseln. Dadurch entstehen Zonen zu schwachen Estrichs, die bei Auflast brechen werden. Die dadurch entstandenen Risse im Zementestrich gehen durch Beläge, die fest auf dem Estrich aufgeklebt wurden, z. B. Fliesen oder Ziegelplatten, ebenfalls mittendurch.

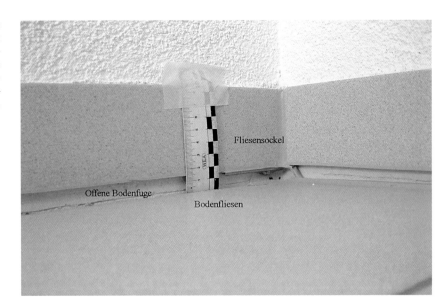

11 Schallschutz von Dachbalkendecken

Sowohl der Luftschallschutz als auch der Trittschallschutz, den die DIN 4109 fordert, lässt sich bei Holzbalkendecken, weil es sich um inhomogene Bauteile handelt, nur schwerlich erreichen. Die Decke unter den als Trockenboden oder Abstellraum genutzten Dachräumen muss, wenn sie neu gebaut wird, ein bewertetes Schalldämmmaß R'_{wR} = 53 dB und einen bewerteten Norm-Trittschallpegel L'_{nwR} = 53 dB aufweisen. Diese normativen Anforderungen lassen sich mit einer Massivdecke aus Beton zusammen mit einem schwimmenden Zementestrich leicht erfüllen. Bei Holzbalkendecken ist jedoch bereits diese Mindestanforderung an den Trittschallschutz nur unter Erhaltung der alten schweren Sandschüttung oder des Lehmwickels in den Balkenzwischenräumen zu erfüllen. Wird durch den Dachgeschossausbau dieselbe Decke nunmehr zur Wohnungstrenndecke, dann steigt das geforderte bewertete Schalldämmmaß R'_{wR} auf 54 dB an.

Da wegen des meistens vorhandenen Schmutzes, der für Ungeziefer einen idealen Lebensraum bietet, es geraten ist, die alten Füllungen mit ihrem Materialgewicht von etwa 100 kg/m² aus den Balkenzwischenräumen zu entfernen[170] und sie durch Wärmedämmstoffe zu ersetzen, verliert die alte Dachbalkendecke noch weiter an Schalldämmwirkung. Da nach dem Dachgeschossausbau die Decke eine wesentlich höhere Verkehrslast tragen muss, wird es oft kaum möglich sein, das verloren gegangene Gewicht einfach durch eine neue Sandschüttung zu ersetzen. Ein Tragwerksplaner sollte auf jeden Fall den rechnerischen Nachweis für die Lasten, welche die Decke übernehmen kann, erbringen, um vielleicht doch noch eine Sandschüttung zu ermöglichen. Wenn es rechnerisch zulässig ist, kann auch Leichtbeton aus Blähton und Ähnlichem in die Balkenfelder eingebracht werden, um zugleich den Schallschutz und den Wärmeschutz zu erhöhen. Dabei ist allerdings darauf zu achten, dass die Folie, die als Rieselschutz erforderlich ist, einen sehr geringen s_d-Wert besitzt, um nicht als Dampfbremse zu wirken. Besonders über den Bädern im Stockwerk darunter könnte dies große Feuchteschäden bewirken.

Beim Altbau sind dazu noch die flankierenden Bauteile zu beachten. Tragende Innen- und Außenwände gehen in der Regel vom Fundament über alle Stockwerke bis zum Dachgeschoss durch, sie werden also nicht wie beim Neubau durch Massivdecken unterbrochen. Dadurch entsteht eine gewisse Schall-Längsleitung, die nur durch das Gewicht dieser Mauern verringert wird. Auch

---

[170] GOLDMANN, DAB 1/2004 S. 48 empfiehlt, das vorgefunde Material im Balkenzwischenraum möglichst zu erhalten.

Abb. 250:
Die alte Schüttung zwischen den Holzbalken musste entfernt werden. Dadurch wurde der Schallschutz zunächst verschlechtert.

alle alten Leitungen und Lüftungskanäle gehen zumeist ohne Unterbrechung von unten bis oben durch und übertragen Schall.

Aus diesem Grund muss man beim Dachgeschossausbau versuchen, den Trittschallpegel der vorhandenen Decke zu verbessern. Die Anforderungen der DIN 4109 wird man allerdings dabei kaum erreichen. Bei der üblichen Holzbalkendecke ist nämlich ein Verbesserungsmaß VM von mindestens 15 dB erforderlich, um die Mindestanforderungen nach DIN 4109 zu erfüllen. Deshalb haben einige Bundesländer, z. B. Berlin, rechtliche Erleichterungen beim Ausbau von Dachgeschossen hinsichtlich des Schallschutzes gewährt. Ein ungenügender Trittschallschutz stellt dort keinen Bauschaden dar.[171]

Die in der einschlägigen Fachliteratur[172] vorgeschlagenen Ausführungen von Holzbalkendecken mit entkoppelten Schalen, auf die wir in Kapitel 5.4 bereits eingegangen sind, erreichen trotz eingebauter Federbügel ohne Betonplatten oder andere schwere Auflagen nur ein bewertetes Schalldämmmaß R'_{wR} = 50 dB. Da besonders die Dachbalkendecken meist aus geringer dimensionierten Holzbalken bestehen, können in der Regel keine schweren Bauteile wie Zement-

---

[171] SEIDLER, S. 115.
[172] WENDEHORST, S. 200: 5.4.3.3 Holzbalkendecken; SCHMITT/HEENE, S. 144–147: Holzbalkendecken.

Abb. 251:
Schüttung als Tritt-
schalldämmung
unter dem Asphalt-
estrich.

estriche oder Betonplatten aufgebracht werden, die dabei helfen würden, die Schalldämmanforderungen zu erreichen. Andererseits sind die heute vorgeschlagenen Deckenaufbauten mit modernen Baustoffen so hoch, dass sie neue Dachgeschosseingangstüren und Schwellen erzwingen. Dadurch wird das ausgebaute Dachgeschoss für Behinderte und Rollstuhlfahrer zu einem unüberwindbaren Hindernis.

Folgender Aufbau auf den Holzbalken der Decke wird beispielsweise als geeignet vorgeschlagen:[173]

Rauspundschalung 26 mm + Estrichwabe und Wabenschüttung, 30 mm + Trittschalldämmplatte aus Mineralwolle 27/25 mm + 2 x 12,5 mm Trockenestrich + Beliebiger Bodenbelag 10 mm. Prinzipiell ist gegen diesen Deckenaufbau nichts einzuwenden. Aber er ergibt eine Gesamthöhe von 116 mm ≈ 12 cm. Diese Höhe erzwingt eine Stufe, die an der Eingangstür zur Dachgeschosswohnung als Stolperkante wirkt (s. Abb. 244). Auf das Treppenpodest hinaus kann dieser Aufbau nicht gezogen werden, da sonst die Treppenstufen in ihrer Höhe verändert werden müssten. Nur wenn auch die Treppe zum Dachgeschoss erneuert werden muss, kann man dieser Lösung zustimmen.

---

[173] GOLDMANN, DAB 1/2004 S. 48

Abb. 252:
Die Trockenbau-
decke bietet eine
Verbesserung des
Schallschutzes.
Wegen der zu nie-
drigen Deckenhöhe
musste vor den
Fenstern ein Höhen-
versprung ausge-
führt werden.

Geringere Aufbauhöhen erreicht man nur, wenn man die Schalldämmung an der Unterseite der Decke anbringt. Dabei wird oft eine Unterkonstruktion aus Holzlatten, die mit Federbügeln am Deckenbalken befestigt wird, gewählt. Es darf auf keinen Fall ein kraftschlüssiger, fester Kontakt zwischen Latten und Balken entstehen. Zumeist wird diese Anforderung gelöst, indem man einen Faserdämmstreifen dazwischen legt. Ebenso gute Unterkonstruktionen sind mit federnd aufgehängten Trockenbau-Unterdecken möglich. Die Schalldämmung lässt sich durch eine zweilagige Beplankung der Unterhangdecken noch erheblich verbessern.

Beim Schallschutz von Holzbalkendecken muss besonders auf die Anschlüsse geachtet werden. Kraftschlüssige Berührung von Bauteilen der Decke mit den Wänden muss immer ausgeschlossen werden. Auch die Planung kann mit der richtigen Situierung von Bädern und Schlafzimmern im Dachgeschoss Lärmbelästigungen vermeiden helfen.

12 Häufige Schäden im ausgebauten Dachgeschoss

Beim ausgebauten Dachgeschoss zeigen sich häufig Mängel:
1. beim Wärme- und Feuchteschutz
2. beim Innenausbau

12.1 Fehlerhafter Wärme- und Feuchteschutz

Nicht ordentlich und fachkundig ausgebaute Dachgeschosse zeigen einen zu hohen Verbrauch an Heizkosten, Zuglufterscheinungen und Feuchteschäden an der inneren Raumschale. Alle diese Komponenten führen in der Regel zu Pilzbefall auf den inneren Oberflächen der Dachschrägen und der Außenwände. Die diesen Schadensbildern zugrundeliegenden bauphysikalischen und naturwissenschaftlichen Fakten haben wir in Kapitel 5 erörtert.

12.1.1 Undichtigkeiten in der Dachkonstruktion

Noch einmal sei es wiederholt: Die neu eingebaute, den Anforderungen der EnEV entsprechende Wärmedämmung und die auf ihr angebrachte Innenraumschale, bestehend aus Dampfbremse und Trockenbauplatten, Holzbrettern oder Holzfaserplatten u. Ä., müssen dauerhaft und entsprechend dem Stand der Technik wind- und luftdicht angeordnet sein.[174] Wenn dies nicht der Fall ist, entsteht Zugluft und mit ihr verschwindet die Behaglichkeit des Raumes, obwohl überproportional viel geheizt wird. Diese undichten Stellen sind zugleich Wärmebrücken, es fällt Tauwasser aus. Infolgedessen vermulmen die nassen, hölzernen Einbauteile. Schimmelpilze und später auch Holz schädigende Pilze werden sich im Laufe der Zeit dort ausbreiten.

Undichte Stellen finden sich in der Hauptsache an den Anschlussstellen der leichten Trennwände an die Massivwände, der Dachschrägen an die Giebelwände und an die Kamine, an den Anschlüssen von liegenden Dachflächenfenstern und Gauben, an Durchdringungen der Dachhaut durch Antennen und Lüftungsrohre (siehe Abb. 200) sowie schließlich an Steckdosen. Auch die Anschlüsse der waagerechten Decke aus Trockenbauplatten und der Abseitenwände an die schräge Dachinnenfläche werden häufig nicht winddicht ausgeführt.

Luftundichte Anschlüsse bewirken zunächst hohe Lüftungswärmeverluste, die häufig den Wärmeverlust durch die normale Wärmetransmission bei weitem übertreffen, der Verlust kann weit über das Zehnfache des Wärmeverlustes durch Transmissionswärme erreichen. Zum anderen tritt eine konzentrierte Wasserdampfkonvektion oder -strömung durch den schmalen Spalt auf, die un-

---

[174] EnEV § 5.

gleich viel mehr Wasserdampf durch die kleine Öffnung lässt, als wenn es sich um eine große Öffnung handeln würde und wie andererseits durch Diffusion durch die untere Dachschale mit einer handelsüblichen PE-Folie mit einem s_d-Wert = 20 m hindurch transportiert würde. Der Wasserdampftransport kann durch Konvektion auf ein mehrtausendfaches der Dampfdiffusion ansteigen.[175]

Die Wind- und Luftundichtigkeiten lassen sich einfach nachweisen, es genügt bereits die Flamme einer Kerze, die vor den undichten Bereich gehalten flackern oder gar auslöschen wird. Auch ein dünnes Blatt Papier reagiert durch Flattern auf Luftzug aus undichten Stellen in der Dachfläche. Mit Hilfe von Rauchröhrchen lassen sich die undichten Stellen noch deutlicher erkennen, eine quantitative Messung der Luftströmung führt der Gutachter mit Hilfe eines Anemometers durch.

Ein aufwendiges Verfahren zur Messung von Luft- bzw. Windströmung wurde in der Schweiz entwickelt. Dabei wird in der Dachgeschosswohnung durch einen Ventilator ein Unterdruck erzeugt. Gemessen wird dabei das erforderliche Volumen an Luft, das dem Dachraum entzogen werden muss, um einen bestimmten, konstanten Druckunterschied zur Außenluft aufrecht zu erhalten. Das quantitative Messresultat lässt sich leicht mit Messergebnissen aus anderen Gebäuden vergleichen und die tatsächliche Abweichung vom Durchschnittswert lässt sich somit feststellen. Schließlich verhilft eine Infrarotkamera (Wärmebildkamera) oder der gleichzeitige Einsatz von Nebel dazu, die Fehlstellen zu orten.

Ablauf der Prüfung: (Blower-Door-Test)
Das Prüfgerät wird in ein Fenster eingesetzt und das Fenster abgedichtet. Alle Fenster und Außentüren werden geschlossen; die Innentüren des Dachgeschosses werden geöffnet. Der Ventilator transportiert Luft nach außen. Über den Drehzahlregler am Gerät wird die Druckdifferenz zwischen innen und außen auf 50 Pa erhöht.
Infolge des Druckunterschieds wird Luft durch evtl. vorhandene Leckagen in der Luftdichtung nach innen transportiert. Diese Leckagen werden entweder durch die bloße Hand, Rauchgas oder mit Strömungsmessgeräten entdeckt. Die ermittelten Fehlerquellen werden während der Prüfung mit Klebebändern und Folienbahnen nachgebessert.
Die Abnahme durch Auftraggeber, Bauleitung und Verarbeiter wird durch die Anfertigung eines Luftdichtungsprotokolls dokumentiert.
Für ein durchschnittliches Einfamilienhaus beträgt der Zeitaufwand einer Blower-Door-Prüfung erfahrungsgemäß ein bis zwei Stunden.

---

[175] SEIDLER, S. 56.

Abb. 253:
Fehlerhafte Dach-
randverblechung.
Das schräg nach
unten laufende
Zinkblech hätte
durch ein Über-
hangblech gegen
Hinterlaufen von
Regenwasser gesi-
chert werden müs-
sen.

Die Dichtheitsprüfung ist keine Pflicht; wird sie durchgeführt, muss aber ein bestimmter Grenzwert eingehalten werden. Falls der Test nicht bestanden wird,
muss dieser gegebenenfalls nach weiteren Abdichtungsmaßnahmen wiederholt
werden. Wird eine Dichtheitsprüfung erfolgreich durchgeführt, können dadurch
beim rechnerischen Nachweis des Wärmeschutzes die pauschal angesetzten
Lüftungsverluste deutlich reduziert werden.

Natürlich muss nach dem Auffinden der luftdurchlässigen Stellen die Dichtigkeit wiederhergestellt werden. Dazu muss entweder die Innenoberfläche der
Dachkonstruktion abgebaut und durch eine dicht verspachtelte Trockenbauschale ersetzt oder eine neue, winddicht verklebte Dampfbremse eingebaut werden. Noch aufwendiger ist die Reparatur, wenn man von außen die Dachziegel
entfernt und ein Unterdach aus Rauspundbrettern mit einem Belag aus Bitumenpappe einbaut. Oft sind die Dachrandanschlüsse fehlerhaft verwahrt.

12.1.2   Fehlerhafte Hinterlüftung

Ein schräg geneigtes Dach kann, wie im Kapitel 10.1.2 bereits ausführlich erläutert, zwei Belüftungsebenen aufweisen. Die erste sitzt oberhalb der Unterspannbahn oder einem Unterdach, die zweite darunter und zugleich über der Wärmedämmung. Die erste Hinterlüftungsebene gewährleistet den Abtransport von
Feuchtigkeit von außen wie Flugschnee oder vom Wind eingetriebenem Regenwasser und hilft, die Dachlatten und Dachziegel trocken zu halten. Die zweite
Hinterlüftungsebene soll Feuchtigkeit von innen aus Wasserdampf, der von den
Räumen im Dachgeschoss aufsteigend durch eine Dampfbremse hindurch diffun-

diert und bei entsprechender Kälte bei Erreichen des Taupunktes als Wasser ausfällt, in ihrem Luftstrom mitnehmen bzw. austrocknen. Besonders diese zweite Hinterlüftungsebene wird häufig fehlerhaft ausgeführt, so dass der Abtransport des Tauwassers nicht mehr gewährleistet ist. Dadurch kommt es notgedrungen zur Durchfeuchtung der Wärmedämmung und damit zu ihrer Unwirksamkeit. Außerdem führt diese Feuchte zur Vermulmung des Dachholzes und der Innenbekleidung des Daches, also zu gravierenden Schäden. Die Folge kann ebenso Insekten- und Pilzbefall des Holzes sein. Wie wir wissen, wird dadurch die Standfestigkeit des Dachstuhls sehr beeinträchtigt. (s. Kapitel 4.2 und 4.3).

Die **Fehlerhaftigkeit der Hinterlüftung** in der zweiten Ebene kann folgende Quellen haben:

☐ Mineralfasermatten als Wärmedämmung haben eine Ist- und eine Nenndicke. Die Toleranz, also das mögliche Aufquellen der Matten wurde beim Einbau nicht genügend berücksichtigt.

☐ Die DIN 4108-3 schreibt Mindestöffnungen und Luftzwischenräume für die Hinterlüftung vor. Diese wurden nicht eingehalten.

☐ Die Lüftungsebenen sind verdreckt oder verstopft.

☐ Die Lüftungsführung von der Traufe bis zum First ist im Bereich von Graten und Kehlen oder infolge von Dachauf- bzw. -einbauten wie Dachflächenfenster, Gauben, Schornsteine, etc. gestört oder blockiert.

Die fehlerhafte Hinterlüftung lässt sich dadurch korrigieren, dass man sie zu einer nicht belüfteten Konstruktion umwandelt. Dazu muss der gesamte Lüftungsraum vollständig mit Wärmedämmung ausgefüllt werden. Will man das belüftete Dach beibehalten, muss die zweite Hinterlüftungsebene wieder intakt gestellt werden. Am einfachsten geschieht dies, indem die Sparren mit einem Kantholz aufgedoppelt werden, wie oben im Beispiel A bereits dargestellt (siehe S. 256-260). Damit wird der Raum zwischen den Sparren um Kantholzdicke tiefer, bei sparrengleicher Dicke der Mineralfasermatten ist nunmehr ausreichend Raum für die Hinterlüftung gegeben. Die Sparrenhöhe muss auf jeden Fall bei einer Dachneigung von $\geq 10°$ mindestens 4 cm höher sein als die zwischen sie eingebrachte Wärmedämmung. Bei flachen Dachneigungen $\leq 10°$ sollten die Luftzwischenräume statt den von der DIN 4108-3 vorgeschriebenen 5 cm besser mindestens 15 cm betragen.

Für den Hinterlüftungsraum ist auch die Verlegung der Unterspannbahn von großer Bedeutung. Sie kann straff oder durchhängend eingebaut werden. Beim straffen Einbau muss sie unter einer Konterlattung verlegt werden, was auf jeden Fall zu bevorzugen ist, da die straffe Bahn den Raumbedarf für die Hinterlüftung sicherstellt.

324

Die Lüftungsöffnungen an Traufe und First dürfen keine Insekten einlassen, d. h. sie müssen mit handelsüblichen Siebblechen oder Kunststoffgittern geschlossen werden. Gleichwohl darf ihre Maschenweite 5 mm nicht unterschreiten, da sie sonst durch Staub und Schmutz zusetzen können.

Zu beachten sind, wie bereits ausgeführt, alle Durchschneidungspunkte in der Hinterlüftung. Der Luftstrom darf nicht behindert werden.[176] Deshalb müssen Wechsel z. B. am Kamin, Konterlattung oder Schalung konstruktiv in ihrer Baustärke verringert bzw. ausgeklinkt oder Lüftersteine eingesetzt werden.

12.1.3 Fehlerhafte Wärmedämmung

Obwohl die Wärmedämmung für das jeweilige Dachgeschoss individuell richtig berechnet und dimensioniert wurde, können trotzdem Mängel infolge einer fehlerhaften Ausführung entstehen. Die fehlerhafte Ausführung hinterlässt Spuren an der Wärmedämmung selbst: die Dämmung verfärbt sich dunkel oder wird von Schimmel befallen. An der inneren Verkleidung der Dachschräge entstehen Stockflecken beziehungsweise Feuchtigkeitsflecken, die jeweils nach dem Trockenwerden mäandrierende, weiße Ränder hinterlassen.

Im Übrigen entstehen durch Lücken in der Dämmung Wärmebrücken, wie wir sie bereits oben im Zusammenhang mit der fehlerhaften Luft- und Winddichtigkeit behandelt haben.

Nicht von ungefähr empfiehlt die DIN 4108 die Wärmedämmung in der Dachschräge bis zum Dachfuß. In solchen Abseiten können Leitungen und Rohre ohne Zusatzdämmung verlegt werden. Außerdem können sogar Wandschränke in die Abseiten eingebaut werden, ohne dass Zugluft entsteht.

Führt man die Wärmedämmung jedoch an den Abseitenwänden senkrecht nach unten, bleibt der Zwischenraum zwischen ihr und dem Dach ungedämmt. Verlegt man in diesen ungedämmten Abseitenräumen Wasserleitungen, dann können diese leicht auffrieren, und eingebaute Schränke lassen Zugluft entstehen. Dort verlegte Elektroleitungen müssen, um mit den Steckdosen verkabelt zu werden, durch die Wärmedämmung und die Dampfbremse hindurchgeführt werden, was jeweils zu einer Wärmebrücke führt. An solchen Steckdosen wird es zu Tauwasserbildung mit all ihren schädlichen Folgen kommen.

---

[176] SEIDLER, S. 66/67 zeigt in zehn Bildern den Luftstrom um Schornsteine, Dachflächenfenster und Gauben herum, außerdem den Einsatz von Unterspannbahn-Lüfterelementen, dazu die Luftdurchführung durch Gratsparren und durch ausgeklinkte Schiftersparren.

Abb. 254:
Noch krasser geht
es zu, wenn die Ab-
seite als Schuttde-
ponie genutzt wird.

Abb. 255:
Die Dämmung wird
bis zum Dachfuß
heruntergeführt.
Die Abseite wird zur
Führung der Abwas-
serrohre genutzt.

12.2 Fehlerhafter Trockenbau

Als Beispiel für Fehler bei der Anwendung von Trockenbau als Innenraumschale im Dachraum seien genannt:

- Die Trockenbauplatten der Decke sollten stets abgehängt werden. Werden sie
  unmittelbar mit Holzlatten an den Zangen des Dachstuhlholzes befestigt,

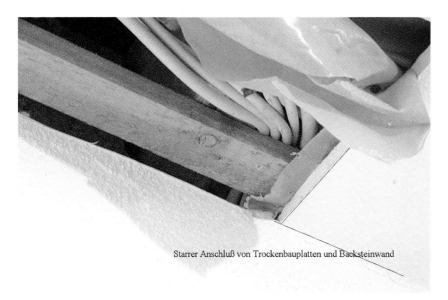

Starrer Anschluß von Trockenbauplatten und Backsteinwand

Abb. 256:
Es fehlt eine
sauber luftdichte
Abklebung.

macht infolge der starren Verbindung die Trockenbaudecke alle Bewegungen des Dachstuhls mit. Man sollte die Decke auch dann abhängen, wenn die nach Landesbauordnung notwendigen Raumhöhen geringfügig unterschritten werden. Gegebenenfalls kann ein Befreiungsantrag bei der Behörde gestellt werden.

- Die Deckenplatten dürfen nie ohne eine fachgerecht abgedichtete Randfuge mit dem Wandputz der Innenwand zusammen stoßen. Wenn die Deckenplatten auf einer Lattung angebracht werden, die unmittelbar am Dachverbandsholz hängt, wird jede Holzbewegung auf den Platten-Wandputz-Stoß übertragen und führt zu Abrissen der Deckenplatten bzw. des Wandputzes, ja sogar der Mauerwerksfugen.

- Die Dampfbremse, die verhindern soll, dass die Feuchtigkeit transportierende, warme Zimmerluft in den kalten Dachraum gelangen kann, wird oftmals nicht dicht an die Giebelwand angeklebt, die Wandanschlüsse sind häufig an keiner Stelle luftdicht. Es fehlen die vorkomprimierten Anschlussklebebänder. Dadurch kann die Luftfeuchtigkeit in den Dachraum gelangen und dort bzw. in der Wärmedämmung den Taupunkt erreichen und kondensieren.

- Löcher in der Dampfbremse infolge fehlerhaft angebrachter Elektrokabel oder unachtsamen Umgangs mit der PE-Folie.

- Verwendung von kleinen Plattenstücken. Die Zahl der Plattenfugen muss immer möglichst gering gehalten werden.

327

Abb. 257:
Die Dachlatten wurden direkt am Dachstuhlholz befestigt. Außerdem ist auch der Kontakt der Dachlatte kraftschlüssig mit der Wand.

Abb. 258:
Um eine feuerhemmende Decke zu bilden, muss die Anschlussfuge dicht verschlossen werden.

328

13 Heizung

Beim nachträglichen Dachausbau stellt sich immer auch die Frage, ob es sinnvoller ist, die Dachräume abhängig oder unabhängig von der im Gebäude vorhandenen Heizungsanlage zu beheizen. Sie stellt sich aber nur, wenn beispielsweise bereits bei der Errichtung des Gebäudes keinerlei Anschlüsse für die Heizung im Dachgeschoss vorgesehen wurden.

Eine Trennung der Heizsysteme ist auf jeden Fall dann zweckmäßig, wenn die neuen Räume im Dachgeschoss vermietet werden sollen. Dies bietet zunächst den Vorteil, dass mit der separaten Wärmeversorgung die Berechnung von Verbrauchs- und Wartungskosten einfacher wird. Darüber hinaus ist es in einem Mietshaus für alle Bewohner komfortabler, wenn sie ihre Heizung nach den jeweiligen individuellen Lebensgewohnheiten einstellen können. Dies betrifft vor allem die Absenk- bzw. Abschaltzeiten der Heizung.

Wenn man sich für eine separate Heizung entscheidet, sollte auch das Warmwasser getrennt bereitet werden. Die Abrechnung der Warmwasser- und Heizungskosten stellt ohnedies einen steten Zankapfel dar, denn nichts lässt die Bewohner eines Gebäudes schneller in Zorneswallung kommen, als die Auseinandersetzungen über angeblich ungerechte Verteilung der Heizkosten. Zwischen Hausbesitzer und Mieter sollte sich zudem Streit über wasser- und energieverschwendendes Verhalten durch Trennung der Heizkreise vermeiden lassen. Das kalte Trinkwasser lässt sich zumeist auch im Dachgeschoss problemlos mittels eines separaten Wasserzählers erfassen.

Abb. 259:
Da hier Fernheizungsanschluss möglich ist, wurde das Miets- und Geschäftshaus an diese angeschlossen. Dazu ist allerdings eine Fernheizungszentrale im Keller erforderlich. Damit war die Heizenergie für die Dachgeschosswohnungen getrennt zu erfassen.

Der vorhandene Heizkessel ist häufig ausschließlich für das bereits bewohnte Gebäude und dessen Heizenergiebedarf ausgelegt. Die zusätzlich erforderliche Wärme für das Dachgeschoss kann dann von der vorhandenen Heizung nicht mehr aufgebracht werden. In diesem Fall ist die Abkoppelung der Heizung für das ausgebaute Dachgeschoss sehr sinnvoll. Die Situation ändert sich jedoch sofort, wenn festgestellt wird, dass die alte Heizung aufgrund ihres hohen Alters, vor allem wenn sie älter ist als Baujahr 1986, ohnehin durch eine neue ersetzt werden muss.

In manchen Städten kann man sein Haus auch an eine Fernwärmeleitung anschließen. Dann braucht man für das nachträglich ausgebaute Dachgeschoss nur einige zusätzliche Heizkörper an das vorhandene Heizungssystem ankoppeln. Auch der Warmwasserbedarf ist schnell befriedigt, denn man muss nur die vorhandenen Rohre um die Abnahmestellen im Dachgeschoss erweitern.

Abb. 260:
Total versotteter Kamin. Dieser muss abgebrochen werden.

Abb. 261:
Ein versottungs-
resistenter Anstrich
kann bei leichter
Versottung Abhilfe
schaffen.

In alten Häusern ist zumeist der vorhandene Kamin versottet. Solche Kamine müssen zumeist abgerissen und neu aufgebaut werden. Ist die Versottung noch nicht zu weit fortgeschritten, lässt sich eine Kaminsanierung mit Hilfe von Kamineinsätzen aus Edelstahl oder Schamotte-Rohren durchführen, dies vor allem deshalb, weil die alten Kaminquerschnitte in aller Regel wesentlich zu weit sind. Ein geringfügig versotteteter Kamin muss vor Auftrag eines neuen Verputzes mit einem entsprechenden Dichtungsmittel abgedichtet werden, sonst drückt die Versottung durch den neuen Putz hindurch. Ist die durchgedrungene Versottung nicht zu stark, genügt es auch, versottungsresistente Anstriche auf dem Kamin einzusetzen.

13.1   Gasheizgeräte

Wer sich für ein eigenes Heizungssystem im ausgebauten Dachgeschoss entscheidet, hat besonders große Vorteile, wenn er Erdgas nutzen kann. Dies ist in den meisten Städten der Fall. Die leichten, komfortablen Gas-Wandheizgeräte können unterm Dach sehr schnell und kostengünstig montiert werden, weil sie ihre Abgase ohne Kaminanschluss direkt ins Freie leiten. Die Hersteller liefern das benötigte Zubehör mit dem Heizkessel mit. Raumluftunabhängige Wandheizgeräte sind für den Dachgeschossausbau durchaus sehr praktisch, zumal sie im Gegensatz zu den raumluftabhängigen Geräten keine besonderen Vorschriften hinsichtlich ihrer Verbrennungsluft beachten müssen. Beim von der Raumluft unabhängigen Heizgerät wird ein Doppelrohr zur Abführung der Abgase ins Freie eingesetzt, das als so genanntes *Luft-Abgas-System* zugleich die erforderliche Verbrennungsluft ins Gerät leitet. Raumluftunabhängige Geräte haben vor allem einen wesentlichen Vorteil: Aufgrund ihrer besseren Dämmung gegen Geräuschentwicklung sind sie während des Heizbetriebes wesentlich leiser.

Gaswandheizgeräte gibt es sowohl als Niedertemperatur- als auch als energiesparenden Brennwertkessel. Sie sind Platz sparend und haben wenig Gewicht. Die zum Betrieb notwendigen Zubehörteile wie Ausdehnungsgefäß, Umwälzpumpe und Regelgerät sind bereits unterm Gehäuse integriert. Man sollte beim Kauf darauf achten, dass besonders die Zubehörteile ohne große Gehäusemontage zugänglich sind. Es ist nämlich sehr entnervend, erst die gesamte Verkleidung abnehmen zu müssen, bevor man den Entstörknopf drücken kann. Auch das Nachfüllen von Wasser, um den nachlassenden Druck im Ausdehnungsgefäß wieder aufzubauen, kann bei manchen Geräten sehr umständlich sein.

Gaswandheizgeräte lassen sich außerdem sehr gut in den Wohnbereich integrieren. Bei Bedarf können sie samt Warmwasserspeicher in Wand- oder Küchenschränken verschwinden. Gewöhnlich starten die Geräte mit einer Nennheizleistung ab etwa 6 kW. Dies reicht für das richtig wärmegedämmte Dachgeschoss durchaus. Da die Heizleistungen aber nicht starr, sondern steigerbar sind, eignen sie sich für einen flexiblen Wärmebedarf. Wie bei einem Auto kann man je nach Bedarf mehr oder weniger Gas geben.

Warmwasser kann man auf zweierlei Weise gewinnen: Zum einen kann ein separater, indirekt beheizter Speicher Platz sparend entweder neben dem Heizgerät an der Wand plaziert oder untergestellt werden, wobei verschiedene Hersteller zum Heizkesseldesign passende Speicher anbieten. Die Wasserinhalte dieser Speicher liegen zwischen 50 und etwa 130 Litern. Benötigt man mehr Warmwasser, muss das Volumen des Warmwasser-Kessels größer gewählt werden. In diesem Falle stellt man den Speicher neben den Heizkessel. Der Kesselstandort im Dachgeschoss muss rechtzeitig festgelegt werden, damit die Decke unter ihm tragfähig ausgebaut werden kann. Sehr häufig müssen dann Stahlträger in die Decke unter dem schweren Heizkessel eingesetzt werden. Die andere Möglichkeit ist ein Kombigerät, bei dem die Warmwasserbereitung in den Heizkessel integriert ist. Dieses erwärmt das kalte Wasser im Durchflussprinzip und zwar immer erst dann, wenn warmes Wasser gezapft wird.

Eine sehr bewährte Heizmöglichkeit ist die Dachheizzentrale, welche ihre Abgase über ein Doppelrohr übers Dach leitet. Die Edelstahl-Doppelrohre sind auf die Heizgeräte abgestimmt und werden vom Heizgerät-Hersteller jeweils mitgeliefert. Ein eigener Kamin ist jetzt nicht mehr erforderlich. Soll der im Gebäude vorhandene Schornstein aber mitbenutzt werden, lässt sich ein Edelstahlrohr oder eine Innenschale aus Schamottesteinen in den vorhandenen Kamin einziehen, um den breiten alten Querschnitt auf den neuen engeren zu verjüngen. Außerdem gibt es auch die Möglichkeit, den Schornstein gleichzeitig zur Zufuhr der Verbrennungsluft und der Abgasabführung einzusetzen. Voraussetzung dafür ist allerdings, der alte Schornsteinquerschnitt ist breit genug, sowohl Abgas- als auch Zuluftleitung aufzunehmen.

Abb. 262:
Gastherme im Dachboden.

Abb. 263:
Elektronische Steuerung einer modernen Gastherme.

Abb. 264:
Die Heizungsrohre
müssen sehr gut ge-
dämmt werden.

Abb. 264:
Die Heizungsrohre
müssen sehr gut ge-
dämmt werden.

Abb. 265:
Für ein großes
Wohn- und Ge-
schäftshaus wird ein
500-Liter-Warmwas-
ser-Kessel erforder-
lich. Er muss auf
einer statisch be-
rechneten Unterlage
liegen.

Der vorhandene alte Kamin, der unterhalb des Dachgeschosses jetzt nicht mehr gebraucht wird, bietet die Möglichkeit, als Leitungstrasse zu dienen. Er lässt sich mit einem elektrischen Trenngerät leicht aufschneiden und dann können in ihn Gasleitungen, aber auch Wasser- und Elektroleitungen zur Versorgung des Dachgeschosses eingebaut werden. Schließlich wird er aus Schallschutzgründen mit Dämmstoffen gefüllt und wieder zugemauert.

13.2 Vorhandene Warmwasser-Zentralheizung auf Ölbasis

Oft ist im alten Gebäudekeller bereits eine Öl-Zentralheizung vorhanden, die noch sehr gute Abgaswerte aufweist. In diesem Fall ist die Anbindung der Heizkörper im Dachgeschoss an das vorhandene Heizungssystem im Gebäude sehr sinnvoll. Wegen des Dachgeschossausbaus kann es dazu kommen, dass man die alte Zentralheizung optimieren muss. Der Kostenaufwand für das Anschließen der neuen Heizkörper im Dachgeschoss hält sich durchaus in wirtschaftlich vertretbaren Grenzen.

Ab 1. November 2004 dürften alle Heizungen die Grenzwerte der Bundes-Immissions-Schutzverordnung (BImSchV) endgültig nicht mehr überschreiten. Bis dahin müssten viele ältere Heizungsanlagen ausgetauscht sein. Die Abgasverluste der Heizung werden vom Schornsteinfeger überprüft. Die Werte dazu finden sich im Schornsteinfegerprotokoll. Doch neben der BImSchV gibt es noch viele gute Gründe für eine Modernisierung:
- bis zu 30 % weniger Heizkosten
- weniger Ökosteuer: rund 2 Cent pro eingespartem Liter Heizöl und Kubikmeter Gas
- weniger Umweltbelastung: ca. 4 Tonnen weniger CO_2-Ausstoß pro Jahr
- weniger Ausgaben für Wartung und Reparatur.
Dazu kommen noch die staatlichen Förderprogramme.

13.3 Beheizung mit elektrischem Strom

Eine unabhängige Beheizung des Dachgeschosses lässt sich auch mit elektrischem Strom als Energieträger durchführen. Dafür hat die Industrie Direkt- bzw. Speicherheizsysteme entwickelt. Die elektrischen Heizsysteme lassen sich auch mit Elektro-Wärmepumpen koppeln. Auch Luftheizsysteme waren und sind einsatzfähig. Diese Systeme aber sind alle ziemlich kostenintensiv in der Anschaffung und rentieren sich nur, wenn es dazu staatliche Fördermittel gibt. Grundvoraussetzung für elektrische Heizsysteme ist ein ausreichend starker Elektro-Hausanschluss. Im Altbau sind die Anschlüsse häufig zu gering dimensioniert, was zum Verlegen neuer Anschlusskabel zwingt. Um den Stromverbrauch in Grenzen zu halten, kann die Warmwasserbereitung in separaten Durchlauferhitzern für das Dachgeschoss erfolgen.

13.4 Thermische Solaranlagen

Heute sind die thermischen Solaranlagen auf dem Dach groß in Mode gekommen. Die Sonnenkollektoren sollen sowohl die Raumheizung als auch die Warmwasserversorgung unterstützen. Dazu benötigt man einen großen Warmwasserspeicher mit mindestens 300 Litern Inhalt. Außerdem gibt es die Photovoltaik-Systeme. Dort, wo es entsprechende Fördermittel gibt, sollte man auf solche moderne Systeme zugreifen. Ihre Wirtschaftlichkeit muss jedoch jeweils individuell geprüft werden.

Flachkollektoren zur Nutzung der Sonnenenergie überzeugen sowohl durch ihre niedrigen Anschaffungskosten als auch durch die Energie, die sie sparen. Denn durch die neue hochselektive Sol-Titan-Beschichtung ist die Solarausnutzung jetzt noch effektiver. Korrosionsbeständige Materialien wie Edelstahl, Aluminium, Kupfer und das in eine Endlos-Dichtung eingepasste 4 mm-Spezial-Solarglas sorgen dafür, dass der hohe Wirkungsgrad besonders lange erhalten bleibt. Über den tatsächlich erforderlichen Wartungsaufwand und über die zu erwartende Lebensdauer solcher Kollektoren sagen die Hersteller nicht viel.

Mit individuellen Farben und attraktivem Design bieten Flachkollektoren ganz neue Möglichkeiten, Dach und Sonnenkollektor farblich aufeinander abzustimmen. Insbesondere die neuen Randverkleidungen, die Kollektorrahmen, sorgen dabei für einen durchaus harmonischen Übergang zwischen Kollektorfläche und Dach.[177] Inzwischen gibt es den Rahmen und die Randverkleidungen in allen RAL-Farbtönen, um eine Anpassung an die Dachfarbe zu ermöglichen. Da-

---

[177] Die Randverkleidung ist in der Regel als Zubehör für Dachintegration erhältlich.

Abb. 267:
Weiher/Ofr. Dach mit Sonnenkollektor, Gauben und Dachflächenfenster. Mit so vielen unterschiedlichen Elementen auf dem Dach kann das gesamte Haus verunstaltet werden.

mit, so meinen die Hersteller, wird der früher oft sehr störende Sonnenkollektor zu einem integrierten Element der Dachgestaltung. Ist das aber wirklich der Fall?

Eigenschaften der Solar-Flachkollektoren

- ☐ Solar-Flachkollektoren besitzen eine hocheffiziente Sol-Titan-Beschichtung.
- ☐ hoher Wirkungsgrad durch einen hochselektiv beschichteten Absorber, integrierte Verrohrung und hochwirksame Wärmedämmung.
- ☐ Absorberfläche: 2,5 m². Großflächenkollektor mit 4,83 m² Absorberfläche für Dachintegration auf Schrägdächern mit Dachpfannen-Eindeckung
- ☐ kurze Montagezeiten durch flexible Verbindungsrohre. Mit dem Stecksystem können bis zu zehn Kollektoren problemlos aneinander gereiht werden.
- ☐ universell einsetzbar: für Flach- und Schrägdachmontage, Aufdachmontage, Dachintegration oder freistehende Montage
- ☐ Gute Kollektoren erfüllen die Anforderungen des Umweltzeichens *Blauer Engel.*

Es gibt neben den Flachkollektoren auch Röhrenkollektoren, deren Röhren vom Solarmedium entweder direkt oder beim so genannten *Heatpipe-System* nicht direkt durchströmt werden. Beim letztgenannten System zirkuliert ein Trägermedium in einem speziellen Absorber, das bei Sonneneinstrahlung verdampft und die Wärme über einen Wärmetauscher an das Solarmedium abgibt.

13.5 Photovoltaik-Systeme

Die Photovoltaik-Systeme, z. B. im Leistungsbereich von 1,28 bis 6,40 kWp, erzeugen Strom mit Hilfe der Sonne ohne ein Solarmedium. Ein hocheffizientes, auf polykristallinen Siliziumzellen basierendes Photovoltaik-Modul ist heute, insbesondere wenn staatliche Fördermittel fließen, durchaus kostengünstig. Das steckerfertige Modul mit 160 Watt Leistung ist auf Grund seines geringen Gewichtes und der Standard-Montagesätze des jeweiligen Herstellers besonders einfach aufs Dach zu bringen. Ein dazu passender Wechselrichter mit integriertem Informationsdisplay bietet einen hohen Wirkungsgrad bei der Umwandlung des von der Sonne erzeugten Gleichstroms in Wechselstrom. Integrierte Bypass-Dioden sorgen für hohen Ertrag auch bei teilweise beschatteten Flächen (Vermeidung von so genannten *hot spots*). Über die später einmal notwendig werdende Entsorgung dieser Systeme hat man sich bisher wenig Gedanken gemacht. Hier entstehen die ökologischen Probleme der Zukunft.

13.6 Zusatzöfen

Eine weitere Heizmöglichkeit sind holz- oder kohlebefeuerte Öfen, z.B. Kachelöfen oder Kaminöfen mit Glastüre, etc., im Wohnzimmer des Dachgeschosses. Zum Beheizen können Kohle, Holz oder Pressholz *(Pellets)* verwendet werden. Die Abluft muss über einen Schornstein erfolgen. Entweder ist der vorhandene alte Gebäudekamin dafür noch brauchbar bzw. seine Resthöhe über Dach zur Abluftabführung noch geeignet oder man muss einen neuen Edelstahlkamin z.B. am Hausgiebel anordnen. Ein klärendes Gespräch vor dem Kauf des Ofens mit dem zuständigen Schornsteinfegermeister ist auf jeden Fall zu empfehlen.

14 Gelungene Dachausbauten

Wenn alle Überlegungen erfolgreich abgeschlossen sind und die Baustelle gut überwacht wird, sollte der Dachausbau gelingen. Vier gelungene Lösungen sollen abschließend hier vorgestellt werden.

14.1 Villa in Glauchau

Die Neorenaissance-Villa eines Fabrikanten in Glauchau/Sachsen, erbaut um 1885, war nach dem Zweiten Weltkrieg enteignet und als Kindergarten genutzt worden. Das Dachgeschoss wurde als Wohnung für die Kindergarten-Erzieherinnen ausgebaut. Es fehlte aber jegliche Wärmedämmung.

Der Dachausbau wurde 1993/94 durchgeführt. Das Dach bestand aus einem steil geneigten Unterdach und einem sehr flachen Oberdach. Die vorhandenen Kupferblechgauben sollten beim Ausbau erhalten bleiben. Außerdem sollte das Dachrandgitter wieder auf dem Rand des Oberdaches aufgebracht werden.

Der Dachstuhl selbst war weitgehend ohne Schäden geblieben. Deshalb mussten keine Holzbalken ergänzt werden. Die Dachbalkendecke war ebenfalls noch in Ordnung und bedurfte keiner Verstärkungen.

Wegen der zu erhaltenden Kupferblechgauben wurde eine Zwischensparrendämmung als Volldämmung gewählt. Das steile Unterdach wurde mit Schiefer auf einer Brettschalung und Bitumenbahn, das flache Oberdach mit einer Kunststoff-Dachdichtungsbahn gedeckt.

Innen wurde der alte, gerissene Putz an den Dachschrägen und am flachen Oberdach entfernt, stattdessen unterhalb der zwischen den Sparren eingebauten Mineralwolle eine Dampfbremse und eine Trockenbau-Verkleidung angeordnet. Durch das Verspachteln der Gipsbauplatten und der Unterdachkonstruktion unter Schiefer und Kunststoff-Dichtungsbahn wurde eine durchaus genügende Winddichtheit erreicht, obwohl diese damals noch gar nicht gesetzlich vorgeschrieben war. Es galt nämlich noch die Wärmeschutzverordnung von 1984.

Die inzwischen zehn Jahre alte Maßnahme weist heute immer noch keine Mängel auf.

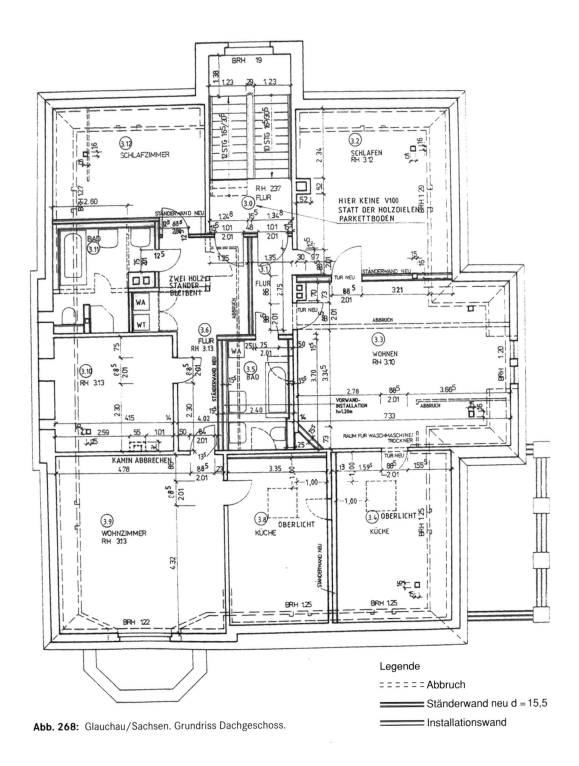

Abb. 268: Glauchau/Sachsen. Grundriss Dachgeschoss.

Legende

= = = = = = Abbruch

Ständerwand neu d = 15,5

Installationswand

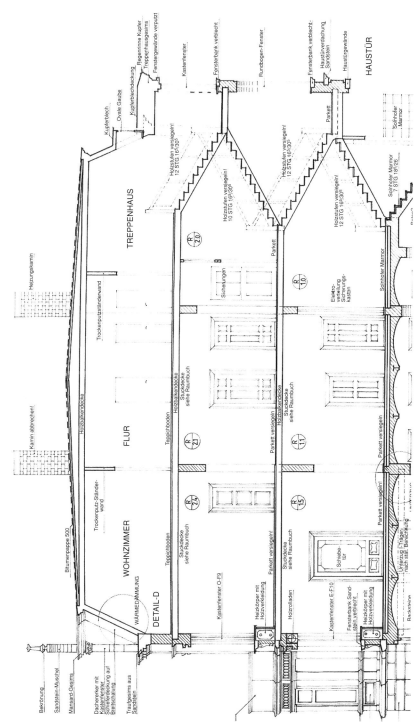

Abb. 269: Glauchau/Sachsen. Längsschnitt.

341

Abb. 270:
Glauchau/Sachsen.
Villa vor der In-
standsetzung.

Abb. 271:
Glauchau/Sachsen.
Villa nach der
erfolgreichen In-
standsetzung.

Abb. 272:
Glauchau/Sachsen. Gaube aus Kupferblech wird neu eingehaust.

Abb. 273:
Glauchau/Sachsen. Gaube aus Kupferblech instand gesetzt.

343

Abb. 274:
Glauchau/Sachsen.
Gaube aus Kupfer-
blech innen vor der
Instandsetzung.

Abb. 275:
Glauchau/Sachsen.
Dachbereich mit
Gaube wärmege-
dämmt. Die Dampf-
bremse fehlt noch.

Abb. 276:
Glauchau/Sachsen.
Dachzimmer fertig
ausgebaut. Anstri-
che fehlen noch.

Abb. 277:
Glauchau/Sachsen.
Neues Bad im alten
Dachgeschoss.

14.2 Wohn- und Geschäftshaus in Leipzig

Das Wohn- und Geschäftshaus aus dem Jahre 1880 entstand im Zuge der Bebauung des Leipziger Musikerviertels nahe der Altstadt. Es handelt sich um ein Haus mit hochwertiger Ausstattung, insbesondere mit Stuck, Ornamenten, Wandmalerei und Vergoldungen. (siehe Abb. 127). Im Zweiten Weltkrieg wurde das Dach weitgehend zerstört. Bis zum Jahre 1995 wurde das zerstörte Dach mit Notdächern aus Brettern und Bitumenbahnen bzw. schweren Planen abgedeckt. Diese Abdeckung war so lückenhaft, dass sogar Bäume auf dem Dach wachsen konnten. Außerdem bot das zerstörte Dachgeschoss eine Heimat für verwilderte Haustauben mit zugehörigem Taubenzeckenbefall, was umfangreiche Entsorgungsmaßnahmen und ein vielfaches Besprühen mit einem umweltverträglichen Zeckengift erforderte. Der Aufgang zum Dachgeschoss war ebenfalls ein Opfer der Weltkriegsbomben geworden. Er musste ganz neu hergestellt werden. Das Dach wurde 1995 mit Hilfe von Stahlbindern und Betonwänden wiederaufgebaut. Die Dachbalkendecken mussten teilweise gänzlich neu eingefügt werden. Die noch vorhandenen alten Balken waren größtenteils vermulmt oder mit Pilzen (Hausschwamm) befallen und mussten entsorgt werden. Zusammen mit den Stahlbindern wurde ein Holzdachstuhl errichtet, der sich am originalen Dachstuhl ausrichtete. Es entstand also straßen- wie hofseitig ein steil geneigtes unteres Dach, das mit einem sehr flachen oberen Dach verbunden wurde (so genanntes *Leipziger Dach*). Dieses Dach konnte also vollständig für Wohnzwecke ausgebaut werden. Es wurden, wie der Dachgeschossplan (Abb.279) zeigt, zwei Dachwohnungen mit Küche und Bad und ein Ein-Zimmer-Appartement eingerichtet. Über das im Ein-Zimmer-Appartement notwendige Fluchtfenster im Brandfalle haben wir im Kapitel Brandschutz berichtet.

Das untere steil geneigte Dach wurde verbrettert und verschiefert. Auf der Bretterung unter dem Schiefer wurde eine Bitumenbahn aufgenagelt. Das obere flach geneigte Dach wurde mit zwei Lagen gedeckt: 1. Lage Glasgewebe-Bitumenbahn G 200 DD, 2. Lage: Elastomer-Bitumenbahn mit Polyestervlieseinlage 250 g/m^2. Zusätzlich zu den verzinkten Dachgauben, dem Aufzugkopf und den liegenden Fenstern wurden auch zwei Dachterrassen errichtet. Diese stellten an die Abdichtungstechnik erhebliche Anforderungen. Sie liegen im unteren Steildachbereich und wurden deshalb an ihren Rückwänden verschiefert. Die Ortgänge und gemauerten Geländer wurden mit Zinkblech verwahrt. Der Wasserablauf musste durch den hölzernen Traufensims geführt werden, um ihn dann in das Regenfallrohr einleiten zu können. Selbstverständlich wurde auch ein Notüberlauf eingebaut, der in die tiefer liegende Dachrinne entwässert.

Innen wurde das Dach mit Trockenbauplatten der Feuerwiderstandsklasse F-90 verkleidet. Es wurde eine belüftete Wärmedämmung zwischen den Holzbalken eingebaut. Unter der Wärmedämmung wurde eine PE-Folie als Dampfbremse angeordnet.

Die neue Straßenfassade zeigt oben die verzinkten Dachgauben und das verschieferte, steile, untere Dach. Diese Ergänzung der unter Denkmalschutz stehenden Fassade wurde auch vom Leipziger Denkmalamt anerkannt.

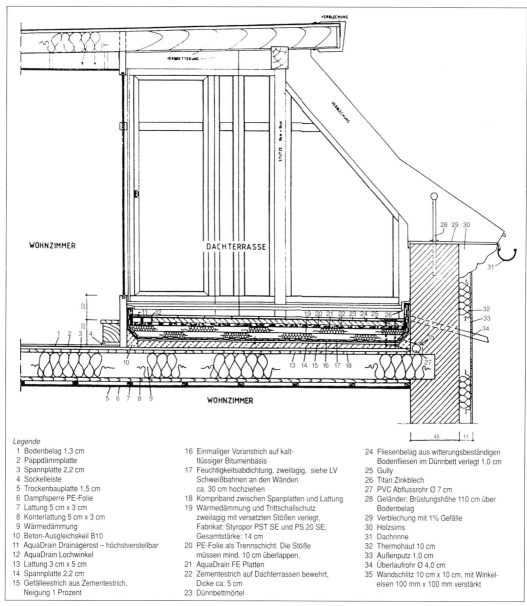

Abb. 278: Leipzig. Dachterrassen-Detail.

Legende

1 Bodenbelag 1,3 cm
2 Pappdämmplatte
3 Spannplatte 2,2 cm
4 Sockelleiste
5 Trockenbauplatte 1,5 cm
6 Dampfsperre PE-Folie
7 Lattung 5 cm x 3 cm
8 Konterlattung 5 cm x 3 cm
9 Wärmedämmung
10 Beton-Ausgleichskeil B10
11 AquaDrain Drainagerost – höchstverstellbar
12 AquaDrain Lochwinkel
13 Lattung 3 cm x 5 cm
14 Spannplatte 2,2 cm
15 Gefälleestrich aus Zementestrich, Neigung 1 Prozent

16 Einmaliger Voranstrich auf kaltflüssiger Bitumenbasis
17 Feuchtigkeitsabdichtung, zweilagig, siehe LV Schweißbahnen an den Wänden ca. 30 cm hochziehen
18 Kompriband zwischen Spanplatten und Lattung
19 Wärmedämmung und Trittschallschutz zweilagig mit versetzten Stößen verlegt, Fabrikat: Styropor PST SE und PS 20 SE, Gesamtstärke: 14 cm
20 PE-Folie als Trennschicht. Die Stöße müssen mind. 10 cm überlappen,
21 AquaDrain FE Platten
22 Zementestrich auf Dachterrassen bewehrt, Dicke 5 cm
23 Dünnbettmörtel

24 Fliesenbelag aus witterungsbeständigen Bodenfliesen im Dünnbett verlegt 1,0 cm
25 Gully
26 Titan Zinkblech
27 PVC Abflussrohr Ø 7 cm
28 Geländer; Brüstungshöhe 110 cm über Bodenbelag
29 Verblechung mit 1% Gefälle
30 Holzsims
31 Dachrinne
32 Thermohaut 10 cm
33 Außenputz 1,0 cm
34 Überlaufrohr Ø 4,0 cm
35 Wandschlitz 10 cm x 10 cm, mit Winkeleisen 100 mm x 100 mm verstärkt

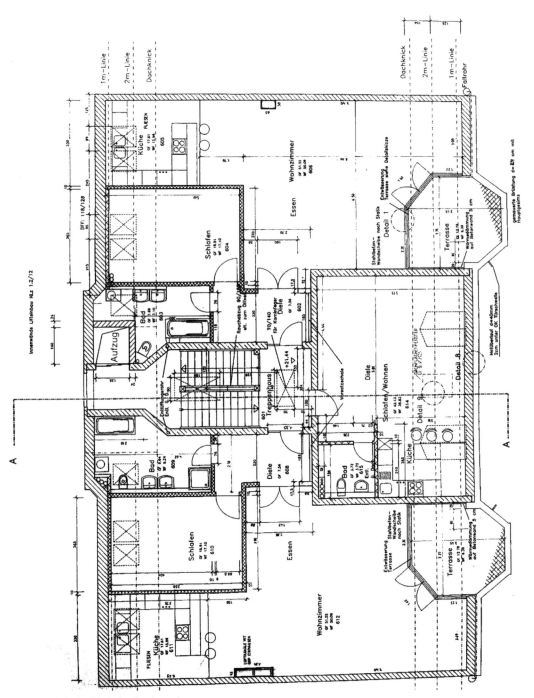

Abb. 279: Leipzig. Werkplan Dachgeschoss.

Abb. 280:
Leipzig. Dach vor
der Instandsetzung
– Straßenseite.

Abb. 281:
Leipzig. Dach wäh-
rend der Instandset-
zung.

349

Abb. 283:
Leipzig.
Straßenseite des
Gebäudes nach
erfolgreicher
Instandsetzung.

14.3   Mehrfamilien-Wohnhaus in Leipzig

Der nicht ausgebaute Speicher des Wohnhauses war stark durch Feuchte beeinträchtigt. Außerdem erwies er sich als für einen Ausbau geringfügig zu niedrig. Deshalb musste das Dach zunächst um gut 50 cm angehoben werden. Der Dachgeschossausbau wurde im Jahre 1998 durchgeführt.

Wieder handelte es sich um ein Dach, das hof- und straßenseitig als steiles unteres Dach mit einem flach geneigten Mittelteil dazwischen konstruiert war. Die originalen Eingangstüren in das Geschoss hinein sollten erhalten bleiben. Deshalb wurden besondere Anforderungen an eine sehr geringe Fußbodenhöhe gestellt. Diese haben wir zeichnerisch detailliert. (Abb. 288 Zeichnung, Details 3 und 4)

Um historische Fassadenelemente von 1907 aufzunehmen, wurden die Gauben an der Straßenseite als rundbogige, mit Zinkblech verwahrte Dachgauben konzipiert. Auf der Hofseite wurden im steil geneigten Unterdach liegende Dachflächenfenster eingebaut. Durch Lichtkuppeln auf dem Dach konnten auch die Räume in der Hausmitte mit Tageslicht versorgt werden.

Auch hier wurde der Dachgeschossausbau mit Trockenbauplatten aus Gips durchgeführt. Dies zeigt unsere Zeichnung Abb. 288, Details 1 und 2. Die Dachräume wirken großzügig und stellen hervorragende Wohnungen dar. Sie konnten trotz großem Wohnungsleerstand in Leipzig rasch vermietet werden.

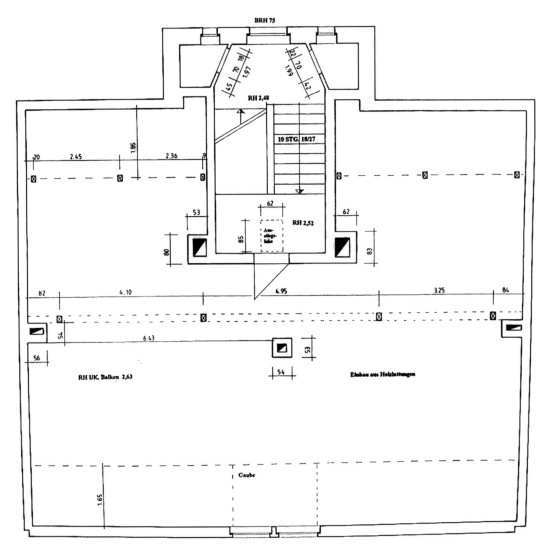

Abb. 284:
Leipzig. Dachge-
schoss – Grundriss:
Bestand.

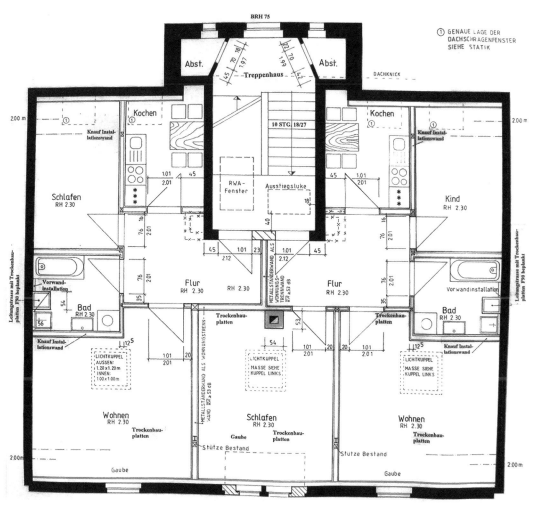

Abb. 285:
Leipzig. Dachgeschoss – Grundriss: Werkplan.

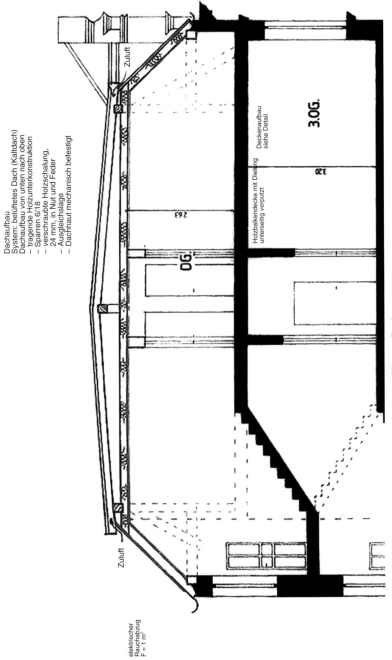

Dachaufbau
System: belüftetes Dach (Kaltdach)
Dachaufbau von unten nach oben
– tragende Holzunterkonstruktion
– Sparren 6/18
– verschraubte Holzschalung,
  24 mm, in Nut und Feder
– Ausgleichslage
– Dachhaut mechanisch befestigt

Zuluft

Zuluft

elektrischer
Rauchabzug
F = 1 m²

3.OG.

OG.

Holzbalkendecke mit Dielung
unterseitig verputzt

Deckenaufbau
siehe Detail

Abb. 286: Leipzig. Dachgeschoss – Schnitt: Gebäude mit belüftetem Dach.

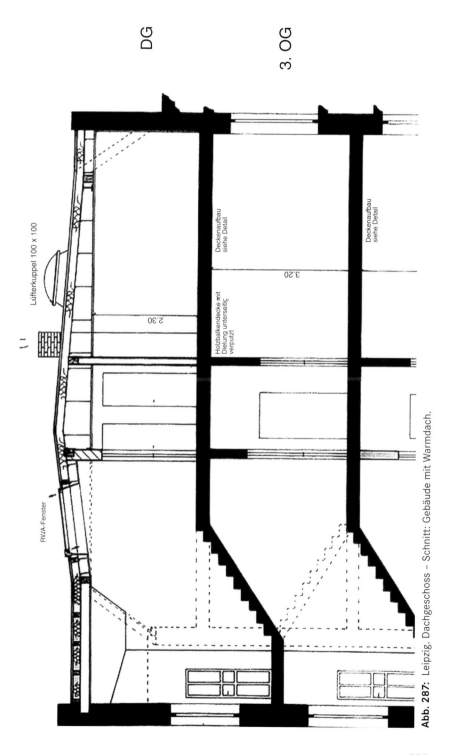

DG

3. OG

Lüfterkuppel 100 x 100

RV/A-Fenster

Deckenaufbau siehe Detail

Deckenaufbau siehe Detail

Holzbalkendecke mit Dielung unterseitig verputzt

2.30

3.20

Abb. 287: Leipzig. Dachgeschoss – Schnitt: Gebäude mit Warmdach.

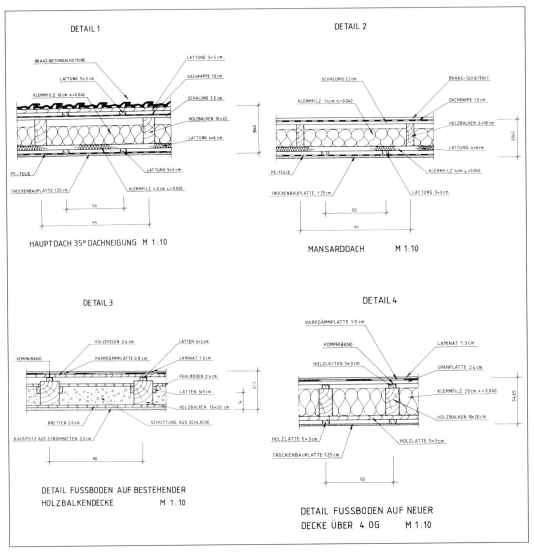

Abb. 288: Leipzig. Details.
Detail 1: Hauptdach - Querschnitt. Detail 2: Mansarddach – Querschnitt
Detail 3: Fußboden auf bestehender Holzbalkendecke. Detail 4: Fußboden auf neuer Holzbalkendecke.

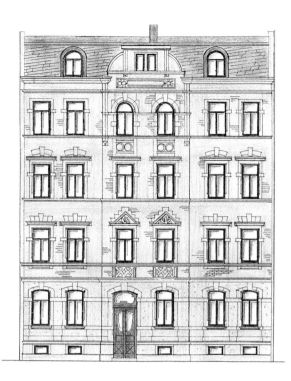

Abb. 289:
Leipzig. Farbige Gestaltung der Fassade.

Abb. 290:
Leipzig. Farbige Gestaltung der Hofansicht.

Abb. 291:
Leipzig. Nichtaus-
gebauter Speicher.

Abb. 292:
Leipzig. Instand ge-
setzte Holzkon-
struktion des Dach-
stuhls.

358

14.4 Wohnhaus in Schkeuditz

Das Jugendstilgebäude mit seinem Haupthaus mit Satteldach und seinem Anbau mit Mansardendach wurde um 1905 errichtet. Mehrere Umbaumaßnahmen
hatten Verluste seines Jugendstildekors zur Folge. Auch das Dach war teilweise
ausgebaut worden. Dabei wurden Eingriffe in das Dachverbandsholz ausgeführt.

Das Dach des Haupthauses war mit Tonziegeln, das des Hinterhauses in seinem
unteren steilen Bereich mit Bitu-Schindeln und in seinem oberen flachen Bereich mit Teerbahnen gedeckt. Die Dächer waren beide undicht geworden und
mussten gänzlich erneuert werden. Auch der vorhandene Dachgeschossausbau
war ohne Wärmedämmung und musste deshalb entfernt werden.

Es wurde zunächst geplant, das Dach in zwei Ebenen auszubauen: einmal unten
als Dachwohnung, zum anderen oben als ein Atelier. Beide Ebenen sollten mit
einer Spindeltreppe verbunden werden. Diesen Plan gab der Bauherr später jedoch auf, weil dieser doppelte Ausbau erhebliche Eingriffe in das Dachwerk erfordert hätte und deshalb viel zu teuer gekommen wäre.

Das Hauptdach wurde erneut mit Tonziegeln gedeckt und fachgerecht wärmegedämmt. Das vorhandene alte Zwerchhaus wurde in seinen Jugendstilformen
rekonstruiert, d. h. es wurden ihm Fachwerkbohlen aufgedübelt. Auch die Ju-
genstilfenster wurden einem erhaltenen Originalfenster nachgebaut. Sie geben
der Dachgeschosswohnung ihr unverwechselbares Flair.

Der Anbau wurde im steilen Dachbereich verschiefert. Obenauf setzten wir eine
Dachterrasse. Diese wurde mit Dachplatten im Kiesbett belegt. Unter dem Kiesbett wurde eine Drainmatte auf einer zweilagigen Bitumendichtungsbahn verlegt. Vor dem Zugang zur Dachterrasse vom Hauptdach her wurde eine Drain-
rinne eingebaut, denn die Anschlusshöhen waren für die normgerechte
Ausführung der Türschwelle durch die vorhandenen Altbauhöhen nicht gegeben. Das Geländer der Dachterrasse wurde seitlich an der Außenwand des An-
baues befestigt.

Besonders einfühlsam hat der Restaurator die in geringen Resten erhaltene Ju-
gendstildekoration auf den Unterseiten der Treppenläufe restauriert. Sie stim-
men auf das Jugendstil-Ambiente des ausgebauten Dachgeschosses ein.

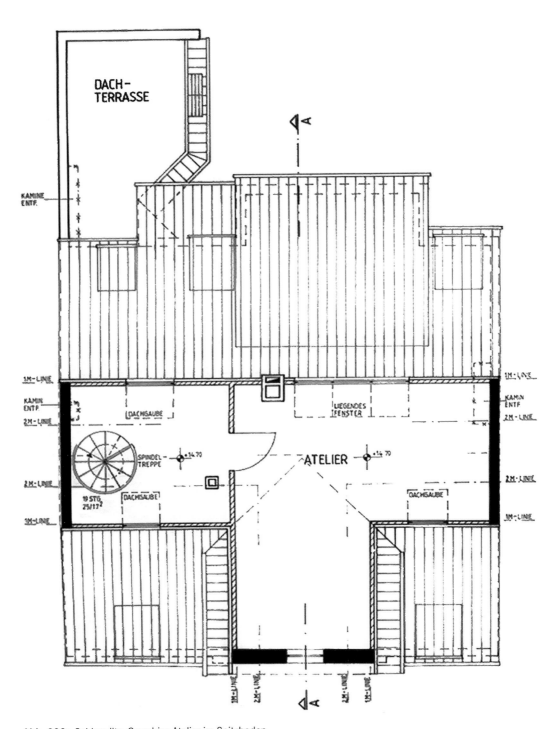

Abb. 293: Schkeuditz. Grundriss Atelier im Spitzboden.

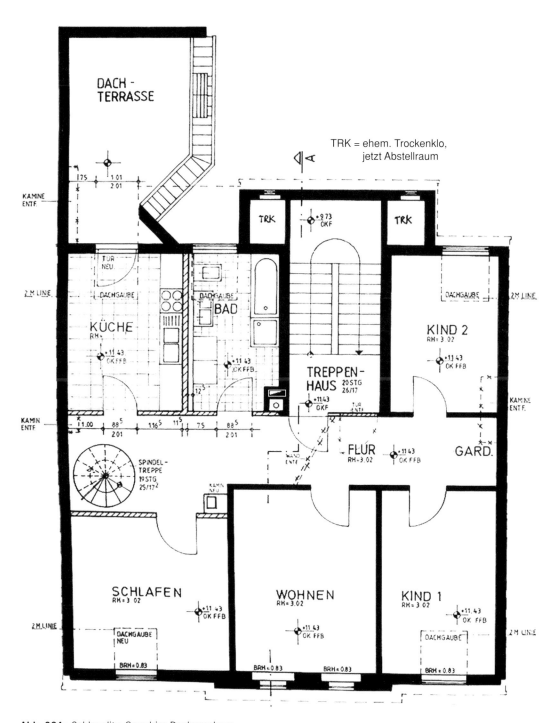

TRK = ehem. Trockenklo,
jetzt Abstellraum

Abb. 294: Schkeuditz. Grundriss Dachgeschoss.

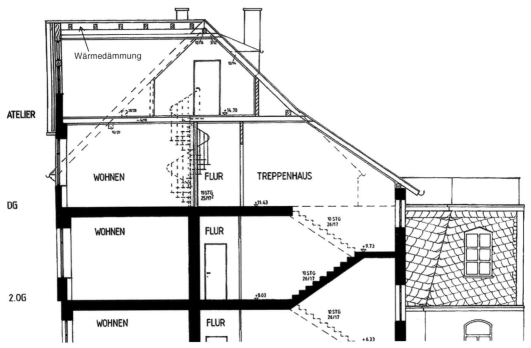

Abb. 295: Schkeuditz. Schnitt.

Abb. 296:
Schkeuditz. Straßenansicht vor der Instandsetzung.

Abb. 297:
Schkeuditz. Ausgebautes, neues Dachgeschoss – Straßenseite.

Abb. 298:
Schkeuditz.
Hofansicht vor der
Instandsetzung.

Abb. 299:
Schkeuditz.
Alter
Dachgeschoss-
ausbau.

Abb. 300:
Schkeuditz.
Ausgebautes, neues
Dachgeschoss –
Hofseite.

Abb. 301:
Schkeuditz.
Nach Befund ge-
staltetes Jugendstil-
Treppenhaus.

Abb. 302:
Schkeuditz. Erhalten gebliebene Wohnungseingangstüren im Dachgeschoss.

Abb. 303:
Schkeuditz. Ein einem erhalten gebliebenen Jugendstil-Gaubenfenster nachgebautes neues im Dachgeschoss.

Abb. 304:
Schkeuditz. Neues Bad im Dachgeschoss.

Literatur

Normen und Regelwerke

Europäische Normen:
Beuth-Verlag, Berlin.

DIN EN 335-1, Ausgabe: 1992-09
Dauerhaftigkeit von Holz und Holzprodukten; Definition der Gefährdungsklassen für einen biologischen Befall; Teil 1: Allgemeines; Deutsche Fassung EN 335-1:1992

DIN EN 335-2, Ausgabe: 1992-10
Dauerhaftigkeit von Holz und Holzprodukten; Definitionen der Gefährdungsklassen für einen biologischen Befall; Teil 2: Anwendung bei Vollholz; Deutsche Fassung EN 335-2:1992

DIN EN 335-3, Ausgabe: 1995-09
Dauerhaftigkeit von Holz und Holzprodukten – Definition der Gefährdungsklassen für einen biologischen Befall – Teil 3: Anwendung bei Holzwerkstoffen; Deutsche Fassung EN 335-3:1995

DIN EN 490, Ausgabe: 1994-05
Dach- und Formsteine aus Beton; Produktanforderungen; Deutsche Fassung EN 490:1994

DIN EN 494, Ausgabe: 1999-07
Faserzement-Wellplatten und dazugehörige Formteile für Dächer – Produktspezifikation und Prüfverfahren (enthält AC1:1995, AC:1996 und A1:1999); Deutsche Fassung EN 494:1994 + AC1:1995 + AC:1996 + A1:1999

(Norm-Entwurf) **DIN EN 494**, Ausgabe: 2003-10
Faserzement-Wellplatten und dazugehörige Formteile – Produktspezifikation und Prüfverfahren; Deutsche Fassung prEN 494:2003

DIN EN 517, Ausgabe: 1995-08
Vorgefertigte Zubehörteile für Dacheindeckungen – Sicherheitsdachhaken; Deutsche Fassung EN 517:1995 DIN

DIN EN 538, Ausgabe: 1994-11
Tondachziegel für überlappende Verlegung – Prüfung der Biegetragfähigkeit; Deutsche Fassung EN 538:1994

DIN EN 539-1, Ausgabe: 1994-11
Tondachziegel für überlappende Verlegung – Bestimmung der physikalischen Eigenschaften – Teil 1: Prüfung der Wasserundurchlässigkeit; Deutsche Fassung EN 539-1:1994

DIN EN 539-2, Ausgabe: 1998-07

Tondachziegel für überlappende Verlegung – Bestimmung der physikalischen Eigenschaften – Teil 2: Prüfung der Frostwiderstandsfähigkeit; Deutsche Fassung EN 539-2:1998

DIN EN 832, Ausgabe: 2003-06

Wärmetechnisches Verhalten von Gebäuden – Berechnung des Heizenergiebedarfs – Wohngebäude (enthält Berichtigung AC:2002); Deutsche Fassung EN 832:1998 + AC:2002

DIN EN 1024, Ausgabe: 1997-06

Tondachziegel für überlappende Verlegung – Bestimmung der geometrischen Kennwerte; Deutsche Fassung EN 1024:1997

DIN EN 1304, Ausgabe: 2000-07

Dachziegel für überlappende Verlegung – Definitionen und Produktanforderungen (enthält Änderung A1:1999); Deutsche Fassung EN 1304:1998 + A1:1999, Ausgabe: Juli 2000

DIN EN ISO 10077-1, Ausgabe: 2000-11

Wärmetechnisches Verhalten von Fenstern, Türen und Abschlüssen – Berechnung des Wärmedurchgangskoeffizienten - Teil 1: Vereinfachtes Verfahren (ISO 10077-1:2000); Deutsche Fassung EN ISO 10077-1:2000

DIN EN ISO 10077-2, Ausgabe: 2003-12

Wärmetechnisches Verhalten von Fenstern, Türen und Abschlüssen – Berechnung des Wärmedurchgangskoeffizienten - Teil 2: Numerisches Verfahren für Rahmen (ISO/FDIS 10077-2:2003); Deutsche Fassung EN ISO 10077-2:2003

DIN EN ISO 10211-1, Ausgabe: 1995-11

Wärmebrücken im Hochbau – Wärmeströme und Oberflächentemperaturen – Teil 1: Allgemeine Berechnungsverfahren (ISO 10211-1:1995); Deutsche Fassung EN ISO 10211-1:1995

DIN EN ISO 10211-2, Ausgabe: 2001-06

Wärmebrücken im Hochbau – Berechnung der Wärmeströme und Oberflächentemperaturen – Teil 2: Linienförmige Wärmebrücken (ISO 10211-2:2001); Deutsche Fassung EN ISO 10211-2:2001

DIN EN 12354-1, Ausgabe: 2000-12

Bauakustik – Berechnung der akustischen Eigenschaften von Gebäuden aus den Bauteileigenschaften - Teil 1: Luftschalldämmung zwischen Räumen; Deutsche Fassung EN 12354-1:2000

DIN EN 12354-2, Ausgabe: 2000-09

Bauakustik – Berechnung der akustischen Eigenschaften von Gebäuden aus den Bauteileigenschaften - Teil 2: Trittschalldämmung zwischen Räumen; Deutsche Fassung EN 12354-2:2000

DIN EN ISO 13788, Ausgabe: 2001-11

Wärme- und feuchtetechnisches Verhalten von Bauteilen und Bauelementen – Raumseitige Oberflächentemperatur zur Vermeidung kritischer Oberflächenfeuchte und Tauwasserbildung im Bauteilinneren – Berechnungsverfahren (ISO 13788:2001); Deutsche Fassung EN ISO 13788:2001

(Norm Entwurf) **DIN EN 14891**, Ausgabe: 2004-05

Flüssig zu verarbeitende Abdichtungsstoffe im Verbund mit Fliesen- und Plattenbelägen – Definitionen, Spezifikationen und Prüfverfahren; Deutsche Fassung prEN 14891:2004

Deutsche Normen DIN:

Beuth-Verlag, Berlin.

DIN 274 T1, 2EErl ND, Bauaufsicht; Technische Baubestimmungen; DIN 274 Teil 1 und 2; Asbestzement-Wellplatten und Anforderungen an ebene Asbestzement-Tafeln, Ausgabe: 1972-06-14. Veröffentlicht in: ND MBl (1972)

DIN 1052, Ausgabe: 2004-08

Entwurf, Berechnung und Bemessung von Holzbauwerken – Allgemeine Bemessungsregeln und Bemessungsregeln für den Hochbau

DIN 1102, Ausgabe: 1989-11

Holzwolle-Leichtbauplatten und Mehrschicht-Leichtbauplatten nach DIN 1101 als Dämmstoffe für das Bauwesen; Verwendung, Verarbeitung

DIN 4102-1, Ausgabe: 1998-05

Brandverhalten von Baustoffen und Bauteilen – Teil 1: Baustoffe; Begriffe, Anforderungen und Prüfungen

DIN 4102-2, Ausgabe: 1977-09

Brandverhalten von Baustoffen und Bauteilen; Bauteile, Begriffe, Anforderungen und Prüfungen

DIN 4102-3, Ausgabe: 1977-09

Brandverhalten von Baustoffen und Bauteilen; Brandwände und nichttragende Außenwände, Begriffe, Anforderungen und Prüfungen

DIN 4102-04, Ausgabe: 1994-03

Brandverhalten von Baustoffen und Bauteilen; Zusammenstellung und Anwendung klassifizierter Baustoffe, Bauteile und Sonderbauteile

DIN 4102-4 Berichtigung 1, Ausgabe: 1995-05

Berichtigungen zu DIN 4102-4:1994-03

DIN 4102-4 Berichtigung 2, Ausgabe: 1996-04

Berichtigungen zu DIN 4102-4:1994-03

DIN 4102-4 Berichtigung 3, Ausgabe: 1998-09

Berichtigungen zu DIN 4102-4:1994-03

(Norm-Entwurf) **DIN 4102-4/A1**, Ausgabe: 2003-11

Brandverhalten von Baustoffen und Bauteilen – Teil 4: Zusammenstellung und Anwendung klassifizierter Baustoffe, Bauteile und Sonderbauteile; Änderung A1

DIN 4102-5, Ausgabe: 1977-09

Brandverhalten von Baustoffen und Bauteilen; Feuerschutzabschlüsse, Abschlüsse in Fahrschachtwänden und gegen Feuer widerstandsfähige Verglasungen, Begriffe, Anforderungen und Prüfungen

DIN 4102-6, Ausgabe: 1977-09

Brandverhalten von Baustoffen und Bauteilen; Lüftungsleitungen, Begriffe, Anforderungen und Prüfungen

(Vornorm) **DIN V 105-2**, Ausgabe: 2002-06

Mauerziegel – Teil 2: Wärmedämmziegel und Hochlochziegel der Rohdichteklassen ≤ 1,0

(Norm- Entwurf) **DIN 1986-3**, Ausgabe: 2003-05

Entwässerungsanlagen für Gebäude und Grundstücke – Teil 3: Regeln für Betrieb und Wartung

DIN 4074-1, Ausgabe: 2003-06

Sortierung von Holz nach der Tragfähigkeit – Teil 1: Nadelschnittholz

DIN 4074-2, Ausgabe: 1958-12

Bauholz für Holzbauteile; Gütebedingungen für Baurundholz (Nadelholz)

DIN 4074-3, Ausgabe: 2003-06

Sortierung von Holz nach der Tragfähigkeit – Teil 3: Sortiermaschinen für Schnittholz, Anforderungen und Prüfung

DIN 4074-4, Ausgabe: 2003-06

Sortierung von Holz nach der Tragfähigkeit – Teil 4: Nachweis der Eignung zur maschinellen Schnittholzsortierung

DIN 4074-5, Ausgabe: 2003-06

Sortierung von Holz nach der Tragfähigkeit – Teil 5: Laubschnittholz

OENORM DIN 4074-1, Ausgabe: 1996-06-01

Sortierung von Nadelholz nach der Tragfähigkeit – Nadelschnittholz

DIN 4108-1, Ausgabe: 1981-08

Wärmeschutz im Hochbau; Größen und Einheiten

DIN 4108-2, Ausgabe: 2003-07

Wärmeschutz und Energie-Einsparung in Gebäuden – Teil 2: Mindestanforderungen an den Wärmeschutz

DIN 4108-3, Ausgabe: 2001-07

Wärmeschutz und Energie-Einsparung in Gebäuden – Teil 3: Klimabedingter Feuchteschutz; Anforderungen, Berechnungsverfahren und Hinweise für Planung und Ausführung

DIN 4108-3 Berichtigung 1, Ausgabe: 2002-04
  Berichtigungen zu DIN 4108-3:2001-07

(Vornorm) **DIN V 4108-4**, Ausgabe: 2004-07
  Wärmeschutz und Energie-Einsparung in Gebäuden – Teil 4: Wärme- und feuchteschutztechnische Bemessungswerte

DIN 4108 Beiblatt 1, Ausgabe: 1982-04
  Wärmeschutz im Hochbau; Inhaltsverzeichnisse; Stichwortverzeichnis

DIN 4108 Beiblatt 2, Ausgabe: 2004-01
  Wärmeschutz und Energie-Einsparung in Gebäuden – Wärmebrücken – Planungs- und Ausführungsbeispiele

DIN 4108-5, Ausgabe: 1981-08
  Berechnungsverfahren

(Vornorm) **DIN V 4108-6**, Ausgabe: 2003-06
  Wärmeschutz und Energie-Einsparung in Gebäuden – Teil 6: Berechnung des Jahresheizwärme- und des Jahresheizenergiebedarfs

(Vornorm) **DIN V 4108-10 Berichtigung 1**, Ausgabe: 2004-09
  Berichtigungen zu DIN V 4108-10:2004-06

DIN-Taschenbuch 158 Wärmeschutz 1, Bauwerksplanung, Wärmeschutz, Wärmebedarf, Ausgabe: 2004-03. Berlin: Beuth

DIN 4109, Ausgabe: 1989-11
  Schallschutz im Hochbau; Anforderungen und Nachweis

DIN 4109 Beiblatt 1, Ausgabe: 1989-11
  Schallschutz im Hochbau; Ausführungsbeispiele und Rechenverfahren

DIN 4109 Beiblatt 1/A1, Ausgabe: 2003-09
  Schallschutz im Hochbau – Ausführungsbeispiele und Rechenverfahren; Änderung A1

DIN 4109 Beiblatt 2, Ausgabe: 1989-11
  Schallschutz im Hochbau; Hinweise für Planung und Ausführung; Vorschläge für einen erhöhten Schallschutz; Empfehlungen für den Schallschutz im eigenen Wohn- oder Arbeitsbereich

DIN 4109 Beiblatt 3, Ausgabe: 1996-06
  Schallschutz im Hochbau – Berechnung von $R'_{w,R}$ für den Nachweis der Eignung nach DIN 4109 aus Werten des im Labor ermittelten Schalldämm-Maßes R_w

DIN 4109-11, Ausgabe: 2003-09
  Schallschutz im Hochbau – Teil 11: Nachweis des Schallschutzes; Güte- und Eignungsprüfung

DIN 16726, Ausgabe: 1986-12
  Kunststoff-Dachbahnen; Kunststoff-Dichtungsbahnen; Prüfungen

DIN 16736, Ausgabe: 1986-12

Kunststoff-Dachbahnen und Kunststoff-Dichtungsbahnen aus chloriertem Polyethylen (PE-C), einseitig kaschiert; Anforderungen

DIN 18159-1, Ausgabe: 1991-12

Schaumkunststoffe als Ortschäume im Bauwesen; Polyurethan-Ortschaum für die Wärme- und Kältedämmung; Anwendung, Eigenschaften, Ausführung, Prüfung

DIN 18159-2, Ausgabe: 1978-06

Schaumkunststoffe als Ortschäume im Bauwesen; Harnstoff-Formaldehydharz-Ortschaum für die Wärmedämmung, Anwendung, Eigenschaften, Ausführung, Prüfung

DIN 18164-2, Ausgabe: 2001-09

Schaumkunststoffe als Dämmstoffe für das Bauwesen – Teil 2: Dämmstoffe für die Trittschalldämmung aus expandiertem Polystyrol-Hartschaum

DIN 18181, Ausgabe: 1990-09

Gipskartonplatten im Hochbau; Grundlagen für die Verarbeitung

DIN 18192, Ausgabe: 1985-08

Verfestigtes Polyestervlies als Einlage für Bitumen- und Polymerbitumenbahnen; Begriff, Bezeichnung, Anforderungen, Prüfung

DIN 18195-5, Ausgabe: 2000-08

Bauwerksabdichtungen – Teil 5: Abdichtungen gegen nichtdrückendes Wasser auf Deckenflächen und in Nassräumen; Bemessung und Ausführung

DIN 52219, Ausgabe: 1993-07

Bauakustische Prüfungen; Messung von Geräuschen der Wasserinstallationen in Gebäuden

DIN 52617, Ausgabe: 1987-05

Bestimmung des Wasseraufnahmekoeffizienten von Baustoffen

DIN 68365, Ausgabe: 1957-11

Bauholz für Zimmerarbeiten; Gütebedingungen

DIN 68755-1, Ausgabe: 2000-06

Holzfaserdämmstoffe für das Bauwesen – Teil 1: Dämmstoffe für die Wärmedämmung

DIN 68755-2, Ausgabe: 2000-06

Holzfaserdämmstoffe für das Bauwesen – Teil 2: Dämmstoffe für die Trittschalldämmung

DIN 68800-3, Ausgabe: 1990-04

Holzschutz; Vorbeugender chemischer Holzschutz

Beuth-Kommentare Holzschutz,

Baulich – chemisch – bekämpfend, Erläuterungen zu DIN 68800-2, -3, -4, Ausgabe: 1998-03

DIN 18338, Ausgabe: 2002-12

VOB Vergabe- und Vertragsordnung für Bauleistungen – Teil C: Allgemeine Technische Vertragsbedingungen für Bauleistungen (ATV); Dachdeckungs- und Dachabdichtungsarbeiten

Zentralverband des Deutschen Dachdeckerhandwerks, Fachverband Dach-, Wand- und Abdichtungstechnik e.V. (Hrsg.): Deutsches Dach- deckerhandwerk – Regelwerk / CD-ROM

Köln: R. Müller 2004 [DACHDECKERREGELN]

VDI 2081 Blatt 1, Ausgabe: 2001-07

Geräuscherzeugung und Lärmminderung in Raumlufttechnischen Anlagen

VDI 3469 Blatt 10, Ausgabe: 1999-12

Emissionsminderung – Faserförmige Stäube – Verarbeitung von Erzeugnis- sen aus künstlichen Mineralfasern (KMF)

RWE Bau-Handbuch. 13. Ausg. Mit CD-ROM. Frankfurt/Main: VWEW Energie- verlag 2004

Fachverband Deutsches Fliesengewerbe im Zentralverband des Deutschen Baugewerbes e.V., Berlin (Hrsg.): Merkblatt Hinweise für die Ausführung von Abdichtungen im Verbund mit Bekleidungen und Belägen aus Fliesen und Platten für Innenbereiche. Stand Februar 1988. Köln: R. Müller 1988

(Merkblätter und Hinweise – Fachverband Deutsches Fliesengewerbe im Zentralverband des Deutschen Baugewerbes e.V.)

[BADABDICHTUNG]

Fachverband Deutsches Fliesengewerbe im Zentralverband des Deutschen Baugewerbes e.V. (Hrsg.): Prüfung von Abdichtungsstoffen und Abdich- tungssystemen für die Abdichtung nach dem Merkblatt „Hinweise für die Ausführung von Abdichtungen im Verbund mit Bekleidungen und Belägen aus Fliesen und Platten für Innenbereiche". Stand Februar 1988. Berlin: Selbstverlag 1988

(Merkblätter und Hinweise – Fachverband Deutsches Fliesengewerbe im Zentralverband des Deutschen Baugewerbes e.V.)

[PRÜFUNG VON BADABDICHTUNGEN]

Quellen

Archiv des Erzbistums Bamberg

[AEB]

Staatsarchiv Nürnberg

[STAN]

Evang. – Luth. Kirchenarchiv Weisendorf

[KA WEISENDORF]

Lexika und Standardwerke

[3. BAUSCHADENSBERICHT] Bundesministerium für Raumordnung, Bauwesen und Städtebau (Hrsg.): Dritter Bericht über Schäden an Gebäuden. Bonn: Selbstverlag März 1996.

[BAYER-HYGIENEBROSCHÜRE] Bayer-Werke (Hrsg.): Bayer-Hygienebroschüre. Leverkusen: Selbstverlag.

[BAYBO] Simon, Alfred: Bayerische Bauordnung mit ausführlichen Erläuterungen, Übersichten und grafischen Darstellungen, den Durchführungsbestimmungen sowie dem Baugesetzbuch und weiteren bundes- und landesrechtlichen Vorschriften. Grundwerk einschl. 47. Erg.-Lfg. August 1993. 2 Bände. 11. Aufl. Mit allen Ergänzungslieferungen. München: C.H.Beck 1993.

[BECK/HENNING] Beck, Friedrich; Henning, Eckart (Hrsg.): Die archivalischen Quellen, eine Einführung in ihre Benutzung. 2. Aufl. Weimar 1994. (Veröffentlichungen des Brandenburgischen Hauptarchivs; 19)

[DACHATLAS] Institut für Internationale Architektur-Dokumentation GmbH, München; Arbeitsgemeinschaft Ziegeldach e. V., Bonn (Hrsg.); Schunk, Eberhard; Oster, Hans Jochen; Barthel, Rainer; Kießl, Kurt: Dach Atlas. Geneigte Dächer. 4., neubearb. Aufl. Basel: Birkhäuser 2002.

[DEHIO-FRANKEN] Breuer, Tilmann; Oswald, Friedrich; Piel, Friedrich; Schwemmer, Wilhelm (Bearb.); Dehio, Georg: Handbuch der Deutschen Kunstdenkmäler. Bayern I. Franken. 2. Aufl. München: Deutscher Kunstverlag 1999.

[DEHIO IV: MÜNCHEN UND OBERBAYERN] Götz, Ernst; Habel, Heinrich; Hemmeter, Karlheinz; Kobler, Friedrich; Kühlental, Michael; Kratzsch, Klaus; Lampl, Sixtus; Meier, Michael; Neu, Wilhelm; Paula, Georg; Rauch, Alexander; Schmid, Rainer; Trenner, Florian (Bearb.); Dehio, Georg: Handbuch der Deutschen Kunstdenkmäler. Bayern IV. München und Oberbayern. München: Deutscher Kunstverlag 1990.

[GRÜNE] Grüne, S.: Handbuch zur Bestimmung der europäischen Borkenkäfer. Hannover: Verlag M. & H. 1979.

[HEINRICHSEN 2003] Landesamt für Denkmalpflege Hessen (Hrsg.); Heinrichsen, Christoph: Reparaturen und statische Sicherungen an historischen Holzkonstruktionen. Internationales Symposium des Deutschen Nationalkomitees von ICOMOS und des Landesamtes für Denkmalpflege Hessen. Stuttgart: Theiss 2003.

[MATTHAEY] Matthaey, Carl Ludwig: Der vollkommene Dachdecker oder Unterricht in allen bis jetzt bekannten vorzüglichst anwendbaren und mit unsern Dachconstructionen und Bauverordnungen vereinbaren Dachbedeckungsarten. Ein unentbehrliches Handbuch für alle, denen an einer gegen Wind und Wetter gesicherten und möglichst dauerhaften, feuersichern Bedeckung ihrer Häuser und Wohnungen gelegen ist ... (Reprint. Nachdruck der Ausg. Ilmenau, Voigt, 1833). Hannover: Th. Schäfer 2000. (Neuer Schauplatz der Künste und Handwerke)

[OBDERBECKE] Obderbecke, Adolf: Der Dachdecker und Bauklempner. Für den Schulgebrauch und die Baupraxis. Leipzig: Vogt 1901. (Reprint. Nachdruck der Ausg. Leipzig: Vogt 1901). Hannover: Th. Schäfer 1991.

[RDK I] Gall, Ernst; Heydenreich, L.H. (Hrsg.): Reallexikon zur Deutschen Kunstgeschichte. Band 1. Stuttgart 1954.

[RDK III] Gall, Ernst; Heydenreich, L.H. (Hrsg.): Reallexikon zur Deutschen Kunstgeschichte. Band 3. Stuttgart 1954.

[SÄCHSBO] Jäde, Henning; Dirnberger, Franz; Böhme, Günther; Bauer, Karl; Michel, Thomas; Weber, Gabriele (Bearb.): Bauordnungsrecht Sachsen. Kommentar mit Durchführungsvorschriften. München 1998.

[WENDEHORST 1996] Wetzell, Otto W. (Hrsg.); Wendehorst, Reinhard: Bautechnische Zahlentafeln. 27., neubearb. u. erw. Aufl. Stuttgart: Teubner 1996.

[WTA – MAUERWERKSDIAGNOSTIK] Wissenschaftlich-Technische Arbeitsgemeinschaft für Bauwerkserhaltung und Denkmalpflege e.V. WTA, Referat Mauerwerk (Hrsg.): Beurteilung von Mauerwerk – Mauerwerksdiagnostik. Zürich 1999. (WTA-Merkblatt; 4-5-99)

Abgekürzt wiedergegebene Literatur

[ALTWASSER, 1988] Freies Institut für Bauforschung und Dokumentation e.V. (Hrsg.); Altwasser, Elmar: Das ehemalige Rathaus in Bad Homburg/Ober-Eschbach. Beiträge zur achthundertjährigen Bau- und Nutzungsgeschichte einer romanischen Dorfkirche. Marburg: Selbstverlag 1988. (Marburger Schriften zur Bauforschung; 6)

[ARENDT, Untersuchungen] Arendt, Claus: Technische Untersuchungen in der Altbausanierung. Köln: R. Müller 1994

[BEDAL] Bedal, Konrad: Häuser aus Franken. Museumsführer Fränkisches Freilandmuseum in Bad Windsheim. München, Bad Windsheim 1985.

[BENEVOLO] Benevolo, Leonardo: Geschichte der Architektur des 19. und 20. Jahrhunderts. Bd. 2. München: Deutscher Taschenbuch Verlag 1988

[BINDING] Binding, Günther: Architektonische Formenlehre. 2., verb. Aufl. Darmstadt: Wissenschaftliche Buchges. 1987

[BRESCH DAB 5/02] Bresch, Carl M.: Trockenbau für innen und außen. Spektrum innovativer Einsatzbereiche. DAB Deutsches Architektenblatt 34(2002), Nr.5, S. 66–680

[CASTRA, Regina] Museum der Stadt Regensburg (Hrsg.): Castra, Regina: Regensburg zur Römerzeit. Museum d. Stadt Regensburg Jubiläumsausstellung 17. Juni – 31. Oktober 1979. Regensburg: Mittelbayerische Druckerei- u. Verl.-Ges. 1979

[DIETZ/FISCHER] Dietz, Karlheinz; Fischer, Thomas: Die Römer in Regensburg. Regensburg: Pustet 1996

[DEUTSCHES MUSEUM] München, Kulturreferat (Hrsg.): Museen in München. Ein Führer durch über 50 öffentliche Museen, Galerien und Sammlungen. 3., aktual. Aufl. München: Prestel-Verlag 1990

[DURM] Durm, Josef: Die Baukunst der Griechen. In: Handbuch der Architektur. Tl. 2. Bd.1. 3. Aufl. Leipzig 1910.

[DURM] Durm, Josef: Die Baukunst der Römer. In: Handbuch der Architektur. Tl. 2. Bd. 2. 2. Aufl. Stuttgart 1905.

[ECKSTEIN/GROMER] Landesdenkmalamt Baden-Württemberg (Hrsg.); Eckstein, Günter; Gromer, Johannes: Empfehlungen für Bauaufnahmen, Genauigkeitsstufen, Planinhalte, Raumbuch, Kalkulationsrahmen. 2., erw. Aufl. Stuttgart: Selbstverlag 1990

[ERNST 2002] Ernst, Wolfgang: Dachabdichtung, Dachbegrünung. Fehler – Ursachen, Auswirkungen und Vermeidung. Bd.1. Stuttgart: Fraunhofer IRB Verlag 2002.

[FINGERHUT] Fingerhut, Paul: Altdeutsche Deckungen, Bogenschnittdeckung und Schuppendeckung, Rechteckdoppeldeckung. 5., aktual. Aufl. Köln: R. Müller 2000

[FINKE, KNÜPPEL, MAI, BÜNING] Finke, Manfred; Knüppel, Robert; Mai, Klaus; Büning, Ulrich: Historische Häuser in Lübeck. Lübeck: C. Coleman 1989

[GERNER 1990] Gerner, Manfred: Historische Häuser erhalten und instand setzen. 2., neubearb. u. erw. Aufl. Augsburg: Augustus Verlag 1990.

[GERNER 1998] Gerner, Manfred: Fachwerk: Entwicklung, Gefüge, Instandsetzung. 8. Aufl. Stuttgart: Dt. Verlags-Anstalt 1998.

[GERNER 2002] Gerner, Manfred: Kalkulationshandbuch Sanierung historischer Holzkonstruktionen. Stuttgart: Fraunhofer IRB Verlag 2002.

[GOLDMANN DAB 1/2004] Goldmann, Marion: Schallschutz bei Holzbalkendecken. Ausführungsbeispiel: Neubaustandard im Altbau. DAB Deutsches Architektenblatt 36(2004), Nr. 1, S. 48.

[GÖRLACHER 1991] Görlacher, Rainer: Zerstörungsarme Untersuchungen an altem Konstruktionsholz. In: Univ. Karlsruhe, Sonderforschungsbereich 315 – Erhalten Historisch Bedeutsamer Bauwerke, Baugefüge, Konstruktionen, Werkstoffe (Hrsg.): Untersuchungen an Material und Konstruktion historischer Bauwerke. Karlsruhe: Selbstverlag 1991, S. 69–73. (Arbeitshefte des Sonderforschungsbereiches 315; 10).

[GRIEP] Griep, Hans-Günther: Kleine Kunstgeschichte des Deutschen Bürgerhauses, Darmstadt: Wissenschaftliche Buchgesellschaft 1985.

[GRUBEN, Tempel] Gruben, Gottfried: Griechische Tempel und Heiligtümer. 5., erw. Neuaufl. München: Hirmer 2001.

[GRUBER – Balken] Gruber, Otto: Balken. In: Reallexikon der deutschen Kunstgeschichte, Bd. 1. München: C.H. Beck, 1983, Spalte 1409–1418 (Reallexikon
der deutschen Kunstgeschichte; 1).

[GRUBER – Decke] Gruber, Otto: Decke (in der Architektur) In: Reallexikon der
deutschen Kunstgeschichte, Bd. 3. München: C.H. Beck, 1986, Spalte 1125–
1140 (Reallexikon der deutschen Kunstgeschichte; 3).

[GUTJAHR DAB 4/2003] Gutjahr, Walter: Barrierefreie Schwellen an Balkon- und
Terrassentüren. Eine Herausforderung für Planer und Ausführende. DAB
Deutsches Architektenblatt 35 (2003), Nr. 4, S. 70–73.

[HÄTTICH 1991] Hättich, Ronnie: Tragfähigkeit und Verformungsverhalten histo-
rischer Holzverbindungen. In: Univ. Karlsruhe, Sonderforschungsbereich 315
– Erhalten Historisch Bedeutsamer Bauwerke, Baugefüge, Konstruktionen,
Werkstoffe (Hrsg.): Untersuchungen an Material und Konstruktion histori-
scher Bauwerke. Karlsruhe: Selbstverlag 1991, S. 74–77 (Arbeitshefte des
Sonderforschungsbereiches 315; 10).

[HEGNER] Hegner, Hans-Dieter: Die Energieeinsparverordnung – das neue Instru-
ment und seine Auswirkungen auf die Sanierungspraxis. Vortrag anlässlich
des 14. BAKA – Kongresses in Nürnberg 30./31.Oktober 2000.

[HEISS DAB 10/02] Heiss, Dieter R.: Dämmstoffe – Ökonomie und Ökologie im
Verbund. DAB Deutsches Architektenblatt 34(2002), Nr. 10, S. 76–80.

[HOLZSCHUTZ] Bundesarbeitskreis Altbauerneuerung e.V. – BAKA; Deutscher
Holz- und Bautenschutzverband e.V. (Hrsg.): Holzschutz. Fellbach: Fach-
schriften-Verlag 1997 (Der Modernisierungs-Berater).

[KASTNER 2000] Kastner, Richard: Altbauten – Beurteilen, Bewerten. Stuttgart:
Fraunhofer IRB Verlag 2000.

[KEMPE 2004] Kempe, Klaus: Holzschädlinge. Holzzerstörende Pilze und Insekten an Bauholz. Vermeiden, erkennen, bekämpfen. Ein Nachschlagewerk für
interessierte Bauherren, Bauträger, Hausverwalter, Architekten, Ingenieure,
Denkmalpfleger, Bauleiter, Zimmerer, Tischler sowie Sachkundige. 3., bearb.
u. erw. Aufl. Berlin: Verlag Bauwesen 2004.

[KLENTER DAB 10/02] Klenter, Wilfried: Brandschutz bei elektrischen Installationsleitungen. Gefahren, Maßnahmen und Systeme. DAB Deutsches Architektenblatt 34(2002), Nr. 10, S. 64–68.

[KLOPFER 1998] Klopfer, Rainer: Technische Untersuchungen und Schadenskartierung im historischen Fachwerk. In: Bundesarbeitskreis Altbauerneuerung
e.V. (Hrsg.): Fachwerksanierung, Planung – Technik – Lösungen. Tagungs-
Dokumentation zum 13. Kongress für Altbauerneuerung, 26./27. Oktober
1998, Nürnberg. Bonn: Selbstverlag 1998, S. 18–28.

[KOCH] Koch, Wilfried: Baustilkunde. Europäische Baukunst von der Antike bis
zur Gegenwart. Sonderausgabe. München: Orbis 1990.

[KRAUSE] Krause, Clemens: Griechische Baukunst. In: Schefold, Karl (Hrsg.): Die Griechen und ihre Nachbarn. Sonderausgabe. Berlin: Propyläen-Verlag. 1990, S. 230–277.

[LAUTER] Lauter, Hans: Die Architektur des Hellenismus. Darmstadt: Wissenschaftliche Buchgesellschaft 1986.

[LINDEN/USEMANN] Linden, G.; Usemann, K.W.: Brandschutz in der Gebäudetechnik, Grundlagen – Gesetzgebung – Bauteile – Anwendung – Beispiele. Düsseldorf: VDI-Verlag 1992.

[LOHRUM] Lohrum, Burghard: Die Reparatur historischer Holzkonstruktionen. In: Könner, Klaus; Wagenblast, Joachim (Hrsg.): Steh fest mein Haus im Weltgebraus. Denkmalpflege – Konzeption und Umsetzung. Eine Ausstellung des Landesdenkmalamtes Baden-Württemberg und der Stadt Aalen. Stuttgart: Theiss 1998, S. 123–139.

[MADER 1988] Mader, Gert Thomas: Bauuntersuchung historischer Holzkonstruktionen. In: Univ. Karlsruhe, Sonderforschungsbereich SFB 315 „Erhalten historisch bedeutsamer Bauwerke“ (Hrsg.): Bauaufnahme, Befunderhebung und Schadensanalyse an historischen Bauwerken, Baugefüge – Konstruktionen – Werkstoffe. Karlsruhe: Selbstverlag 1988, S. 36–57. (Arbeitshefte des Sonderforschungsbereiches 315, Erhalten historisch bedeutsamer Bauwerke, Universität Karlsruhe; 8).

[MADER 1989] Mader, Gert Thomas: Zur Frage der denkmalpflegerischen Konzeption bei technischen Sicherungsmaßnahmen. In: Univ. Karlsruhe, Sonderforschungsbereich 315 – Erhalten Historisch Bedeutsamer Bauwerke, Baugefüge, Konstruktionen, Werkstoffe (Hrsg.): Konzeptionen. Möglichkeiten und Grenzen denkmalpflegerischer Maßnahmen. 20. Kolloquium des SFB 315. Karlsruhe: Selbstverlag 1989, S. 23–52. (Arbeitshefte des Sonderforschungsbereiches 315, Erhalten historisch bedeutsamer Bauwerke, Universität Karlsruhe; 9).

[MADER 1991] Mader, Gert Thomas: Methoden und Verfahren zur Erhaltung historischer Holzkonstruktionen, In: Univ. Karlsruhe, Sonderforschungsbereich SFB 315 „Erhalten historisch bedeutsamer Bauwerke“ (Hrsg.): Untersuchungen an Material und Konstruktion historischer Bauwerke. Karlsruhe: Selbstverlag 1991, S. 57–68. (Arbeitshefte des Sonderforschungsbereiches 315, Erhalten historisch bedeutsamer Bauwerke, Universität Karlsruhe; 10).

[MADER/PETZET] Mader, Gert Thomas; Petzet, Michael: Praktische Denkmalpflege. 2. Aufl. Stuttgart u.a. 1995.

[MAIER 1984] Maier, Josef: Fachwerk-Bauernhäuser vor den Mauern Nürnbergs. In: Bayerische Landessiedlung GmbH (Hrsg.): BLS – Mitteilungsblatt der Bayerischen Landessiedlung GmbH, Nr. 1. München: Selbstverlag 1984, S. 20–23.

[MAIER 1985] Maier, Josef: Architektur im römischen Relief, Dissertation FAU-Erlangen, Habelt-Verlag, Bonn 1985.

[MAIER Weisendorf 1985] Maier, Josef: Weisendorf-Haupstr.13. In: Heimatverein Weisendorf (Hrsg.): Weisendorfer Bote im Seebachgrund. 4. Jg. Weisendorf: Selbstverlag 1985, S. 12-19.

[MAIER 1986] Maier, Josef: Altstadtsanierung Ansbach – Dokumentation der Stadterneuerung. Ansbach: Selbstverlag 1986. (Anhang: Beiträge zur Stadtbaugeschichte).

[MAIER 1987] Maier, Josef: Johann David Steingruber. Ausstellungskatalog. Ansbach 1987.

[MAIER 1989] Maier, Josef: Fachwerkgiebel am Haus Wetter in Amönau, Talstr. 3. Untersuchung des südlichen Fachwerkgiebels. (Masch. Gutachten). Fulda 1989.

[MAIER 1989 – VDI] Maier, Josef: Bestandsaufnahme und Dokumentation. In: Technische Gebäudeausrüstung in der Denkmalpflege. Düsseldorf: VDI-Verlag 1989, S. 165-170. (VDI-Bericht; 718).

[MAIER 1991] Maier, Josef: Bauaufnahme, Stallgebäude, Kutschenremise im Burgershof zu Bamberg, An der Universität 9-11. Masch. Gutachten. Erlangen 1991.

[MAIER 1992/93] Maier, Josef: Evang.-Luth. Kirche St. Bartholomäus in Oberdachstetten – Untersuchung anhand historischer Quellen. In: 96. Jahrbuch des Historischen Vereins für Mittelfranken (1992), Nr. 93, S. 111-142.

[MAIER 1993] Maier, Josef: Bauwerksdiagnostik – Grundlage für erfolgreiches Sanieren. Das bauzentrum (1993), Nr. 7, S. 28-37.

[MAIER 1998] Maier, Josef: Dachgeschossausbau. Deutsche Bauzeitschrift DBZ (1998), Nr. 2, S. 117-124.

[MAIER 2001] Maier, Josef: Konflikt Denkmalpflege. Der Maler & Lackierermeister (2001), Nr. 7, S. 42-46.

[MAIER 2002] Maier, Josef: Handbuch Historisches Mauerwerk. Untersuchungsmethoden und Instandsetzungsverfahren. Basel: Birkhäuser u. a. 2002.

[MAIER DAB 2004] Maier, Josef: Lüftungsanlage für eine Gastwirtschaft mit Pensionsbetrieb, Lärmbelästigung in den Gästezimmern. DAB Deutsches Architektenblatt (2004), Nr. 2, S. 56-57.

[MAIER 2004] Maier, Josef: Staub- und Bruchfreiheit, Anforderungen beim Abbruch von Asbestzementplatten. Der Maler- und Lackierermeister (2004), Nr. 2, S. 26-28.

[MAIER 2005] Maier, Josef: Residenzschloss Ansbach. Gestalt und Ausstattung im Wandel der Zeit. 100. Jahrbuch des Historischen Vereins für Mittelfranken. Neustadt an der Aisch. Erscheint im Juni 2005.

[MIELKE] Binding, Günter (Hrsg.); Mielke, Friedrich: Das Bürgerhaus in Potsdam. Bild- und Textteil. Tübingen: Wasmuth 1972 (Das Deutsche Bürgerhaus; 15)

[MIELKE-Dächer] Mielke, Heinz-Peter: Wandeln über Dächern, Bedachungsmaterial in Vergangenheit und Gegenwart. Grefrath 1986.

[MISLIN] Mislin, Miron: Geschichte der Baukonstruktion und Bautechnik. Von der Antike bis zur Neuzeit. Eine Einführung. Düsseldorf: Werner 1988.

[NÄGELE] Wissenschaftlich-Technischer Arbeitskreis für Denkmalpflege und Bauwerksanierung e. V. –WTA–, Geretsried; Wittmann, Folker H. (Hrsg.): Nägele, Erich, Rolle von Salzen bei der Verwitterung von mineralischen Baustoffen. Baierbrunn: Selbstverlag 1992. (WTA-Schriftenreihe; 1).

[OSTENDORF] Ostendorf, Friedrich: Geschichte des Dachwerks. Leipzig u.a. 1908.

[OSWALD, KLEIN, WILMES] Oswald, Rainer; Klein, Achim; Wilmes, Klaus: Niveaugleiche Türschwellen bei Feuchträumen und Dachterrassen, Problemstellungen und Ausführungsempfehlungen. Stuttgart: Fraunhofer IRB Verlag 1994. (Bauforschung für die Praxis; Band 3).

[PLÖTZ] Plötz, Robert: Von der Bedeckung der Dächer mit Holz. In: Mielke, Heinz-Peter: Wandeln über Dächern, Bedachungsmaterial in Vergangenheit und Gegenwart. Grefrath 1986, S. 17-26.

[PUNSTEIN 1996] Punstein, Alwin: Altdeutsche Schieferdeckung. Schnürschema und Ausführung. Köln: R. Müller 1996.

[PUNSTEIN/RÜHLE] Punstein, Alwin; Rühle, Ottmar: Schieferdeckung mit Schuppen und Schablonen. Köln: R. Müller 2000.

[REINERS] Reiners, Holger: Neue Einfamilienhäuser. Ideen und Beispiele für das eigene Haus. Planen, Bauen, Wohnen. München 1993. (BauArt)

[RICHTER 1990] Richter, Reinhard: Einfache Architektur-Photogrammetrie, Verfahren, Hilfsmittel, Rechentechniken, ein Leitfaden mit Programmhinweisen. Wiesbaden: F. Vieweg 1990.

[SCHMIDT] Bayerisches Landesamtes für Denkmalpflege; Petzet, Michael (Hrsg.); Schmidt, Wolf: Das Raumbuch. München: Selbstverlag 1989, S. 53 ff. (Arbeitshefte des Bayerischen Landesamtes für Denkmalpflege; 44)

[SCHMIDT/SCHOPBACH/WINTER] Bundesamt für Bauwesen und Raumordnung –BBR–, Bonn (Förd.); Deutsche Gesellschaft für Holzforschung e.V. -DGfH-, Entwicklungsgemeinschaft Holzbau –EGH–, München (Auftragg.); bauart Konstruktions GmbH, Lauterbach (Ausf. Stelle); Winter, Stefan; Schmidt, Daniel; Schopbach, Holger: Schimmelpilzbildung bei Dachüberständen und an Holzkonstruktionen. Konstruktive Regeln zur Vermeidung von Schimmelpilzbildung bei Dachüberständen und in Dach- und Wandkonstruktionen im Bau- und Endzustand. Abschlussbericht. Stuttgart: Fraunhofer IRB Verlag 2003. (Kopie des Manuskripts).

[SCHMITT/HEENE] Schmitt, Heinrich; Heene, Andreas: Hochbaukonstruktion. Die Bauteile und das Baugefüge. Grundlagen des heutigen Bauens. 12., überarb. u. erw. Aufl. Wiesbaden: F. Vieweg 1993.

[SCHNEIDER] Schneider, Helmuth: Die Altertumswissenschaft. Einführung in die antike Technikgeschichte. Darmstadt 1992.

[SCHOLZ/HIESE] Scholz, Wilhelm; Hiese, Wolfram (Hrsg.); Knoblauch, Harald: Baustoffkenntnis. 14., neubearb. u. erw. Aufl. Düsseldorf: Werner 1999.

[SCHWEMMER] Binding, Günter (Hrsg.); Schwemmer, Wilhelm: Das Bürgerhaus in Nürnberg. Tübingen: Wasmuth 1972. (Das Deutsche Bürgerhaus; 16).

[SEIDLER] Seidler, Benno: Schäden beim Ausbau von Dachgeschossen. Stuttgart: Fraunhofer IRB Verlag 1997.

[STIFTUNG WARENTEST] Stiftung Warentest (Hrsg.): Wohnen ohne Gift, Sanieren, renovieren, einrichten. Von Dach bis Fußboden: Schadstoffe aufspüren, Asbest, PAK, Holzschutzgifte: Altlasten sanieren, Feuchtigkeit und Schimmel beseitigen, Schädlinge bekämpfen ohne chemische Keule, ein gesundes Raumklima schaffen. Berlin: Selbstverlag 2002.

[UNGER DAB 12/02] Unger, Alexander: Estrich auf Holzbalkendecken. DAB Deutsches Architektenblatt (2002), Nr. 12, S. 52-54.

[URBAN 1997] Urban, Josef (Hrsg.); ZEISSNER, Werner; URBAN, Josef (Bearb.): Das Bistum Bamberg in Geschichte und Gegenwart. Teil 5. Der Dom zu Bamberg, Kathedrale und Mutterkirche. Straßburg 1997.

[VIERL 1977] Bayerische Verwaltung der Staatlichen Schlösser, Gärten und Seen, Bauabteilung (Hrsg.); Vierl, Peter: Die Dachdeckung mit Holzschindeln. In: Kurzberichte zur Baudenkmalpflege. München: Selbstverlag 1977.

[VOGTS] Vogts, Hans: Dach. In: Schmitt, Otto; Gall, Ernst; Heydenreich, L.H. (Hrsg.): Reallexikon zur Deutschen Kunstgeschichte. Band 3. Stuttgart 1954.

[WENZEL/KLEINMANNS] Univ. Karlsruhe, Sonderforschungsbereich 315 – Erhalten historisch bedeutsamer Bauwerke, Baugefüge, Konstruktionen, Werkstoffe; Wenzel, Fritz; Kleinmanns, Joachim (Hrsg.); Görlacher, Rainer: Historische Holztragwerke. Untersuchen, Berechnen und Instandsetzen. Karlsruhe: Selbstverlag 1999. (Erhalten historisch bedeutsamer Bauwerke, Empfehlungen für die Praxis).

[ZEBE DAB 2/2003] Zebe, Hans Christoph: Winddicht-Luftdicht-Dampfdicht. Was ist im Steildach praxisgerecht? DAB Deutsches Architektenblatt (2003), Nr. 2, S. 48-49.

Bildquellennachweis

Alle Dias, Farb-, Digitalfotos und Zeichnungen ohne Quellenangabe stammen vom Verfasser.

Bei Abbildungen ohne Ortsangabe handelt es sich um Gebäude, die der Verfasser selbst instand gesetzt oder begutachtet hat.

Abbildung	Bildunterschrift	Quelle
Abb. 11	Polychromes jonisches Gebälk.	Durm, Josef: Baukunst der Griechen. Leipzig, 1910. S. 284, Farbtafel V.
Abb. 21	StAN, Ansbach, barocke Idealstadt. Zeichnung aus dem 18. Jahrhundert.	Tiezmannblatt aus dem Staatsarchiv Nürnberg StAN, Landbauamt AN, Pläne.
Abb. 23	StAN, Deberndorf, Brauhaus. Dächer mit stehenden Dachgauben. Originalzeichnung aus dem 18. Jahrhundert.	Staatsarchiv Nürnberg StAN, Landbauamt AN, Pläne Nr. 81.
Abb. 34	Ansbach. Steingruberhaus aus dem Jahr 1763: Die Außenwände werden vom Keller bis zum Dachgeschoss Stockwerk für Stockwerk dünner und ermöglichen so ein einwandfreies Balkenauflager. Originalzeichnung des 18. Jahrhunderts.	Staatsarchiv Nürnberg StAN Landbauamt AN, Pläne Nr. 50.
Abb. 42	Die von den verschiedenen Dachdeckungsmaterialien geprägten Dachlandschaften in Norddeutschland.	Griep, Hans-Günther: Kleine Kunstgeschichte des Deutschen Bürgerhauses. Darmstadt, 1985. S. 142, Z 67
Abb. 45	Scharschindeldach.	Griep, Hans-Günther: Kleine Kunstgeschichte des Deutschen Bürgerhauses. Darmstadt, 1985. S. 144, Z 68
Abb. 57	Die wichtigsten Formen historischer Dachpfannen nach Griep: Römischer Leistenziegel, Mönch-Nonne-Ziegel mit querliegender Dachlatte, Biberschwanzziegel, Krempziegel und Hohlziegel bzw. Hohlpfanne.	Griep, Hans-Günther: Kleine Kunstgeschichte des Deutschen Bürgerhauses. Darmstadt, 1985. S. 146
Abb. 60	Kronen- bzw. Ritterdeckung	www.meindl.de
Abb. 84	Schnitt durch einen Eichenstamm.	Schmitt, Heinrich; Heene, Andreas: Hochbaukonstruktion. Die Bauteile und das Baugefüge, Grundlage des heutigen Bauens. Wiesbaden, 1993. S. 527
Abb. 85	Schnittholz und sein Schwindverhalten je nach Herkunft aus dem Stammquerschnitt.	Scholz, Wilhelm; Hiese, Wolfram (Hrsg.): Baustoffkenntnis, fortgeführt von Harald Knoblauch. Düsseldorf, 1999. S. 801

| Abb. 166 | Auftragen eines Gratsparrens | Scholz, Wilhelm; Hiese, Wolfram (Hrsg.): Baustoffkenntnis, fortgeführt von Harald Knoblauch. Düsseldorf, 1999. S. 510 |
| Abb. 171 | Auswechslung von Sparren und Deckenbalken | Scholz, Wilhelm; Hiese, Wolfram (Hrsg.): Baustoffkenntnis, fortgeführt von Harald Knoblauch. Düsseldorf, 1999. S. 502 |

Sachregister